U0417429

国学经典文库

植物百科全书

走进植物世界 发掘物种之谜

图文珍藏版

赵然◎主编

植物百科

线装书局

龙舌兰

龙舌兰植株高大健壮，在南京中山植物园温室内曾开过花，花枝高达五六米，蔚为壮观。叶形美观大方，为大型观叶盆花，摆放在门厅、客室，给人以端庄幽雅的气氛，观赏效果极佳。

摆放地点

西向、南向阳台。夏季注意遮阴并保证通风良好；冬季气温低于5℃要移入室内越冬。

摆放在门厅、客室，给人以端庄幽雅的气氛，观赏效果极佳。也可群植于花坛中心、草坪一角，装饰庭院阳台可使景色更加雅致大方。

形态

龙舌兰为多年生常绿大型草本。植株高大健壮，叶形美观大方，为大型观叶盆花。植株茎极短。

叶匙状披针形，叶片肥厚多浆，自植株基部呈轮状互生，相互抱合；叶色灰绿，被白粉，长可达60厘米，先端具硬尖刺，横截面呈V型，边缘具锯齿状钩刺。

圆锥花序自叶丛中抽生，花淡黄绿色，花期6~7月。蒴果椭圆形或球形。

习性

龙舌兰性强健。喜阳光，不耐阴。稍耐寒，在5℃以上的气温下可露地越冬栽培。耐旱力强。喜排水良好、肥沃而湿润的沙质壤土，在酸性土壤生长较好。忌积水。新生植株一般需10年以上开花，开花后植株枯死。属异花受粉植物，白花受粉不易结实。

龙舌兰在热带、亚热带地区可露地栽培，其余地区均作盆栽养护。

栽培管理

(1)基质。盆栽可用腐叶土、沙壤土等量混合，另加少量骨粉配制的培养土。

(2)花盆。盆要选透水性、透气性均好的泥盆，或陶质盆、紫砂盆，不能用瓷盆或塑料盆。盆不要太大，盆壁不要太厚。春季换盆时，可细心抖去老土，切去死根，换上疏松透水的沙质土，少浇水，让其生长。

(3)肥料。应适时适量追肥，以使叶色浓绿，不可大肥大水浇灌。每月施一次稀薄腐熟饼肥水或复合花肥。随着新叶的生长，要将植株基部枯黄的老叶及时剪除。

(4)水分。生长季节应保持盆土湿润，浇水时不可将水洒在叶片上，以防发生褐斑病。阳光充足的夏季生长季节可以充足浇水，在连雨天，要防涝，防积水，最好雨天移入室内避雨，雨后再出室养护。

(5)温度。生长适温15℃~25℃，入冬前入室，放置在光照充足处，保持室温在8℃以上即可安全越冬。

(6)光照。每年5月上旬移至室外，放在阳光充足、通风良好的地方。彩色品种在夏季要适当遮阳。

繁殖方法

多用分株法繁殖。一般于春季3~4月时进行。

①将植株从培养土中连根掘起。

②用小刀将老株根际处萌发的萌蘖苗带根切下，另行栽植。

③如萌蘖苗无根系或根系较少，可先扦插于素沙土中，等生根至根系较多后再上盆定植。

也可在春季换盆或移栽时，切取带4~6个芽的一段根栽于土中。

病虫害防治

(1)病害。常发生叶斑病、炭疽病和灰霉病危害。防治方法:可用 50%退菌特可湿性粉剂 1000 倍液喷洒。

(2)介壳虫。防治方法:用 80%敌敌畏乳油 1000 倍液喷杀。

芦荟

芦荟株型端庄,叶形美观,四季常绿,花色橙红,栽种十分广泛。它非常耐旱,易于管理,是一种理想的阳台花卉。

芦荟

摆放地点

东向、南向、西向阳台。由于它的植株较为矮小,因此适合用来装点较为狭窄的阳台。在其生长旺盛阶段,最好将植株置于全日照之处。如果条件不允许,则每天至少保证要有 2 小时的直射日光。夏季应该保持环境通风。冬季气温稍低并无妨碍。

芦荟株形丰满，叶片翠绿，花茎挺立，顶部着生总状的橙红色花序，颇为鲜艳，且耐旱性极强，为优良的盆栽观赏植物。

形态

多年生常绿多肉植物。叶长披针形，簇生于茎上，呈螺旋状排列，叶片肥厚而多汁，黄绿色，两面有长矩圆形的白色斑纹，边缘有小齿。

总状花序自叶丛中抽生，花梗高出叶片，花橙红色。花期12月。

习性

芦荟性喜温暖湿润和阳光充足的环境，也耐半阴。怕寒冷，当气温降低至0℃时即遭寒害，在-1℃时植株开始死亡，但在有覆盖的条件下能忍受-3℃的短暂霜冻。生长最适宜温度为15℃～30℃，湿度为45%～80%。喜光，耐旱，要求有充足的光照，过于荫蔽容易引起叶片局部腐烂，忌潮湿环境。对土壤要求不严，但在旱、瘠土壤上叶瘦色黄，在潮湿肥沃土壤中生长时则叶片肥厚浓绿，土壤过湿或积水会导致植株根叶腐烂。

栽培管理

（1）基质。盆土可用园土4份、腐叶土4份、河沙2份混合配制的培养土，如能加入少量骨粉或草木灰作基肥则生长更好。

（2）花盆。芦荟生长迅速，扦插苗上盆后头几年，应在每年春季出室前翻盆换土1次，培养土中多加沙，以利排水透气。

（3）肥料。夏季为旺长季节，应酌情施肥，可7～10天追施腐熟的有机液肥1次，全年追肥4—5次以保证营养充足。供肥不足，长势太弱则不易开花。

（4）水分。夏季浇水要充足，并经常向叶面上喷水，其他季节都应适当控制浇水，否则盆土过湿易造成茎叶腐烂。

（5）温度。10月中下旬气温降低，应移入低温温室，室温不低于10℃为宜。

控制浇水,保持盆土稍干,并给予充足光照,即可安全越冬。

(6)光照。芦荟需要充分的阳光才能生长,需要注意的是,初植的芦荟不宜晒太阳,最好是只在早上见见阳光,过 10 天后再逐渐增加光照。家庭盆栽,春、秋季节放在阳台或室外窗台上接受阳光直射则生长健壮;夏季移至通风良好的半阴处;冬季放室内光照充足的地方。

繁殖方法

芦荟,可用扦插和分株的方法进行繁殖。

扦插繁殖,是繁殖芦荟的常用方法。这项工作大都在春季的 3~4 月进行。

扦插的株行距,应考虑几年后长成为母树的需要,可以适当放宽,一般以 20~30 厘米为宜。

①扦插苗床,可用大小适宜的土陶花盆,基质可用素沙土。但必须经过高温消毒后上盆。花盆可用 0.1%的高锰酸钾水溶液浸泡 15~20 分钟。

②扦插前,挑选观赏价值较高的优良品种,取其生长健壮的老株顶端一节作为插穗,每段长约 8~12 厘米。

③切口涂抹消石灰或草木灰、木炭粉,放在干燥通风处,晾干 2~3 天,待其切口干缩后,再进行扦插。

④扦插时,插穗的入土深度 4~8 厘米。

⑤芦荟扦插后,不宜马上把水浇透,可用细孔喷壶向叶片、基质表面喷水,盆土表层湿润即可。

⑥花盆上不需罩盖塑料袋,只是把苗床移至温暖半荫蔽的地方,每天下午 4~6 时,向叶片进行雾状喷水一次即可。

10~15 天以后,插穗基部已有愈伤组织,这时便可把水浇透。20~30 天,就能长出 5~7 根新根,这时可结合浇水,施一些稀薄的有机液体肥料,但浇水还是不宜过多,只要土壤湿润即可。芦荟扦插成活率为 100%。50~60 天后,便可用培养土进行定植。

病虫害防治

主要虫害有红蜘蛛和介壳虫危害,可用50%杀螟松乳油1500倍液喷杀。

天门冬

天门冬枝绿,花白,果红;枝茎纤细,刚柔兼备,终年不凋,秀逸潇洒,其粗看并不显眼,细观却颇具韵味。是一种易于管理的阳台花卉,天门冬不喜潮湿环境,在微旱的条件下长得很好,因此相对来说管理较为简单。

摆放地点

东向、北向、西向阳台。由于它高矮适中,因此可以摆放在大小不同的各类阳台上。在其生长旺盛阶段,最好将植株置于每天接受日光直射不少于2小时之处。夏季应该保持环境通风。冬季气温稍低并无妨碍。形态

属多年生草本或亚灌木。株高30~50厘米。具纺锤状肉质根。根状茎短,茎上部蔓生,细长,多分枝。

枝状叶呈扁平状线形;退化叶呈细刺状生于茎上。

花小,1~3朵簇生叶腋,淡黄色。浆果圆球形,成熟为红色。花期5~8月,果期9~12月。

习性

天门冬性喜温暖、湿润、半荫的环境,畏寒,忌干燥。适宜在疏松、肥沃、排水良好的沙质土壤生长。

栽培管理

(1)基质。宜选用富含腐殖质的沙质壤土做栽培基质。如果有条件,所用

盆土可由腐叶、细沙、园土按体积计以1∶1∶1的比例配成。

(2)花盆。天门冬植株高矮适中,生长并不快,通常选用中型花盆进行定植,亦可使用大型花盆。

(3)肥料。在栽培中,不宜施用过多基肥,否则对其生长并无好处。即使不施底肥,而仅在其生长旺盛阶段里,每隔10天给植株追施1次稀薄液体肥料,就能保证其良好生长。

(4)水分。天门冬性喜偏干的土壤环境,浇水过多易造成根系腐烂,栽培土壤过湿,植株不爱发棵,而且容易烂根。因天门冬有很多较粗的肉质根,通常每隔5~6天浇水1次,甚至更长的时间也不会使植株受到伤害,经常使盆土处于微潮偏干的状态,反而可以促进植株生长。

(5)温度。其喜温暖环境,在18℃~26%的温度范围内生长良好,越冬温度不宜低于5℃。

(6)光照。天门冬喜光照充足的环境,但是夏秋二季高温阶段,不宜使植株接受过多的直射目光,应该为其适当遮阴,如此才会使枝叶显得绿色宜人、油亮可爱。在低温季节里,应该让天门冬接受全日照,这样对提高植株抗逆性颇有好处,在进入生长旺盛季节后,天门冬的生长势也会明显增加。应该保持环境适当通风,在环境郁闭、空气湿度过大的情况下,天门冬的新枝容易徒长。

注意:应该经常删剪植株上的瘦弱枝、枯黄枝,以保证植株通风透光,同时亦可增加观赏价值。如果在开花后不准备采收种子,应该将残花立即剪去,以免长出果实而消耗植株养分。由于天门冬的果实在成熟后转变为红色,因此也有些栽培者希望它能结出较多的果实以供观赏,这时应该注意保花。在阳台栽培中,天门冬易患根腐病,易受介壳虫的侵袭。每年春季,最好为栽种两年以上的大株翻盆1次。在操作时,要用利刀旋去部分老根,以促发新根,增加植株吸收水分、肥料的能力。

繁殖方法

以分株法繁殖为主,多在冬末春初进行。

①由于种苗是直接定植的，因此繁殖基质宜选用富含腐殖质的沙质壤土，所用盆器即为定植盆器。

②在操作时，将天门冬老株从花盆中磕出。

③再用利刀连着肉质根将天门冬分割成3～5丛，使之每丛带有10个左右芽。

④所获新株即可直接定植。上盆种植时不要太深。

⑤要把分栽好的天门冬摆放在间有日光的温暖之处，过两三天再去浇水，这样可以促使伤口愈合，否则容易烂根而影响成活。一周后即可按一般的成株来养护。

病虫害防治

天门冬病虫害较少，主要有根块腐烂病。防治方法：做好排水工作，在病株周围撒些生石灰粉。另外，蚜虫会危害嫩藤及芽芯，使整株藤蔓萎缩。在蚜虫危害初期，可用40%，乐果1000倍～1500倍稀释液或灭蚜灵1000倍～1500倍稀释液喷杀。对于虫害严重的植株，可割除其全部藤蔓并施下肥料，20天左右便可发出新芽藤。

仙人掌

形态

仙人掌原本是普通的阔叶树，为了适应恶劣的环境，逐渐演化成为能在沙漠地带生长的野生性植物。仙人掌茎呈肉质，形似手掌，是具有沙漠特色的阳台花卉。当栽培到一定年限后，植株也会开出令人赏心悦目的花朵，从而给环境中带来几缕清新气息。对于整天忙于事务，无暇管理花草的人来说，不妨养上一盆仙人掌,因为它仅需简单护理就能生长得欣欣向荣。

摆放地点

西向阳台。由于它高矮适中,因此可以摆放在大小不同的各类阳台上。在其生长旺盛阶段,最好将植株置于全日照之处,如果条件不允许,则每天至少保证要有2小时的直射日光。夏季应该保持环境通风。冬季气温稍低并无妨碍。

仙人掌植株形态奇特,长年不衰,为幽雅的观赏植物。枝干形如手掌,可离土离水多天不死,若仙人不食烟火而得名。单片可以插入小盆,置书桌、台案。大植株可用大盆栽植,陈列于门首或厅堂等处,十分美丽。

形态

多年生肉质灌木。株高可达2~3米。根际茎木质化,多呈黄褐色。多分枝,茎节相连,茎上有叶刺丛,刺座星状排列,刺强硬,长可达2厘米。

茎长椭圆形、扁平,肥厚多肉,绿色。

花黄色,短漏斗形。花期6~7月。浆果卵形多肉,成熟后呈黄色或暗红色。

习性

为沙地植物,喜干热气候,耐干旱,耐高温,喜阳光直晒,耐寒性较差。不耐水,不耐荫蔽。仙人掌对土壤要求不严,喜排水良好的沙土或沙壤土。不喜大肥大水。

栽培管理

(1)基质。盆栽宜用沙质土或塘泥掺细沙,上盆时施少量干粪作基肥,以后一般不再施肥。可用壤土、腐叶土、粗沙、石灰质材料按2∶2∶3∶1的比例配成。培养土最好在阳光下暴晒消毒或用40%的福尔马林溶液处理后使用。

(2)花盆。一般用大小适宜、透气性强的泥盆。盆比植株大2~3厘米即可。盆过大,浇水后土不易手感,根易腐烂;盆过小,根系发育受阻。盆径20~23厘米的仙人掌植株一般一年翻盆换土1次。

(3)肥料。最好使用腐熟的有机肥,不要施用化肥。

(4)水分。冬季仙人掌处于休眠期,水分消耗小,这时应节制浇水;4~10月生长季节,一般可每3~4天浇水1次,浇水也不宜过量,宁干勿湿。雨季需防雨,切忌盆内积水。清晨或傍晚宜用喷雾器在盆表面喷水,以增加空气湿度,可使仙人掌长得更好。

(5)温度。人秋后移入室内,放在朝南窗台附近,浇水不必过多。温度越低,浇水越要少,增强仙人掌的抗寒能力。每隔10天左右用与室温相近的清水冲洗茎片,则可使其茎色翠绿。另外还要遵循“早春不出房”的原则,等天气暖和了再搬到阳台上养护。

(6)光照。仙人掌喜光线充足,但炎夏烈日需适当遮阴,长期受强日光照射会灼伤仙人掌,使之发黄并引起生长抑制。5月初出室,应放置在向阳及通风良好之处。7~8月应用遮阴网等遮阴。冬季尽可能让植株多见阳光,促进生长健壮,便于花芽分化,同时也使植株有较强的抗寒性。

繁殖方法

仙人掌可以进行大面积繁殖,因为它的根系发达,生命力和再生力都比较强。扦插繁殖极易成活。各地养花爱好者、专业户、公园和园艺场,都可以根据本地区的土质、气候、温度和光照等实际情况,选择适合当地条件的优良品种2~3个,进行仙人掌的繁殖。这里介绍一种露地扦插的方法,一般酸碱度适宜的沙质土壤,都适合仙人掌生长。

①在整理苗床时,要选地势高,略为干燥,夏季不受水涝的地方,适当加一些河沙和堆肥,少量的消石灰,进行30厘米的深翻,平整后理成苗床。床宽150厘米,以便于操作和切取砧木,苗床长度可以根据种苗多少而定。

②在切取插穗时，最好带踵切下，因带踵处养分积蓄多，内源激素充分，又是植株的不定根生长点，插后增生组织愈合快，生根迅速。所谓带踵，就是用消毒利刀，从插穗基部两片茎干连接处切下。

③迅速用消石灰涂抹切口，进行消毒处理。

④放于阴凉通风干燥处，2~3 天，待基部切口干缩后，就可以进行扦插了。扦插的深度以植株体能立直稳妥为度。扦插的株行距，应考虑几年后长成为母树的需要，可以适当放宽，一般以 20~30 厘米为宜。

⑤扦插后用喷水壶浇水，不需要设置荫棚。

一般 20 天左右便能生根，上部长出了新芽，这说明植株体内营养丰富，是正常现象，不是假活，甚至新的芽片，还能促使下部生长新根。用花盆、木箱、竹筐作为扦插苗床，可以选择不能经受 0℃低温的品种，方法与露地扦插基本相同。

插后不需作特殊管理，只要光照条件好，生长季节保持土壤湿润，冬季休眠土壤略为干润就可以了。总的来说，方法简便，管理粗放，不需要其他特殊条件，1~2 年后，就可以长成母树，任你随时切用。

病虫害防治

(1)腐烂病。可用 50%退菌特可湿性粉剂 1000 倍液喷洒。

(2)介壳虫。可用 80%敌敌畏乳油 1000 倍液喷杀。

栀子花

栀子花芳香馥郁，洁白无瑕，千媚百态，玉洁动人。栀子花，蓓蕾初开，在翠绿光亮的叶片衬托下，娇羞芳姿，冰肌玉肤，微风轻拂，香气四溢，被列为我国十大香花之一。栀子叶片油绿，花朵芳香，是很受欢迎的观赏植物。也是窗台、阳台和平台莳养花卉的上佳品种。它对环境的要求较严,特别适合我国南方地区进行栽种。

栀子花

摆放地点

东向、南向、西向阳台。由于它高矮适中,因此可以摆放在大小不同的各类阳台上。在西向阳台上,应该避开强烈的阳光直射。在其生长旺盛阶段,要将植株置于每天接受日光直射不少于 2 小时之处。夏季应该保持环境通风;冬季气温稍低并无妨碍。

应用栀子花叶色亮绿,四季常青,花大洁白,芳香馥郁,又有一定的耐阴性和抗有毒气体的能力,故为良好的绿化、美化、香化的材料,北方地区可盆栽,美化阳台或装点室内都十分相宜。其花朵也是传统佩戴的襟花和簪花的装饰花卉。

形态

常绿灌木或小乔木,高 1~2 米。茎多分枝。

单叶对生或 3 叶轮生,革质而有光泽,长椭圆形,全缘。托叶膜质,通常 2 片联合成筒状,包围小枝。

花单生枝顶或叶腋,花大,白色,具短梗,极芳香,花瓣肉质肥嫩。花期6~8月。果熟期11~12月。蒴果倒卵形或椭圆形,熟时金黄色或橘红色。

习性

性喜温暖、湿润气候,不耐寒,在长江以南地区可在露地越冬,北方地区只宜作盆栽,冬季移入室内。喜光照,但也耐半阴,夏季忌强光直射。宜排水良好、疏松、肥沃的酸性土壤,忌碱性土。萌芽力强,耐修剪。

栽培管理

(1)基质。盆栽栀子要选用肥沃的酸性培养土。一般可用腐叶土或草炭土4份、园土4份、沙土2份混合配制,或河泥4份,河沙2份,堆肥4份混合,或腐叶土5份,鸡粪干2份,水稻土3份。栽植盆内,生长期要勤施薄施追肥,使迅速生长成型。

(2)花盆。一般用大小适宜的土陶花盆。盆底做好排水层,以防盆底积水。

(3)肥料。栀子喜肥,盆栽时除在换盆时施入有机肥作基肥外,生育期间还应勤施追肥,可每半月左右施一次稀薄液肥。现蕾以后,增施2~3次速效性磷肥,如0.5%过磷酸钙或0.2%磷酸二氢钾。生长期间每半月左右浇一次0.2%硫酸亚铁水或矾肥水,这样既能防止土壤变碱,又能及时给土壤补充铁素,从而防止叶片变黄。

(4)水分。栀子喜湿润气候,北方盆栽时除经常保持盆土湿润外,还必须经常往枝叶上喷水,增加空气湿度。冬季浇水宜少,但仍需经常喷洗枝叶,保持叶面洁净,提高光合效率。

(5)温度。栀子不耐寒,北方地区春季不宜过早出室,一般于5月上旬出室,以免遭受晚霜危害。通常在10月上旬入室,入室后放向阳处,越冬温度宜保持在10℃~12℃,最低不得低于5℃。

(6)光照。栀子喜半阴,要求荫蔽度为50%左右,怕强光暴晒。如遭暴晒,则叶片易灼伤、脱落,所以夏季中午应适当遮阴或放在具有散射光的地方培养,让其早、晚见些阳光,以免叶片发黄、枯焦。

注意:栀子主干宜少不宜多,其萌芽力强,因而,适时修剪是一项不可忽视的工作。栀子于4月份孕蕾形成花芽,所以修剪应在早春进行,剪除枯弱枝、过密枝。花后及时剪除残花,促使抽生新梢。新梢长至2~3节时,进行摘心,并适当抹去部分腋芽,培养树冠。

繁殖方法

栀子花生长旺盛,萌发力强,枝条生根容易,繁殖主要是扦插和压条,也可分株和播种,但用得比较少。

如果育苗不多,可采用最简单的水插法繁殖。水插法远胜于土插,省时、省料、易操作、占地少、成活率高。把插穗当成切花那样插入盛有清水的瓶中,使它生根就行了。

水插栀子,从谷雨开始到大暑后期可进行。

①培养用水,最好将开水凉后使用,这种水不但杀菌彻底,而且水中所含有毒物质容易沉淀和分解,这种水对插穗生根无毒害作用。

②选取当年生半木质化的嫩枝,剪成6~8厘米来作为插穗,枝条下位必须剪成平口(伤口小不易污染),插入水中部分的叶片全部剪掉,只保留顶端4~5个叶片和顶芽。因为叶片少了光合作用面积不够,制造养分少,对生根不利。但是,如超过5片,蒸腾失水快,叶片会因水分不足而发黄脱落,对插穗生根也不利。经人们长期实践证明,只能保留4~5片,让它能正常进行蒸腾作用,维持插穗新陈代谢和生理机能的正常运转。

③插条剪好后用麻绳把插穗捆好,每20~30根为一把,最多不超过40根,以免操作时互相摩擦,而使插穗脱皮腐烂影响成活。

④然后插入盛有清水的玻璃杯,如无此容器,插入瓷杯、酒瓶、罐头盒都可

以,但以棕色或不透光的玻璃瓶为好,水深为 8~10 厘米,插穗入水 1/20

⑤插后把容器放在窗内有阳光照射的地方,盛暑期插瓶应放在阴凉通风的环境中,并略见阳光,以便叶片进行正常的光合作用。

⑥注意水质。必须 2~3 天换水一次,使培养水有充足的氧气。

⑦换水时冲洗叶片。

插后把室温控制在 20℃左右,散射光照。经 7~10 天愈伤组织突起,12 天左右就有新根发生,半月左右能长出 7~8 根嫩根,20~25 天便可将插穗移出莳养瓶,栽于盛有营养土的花盆中炼苗。3~4 天后放在室外阴凉通风处,便可逐渐接受散射光照,当新根长到 3~5 厘米,并由白色变为灰褐色时,说明幼苗发育正常,就可单株上盆或下地定株移栽了。

病虫害防治

(1)斑枯病。危害叶片。发生初期叶片两面生有黄褐色病斑,圆形,边缘褐色,上生有小黑点,严重时叶片枯死。防治方法:

①每次修剪后集中烧毁枯枝病叶。

②增施磷钾肥,或喷药时结合叶面喷施磷酸二氢钾,提高植株抗病能力。

③发病初期。喷洒 50%多菌灵 800~1000 倍液或 50%托布津 1000~1500 倍液。

(2)栀子黄化病。危害叶片。严重发病时,则叶肉呈黄白色,叶片边缘焦枯,叶脉褪绿或呈黄色。最后叶片干枯,树势生长衰弱,开花结果减少。防治方法:

①增施有机肥,改良土壤形态,增强透气性,促进根系发育,提高其吸收铁元素的能力。②施用硫酸亚铁、硼砂、硫酸锌等,或叶面喷施 0.2%~0.3%硫酸亚铁溶液,7 天 1 次,连喷 3~4 次。

(3)咖啡透翅天蛾。以幼虫咬食叶片、嫩梢、花蕾。防治方法:喷洒 40%氧乐果乳剂 1500 倍液,分别在现蕾期、初花期,幼果期、熟果期各喷 1 次。

(4)介壳虫、蚜虫。分别用0.2~0.3波美度石硫合剂和40%乐果2000倍液喷杀。

紫罗兰

紫罗兰形态健美,花色鲜艳,团团簇簇,四时盛开,紫罗兰花朵美丽,微具香

紫罗兰

气,是十分著名的春花植物。紫罗兰,娇而不媚,委婉含蓄,颇有高雅雍容的气质,被誉为"室内植物皇后",驰名世界。也可美化于花园、花坛或做切花。它惧怕炎热,喜欢凉爽,在粗放的管理条件下即能良好生长。

摆放地点

东向、南向、西向阳台。尤以西向阳台的栽培效果为最好。由于它的株形高矮适中,因此可以摆放在大小不同的各类阳台上。在其生长旺盛阶段,要将植株置于每天接受日光直射不少于2小时之处。冬季应该保持环境通风。由于紫罗兰惧怕高温,因此春季摆放地点的气温较低则有助于延长植株的观赏时间,冬季气温稍低并无妨碍。

紫罗兰花期较长,繁花满枝,花色宜人,微香四溢,花期长,可用作花坛、花

境的布置材料，为春季插花常用的材料，也适宜用作盆栽观赏。紫罗兰适于布置花坛、花径，做切花或盆栽美化居室。

形态

叶互生，长圆至倒披针形，灰绿色。

顶生总状花序，花梗粗壮，花色变化多样，有淡红、紫红、紫蓝、淡黄、纯白等，有单瓣和重瓣品种。花具微香，长角果圆柱形，种子有翅。花期4~5月。角果，果熟期6月。

习性

紫罗兰喜冷凉气候，喜冬季温暖、夏季凉爽和通风良好的环境；具有较强的耐寒能力，冬季能耐短暂的-5℃低温。忌燥热，具有一定的抗旱能力，在高湿、高温的夏季易发生病虫害。对土壤的要求不太严格，但以中性、排水良好的土壤为最好。忌强酸性土壤。喜阳光充足，稍耐半阴。除一年生品种外，均需低温以通过春化阶段而开花，故作二年生栽培。种子的发芽力保持时间较长，可达6~7年。

栽培管理

(1)基质。既可盆栽也可进行无土栽培。盆土一般可用腐叶土、细沙土、园土按1∶2∶1的比例配制而成。另外要加入鸡粪25克左右作为基肥。

(2)花盆。一般用大小适宜的土陶花盆，做好排水层。

紫罗兰为直根性植物，须根很少，苗长到6~7厘米高时定植，移植时起掘土球，要特别小心，尽量不要伤根。如有条件最好在栽植前先上盆养护，使植株恢复生长，至需用时脱盆栽植易成活。

(3)肥料。其根系发达，要求土壤疏松肥沃、土层深厚。苗期需施氮肥1~2次，花蕾形成及初花期，施复合肥1~2次。开花后剪去花枝，追1~2次肥，这样能再次抽枝，到6~7月可第二次开花。栽植期间要注意施肥，施肥1次量不要太多，要薄肥勤施，否则易造成植株的徒长，且影响开花。

(4)水分。由于紫罗兰整株具有柔毛，水分损失较少，生长期一般可少浇水，花期需适量浇水。春季应适当控制水分，以便植株低矮紧密，取得更好的观赏效果。若作为切花栽培，就应保证水分的供应，以促使花剑伸长。

(5)温度。紫罗兰怕炎热，适宜生长温度为12℃~18℃。紫罗兰较能耐寒，冬季栽于阳畦越冬，生长较快，常不待春暖而抽穗开花。早春抓紧移植盆栽，经栽植、灌水后生长迅速，可于4月中旬绽蕾。夏季高温、高湿要注意病虫害的防治。越冬温度不宜低于0℃。

(6)光照。紫罗兰能耐半阴，但在其生长旺盛期仍要保证充足的阳光照射，以促进植株生长。

繁殖方法

紫罗兰的繁殖，一般可采用叶插、分株和播种的方法进行。

分株繁殖。经过2年以上的栽培，紫罗兰根茎处能长出几丛新芽，在这种情况下，便可进行分株繁殖。时间在春季的3~4月。

①分株用的苗床也可用土陶花盆。基质可用山泥土2份，腐叶土2份，针叶土2份，河沙2份，塘泥土2份，充分混合，暴晒整细过筛，严格消毒后上盆备用。

②分株时，将紫罗兰从花盆中带土团托出，抖去附着土。

③根据植株新芽的分布情况，用锋利快刀带根带芽切下。

④切口涂抹草木灰，进行伤叶干燥和消毒处理，以防止植株体内液汁散失过多，影响分株苗的生长发育。

⑤小苗分切后要及时进行栽培，栽培的深度以埋住子株的基部根茎，能够稳住植株体为度。

⑥栽好后用浸盆法把水浇透，置于荫蔽通风处管理。

用分株的方法繁殖紫罗兰,生长较快,成活率高,是一种保持原优良品种特性的极好方法。

紫罗兰直根性强,须根不发达,分盆栽培应尽量提早进行,这样才少伤根系,或不伤根系。小苗长出真叶以后,就可分盆栽培,每盆一株。幼苗期的管理,浇水要见湿见干,水分不宜太多,盆内千万不能积水,每十天半月施一次腐熟的稀薄液肥,操作时要小心细致,不能把肥料撒落在细小的叶片上,否则叶片会腐烂。夏季放在通风良好的荫棚下,秋末移入室内,使之安全越冬。

病虫害防治

莳养过程中紫罗兰常遭到病虫的危害,其主要病害有紫罗兰枯萎病、紫罗兰黄萎病可用50℃~55℃温水进行10分钟温烫浸种,这样可以杀死种子携带的病菌。药剂消毒。种植紫罗兰用的土壤应消毒后再利用,药剂可用1000倍高锰酸钾溶液;紫罗兰白锈病紫罗兰植株发生病害前应喷波美3~4度的石硫合剂预防,生长季节根据发病情况喷65%代森锌可湿性粉剂500~600倍液,或敌锈钠250~300倍液防治;紫罗兰花叶病通过以桃蚜和菜蚜为主的40~50种蚜虫传毒,也可通过汁液传播。消灭蚜虫,药剂可用植物性杀虫剂1.2%烟参碱2000~4000倍液或内吸药剂10%吡虫啉2000倍液喷雾防治。

常春养

常春藤枝蔓轻柔,绿意颇浓,枝叶柔软,蔓延下垂,随风飘逸,轻盈潇洒,是极富情调的观叶植物。如果将其吊栽于花盆中,挂植在阳台上,则拖曳的枝条飘荡于空中,能使环境充满浪漫气息。在英格兰已成为非常流行的圣诞节传统装饰品。

摆放地点

东向、南向、西向、北向阳台。尤以北向阳台栽培效果最好。由于它高矮适中,因此可以摆放在大小不同的各类阳台上。在其生长旺盛阶段,要将植株置于无日光直射的明亮之处,夏季应该保持环境适当通风。冬季气温稍低并无妨碍。

常春藤枝蔓轻柔,四季常青,叶色光亮,春季红果映衬于绿叶之间,更添美观,是极富情调的观叶植物。可用于建筑物墙体阴面、半阴面、岩面、假山、石柱、墙垣、坡坎、绿廊等处作攀附或垂吊式绿化,也可用作阴地的地被植物。如果将其吊栽于花盆中,挂植在阳台上,则拖曳的枝条飘荡于空中,能使环境充满浪漫气息。

习性

常春藤暖温带树种,极耐阴,较强光照环境也能生长。性喜温暖湿润,稍耐寒,能耐短暂-5℃左右低温,不择土壤,以湿润、肥沃的中性、微酸性土最适宜,有一定耐旱耐瘠能力。

形态

属常绿木质藤本。茎藤长可达30米,以发达气根攀缘。

单叶互生,3~5裂,深绿色,有长柄;营养枝上叶三角状卵形至三角状长圆形,全缘或3浅裂;花果枝上叶菱状卵形至卵状披针形。

伞形花序顶生,花小,淡白绿色,微香。果球形,红色或橙色。花期9~11月,果翌年3~5月成熟。

栽培管理

(1)基质。盆土可由腐叶、细沙、园土按体积计以1∶1∶1的比例配成。

(2)花盆。常春藤植株高矮适中，生长并不很快，通常选用中型花盆进行定植，也可使用大型花盆。每隔两年翻盆1次，届时要将植株老根旋去一部分，以促发新根，从而保证植株有更强的生长势。

(3)肥料。除定植时在花盆底部施用25克左右的干鱼头等作为基肥外，生长旺盛阶段还应每隔10天追施1次稀薄液体肥料。

(4)水分。常春藤喜微潮的土壤环境，在冬春二季低温阶段可适当减少浇水，但不宜使盆土过干。

(5)温度。喜温暖的环境，在15℃~25℃的温度范围内生长良好，越冬温度不宜低于5℃。

(6)光照。常春藤宜在半阴之地进行栽培，特别是在夏季不宜使植株接受直射日光，但在冬季可以让植株接受全日照。应该保持环境适当通风。

繁殖方法

采用扦插法繁殖，多在每年6~8月进行。

①可以用细沙做繁殖基质。所用盆器的规格可根据具体需要而定。

②应该选用生长充实的枝条做插穗，可以将其修剪为6~8厘米长的段，要摘去枝条基部的叶片。

③然后将其群插于盛有细沙的花盆中。

④扦插后每天喷水保湿，不能施用肥料，更不能使插穗在日光下暴晒。

这样经过4~6周，绝大多数插穗均可发育成具有良好枝系的小植株，随后及时进行分栽。

病虫害防治

在阳台栽培中，常青藤通常很少罹病，但其易受介壳虫的侵袭。

吹棉蚧。以雌成虫和若虫吮吸叶芽、新梢汁液，危害严重引起大量落叶。防治方法：若虫活动期，可喷施50%杀螟松乳油，或25%喹硫磷乳油各1000倍，每隔10天喷1次,连续喷2~3次。冬季可选用35波美度石硫合剂,或10倍液的松脂合剂,均有良好效果。

吊兰

吊兰,是一种很好的室内盆栽悬挂观叶花卉,叶形美观,叶片鲜绿苍翠,风姿飘逸,姿容轻盈潇洒,文雅娴静,风度翩翩,状若垂钓,甚为美观。如果将它吊养在花盆里,能够使环境中增添浪漫的色彩,各个茎节间抽生大大小小的新株,随风轻荡,翠滴如洗。吊兰被誉为“空中花卉”,从腋间伸出的匍匐茎,由盆沿向外斜垂而下,长达数尺。

摆放地点

东向、南向、西向、北向阳台。其中以东向、西向阳台的栽培效果最好。由于它大小适中,因此可以摆放在大小不同的各类阳台上。其生长旺盛阶段,最好将植株置于无日光直射的明亮之处。夏季应该保持环境适当通风,冬季气温稍低并无妨碍。

吊兰形态优雅别致,奇特多姿,为重要的观叶植物。白色的花朵和匍匐茎上长出的新植物体,随风摆动,好似天女散花,别有风趣。常作悬挂盆栽,作室内装饰或园林布景。

习性

性喜温暖湿润、夏日凉爽的气候环境,忌干风,不耐寒冷。喜半阴,较耐荫蔽,可长期在室内栽培,忌烈日直射。要求疏松肥沃、排水良好的壤土,喜湿润,不耐干旱,但根部忌水渍。

形态

多年生常绿草本。根肉质。叶基生,线形,顶端渐尖,基部抱茎,常在叶的基部抽出多条走茎,伸出株丛,弯曲向外,上生叶簇和气生根。垂茎上可长出带有气根的小植株,吊挂空中,随风飘荡,颇似兰花吊生或垂钓,故名。

花茎上着花 1~6 朵,白色。花茎细长,总状花序。花期 3~6 月。

栽培管理

(1)基质。盆土用腐叶土、园土和沙土等量混合而成的培养土。

吊兰亦可水养,将植株从盆中倒出,冲洗干净根部泥土,放入透明容器中并固定,每 7 天换水 1 次,溶液中可加入少量磷酸二氢钾。水养吊兰,既可观叶,又能赏根,一举两得。

(2)花盆。新栽植后的植株须放在荫蔽处,待其恢复生长后,再将花盆吊挂在适当高度,便于匍匐茎伸展下垂。每年早春 3~4 月进行一次换盆,略加修剪多余的须根和茎叶。盆土宜排水良好。

(3)肥料。生长旺季,可每隔半个月施一次稀薄液肥。注意勿将肥水洒至叶面,灼伤叶片。

(4)水分。浇水以保持盆土湿润为原则,盆土过干易使叶片干尖。春、秋生长旺季,浇水要充足,并经常用与室温相近的清水喷洒枝叶,以保持空气湿润和植株清洁滋润。适时浇水,7 天左右将盆取下冲洗叶面尘土,以保持叶面干净及增加周围空气湿度。

(5)温度。吊兰喜温暖,不耐寒冷,霜降前后移入室内,放置阳光充足或半阴通风良好处。每隔 1 周左右中午气温较高时,用清水喷洗枝叶,但盆土宜偏干。室温保持在 5℃以上即可安全越冬。

(6)光照。吊兰喜温暖湿润,忌阳光暴晒,光线过强,易使叶色呈白绿色,一般出圃后放置荫棚下。夏季应将盆花放在阴凉处培养,避免阳光直射。北方地区10月上旬移入室内，挂在窗前或放在书架顶端，让其多见些阳光。

病虫害防治

吊兰病虫害较少，主要有生理性病害，叶先端发黄，应加强肥水管理。经常检查，及时抹除叶上的介壳虫、粉虱等。吊兰不易发生病虫害，但如盆土积水且通风不良，除会导致烂根外，也可能会发生根腐病，可以喷施多菌灵可湿性粉剂500~800倍液浇灌根部，每周一次，连用2~3次即可。

繁殖方法

吊兰的繁殖方法有扦插、分株和播种等，但是，在园林栽培中，主要采用扦插的方法繁殖。

扦插繁殖。扦插是繁殖吊兰最简单、省事、效果最好的方法。每年春季到秋季的任何月份都可进行。

①吊兰每根匍匐茎上都生长着许多小株，这些小株有根有叶，是一棵没有脱离母体的完全植株，只要把它从母株茎干上剪下，扦插于花盆中，就能成活。

②扦插时，可随剪随播，每盆扦插3~4棵小株。

③插后把水浇透，置于半荫蔽处，几天后便可发出新根。

发根后加强肥水管理，4月份扦插的，5~6月便能长出3~6根匍匐茎干，垂吊下来，成为一盆有观赏价值的花卉。

龟背竹

龟背竹叶片硕大，形态奇特，叶冠雄伟，亭亭玉立，常年不凋。其茎秆上长长的褐色气根使之具有热带雨林植物的典型风格。生势可立可攀，斗大革质叶片，羽状浑裂，中间有孔，玲珑剔透，形态别致，酷似龟背，故此得名。由于它颇耐浓荫,因此适合用来装点那些缺少日光照射的阳台角隅。

摆放地点

东向、北向、西向阳台。以东、西向阳台的栽培效果最好。它的植株较为高大,适合在十分宽敞的阳台上栽种。在其生长旺盛阶段,要将植株置于无目光直射的明亮之处,夏季应该保持环境适当通风;冬季气温稍低并无妨碍。

龟背竹叶形奇特,常年碧绿,又很耐阴,给人以端庄新颖、宁静致远、健康长寿之感,为一种极好的观叶植物。适合于布置厅堂、会议室,绿化美化居室。也可用于攀缘墙壁、棚架,造成室内的自然景观。其叶片还可作为插花的材料。

性喜温暖湿润及半阴环境,怕干旱和寒冷。喜潮湿,忌阳光直晒。对土壤要求不严,但在富含腐殖质、保水性强的微酸眭土壤中生长良好。

形态

常绿藤本植物。茎粗壮,茎有节,茎节上生有细长的电线状的气生根,深褐色,细长。幼叶心脏形,无孔,长大后叶片呈广卵形,羽状深裂,叶厚革质,深绿色,叶脉间有椭圆形穿孔,形似龟的背纹。

佛焰苞花序肉质柱状,花淡黄色,边缘反卷,内生一个肉穗状花序。花期1~8月。浆果淡黄色,长椭圆形,成熟后可食用。

栽培管理

(1)基质。盆栽用土宜选用腐叶土、园土、泥炭土加少量河沙混合配制的培养土并加入少量骨粉、腐熟豆饼渣等有机肥作基肥。

(2)花盆。盆要选透水性、透气性均好的泥盆,或陶质盆、紫砂盆,不能用瓷盆或塑料盆。盆不要太大,盆壁不要太厚。龟背竹生长较快,宜每年春季换一次盆,换盆时注意增施基肥和添加新的培养土以补充营养。

(3)肥料。生长旺季每15~20天施一次腐熟的稀饼肥水,或以氮肥为主的薄肥或复合花肥。

(4)水分。龟背竹喜湿润环境,因此浇水要充足,经常保持盆土湿润,但注意不能积水,与此同时还要经常往叶面上喷水,干燥季节和夏天每天要往叶面上喷水3~5次,保持花盆周围空气湿润,则叶色才能翠绿可爱。冬季应减少浇水,盆土宜偏干,过湿易烂根枯叶。此时需要每隔7~10天用温水喷洗一次叶面,以利保持叶片清新光亮。

(5)温度。生长适温为20℃~25%,气温降到10℃时则生长缓慢,降到5℃时即停止生长并易受低温冷害。如果春、秋两季放室外养护时,北方地区应于5月下旬出室、10月上旬移入室,放在明亮的室内,但不受强光直晒。冬季室内温度不能低于12℃,防止冷风直接吹袭。

(6)光照。龟背竹为耐阴植物,盆栽可常年放室内具有明亮散射光处培养,夏季可放在室内北面窗台附近,并注意通风降温,避免受到强光直射,否则叶片易发黄,甚至叶缘、叶尖枯焦,影响观赏效果。

繁殖方法

龟背竹再生能力强,繁殖时大多采用扦插的方法。园林部门则用播种的方法,进行大量繁殖。

扦插繁殖。龟背竹扦插,宜在4~5月进行。

扦插前,可把龟背竹的茎干剪成若干段(切口要涂抹草木灰),每段保持3~4个节,最少也要有两个。龟背竹的茎段,每节都有叶片,扦插时最好保留一张叶片,因为插穗在未生根以前,这片叶子可以继续进行光合作用,对发芽和抽叶都非常有利,但气生根要剪除。

龟背竹插穗选留叶片也有一定的学问,比如茎尖一段的留叶,就不能留顶上的,要留基部一片,因为顶端叶柄着生处,含有植株的原始体,能抽生茎干和新叶,其他叶柄内部没有原始体。它的隐芽位于新月形的叶痕和节环再生处,选留基部的叶片,插穗在光合效应和内源激素的作用下,能促进隐芽萌发,对插穗生长有利。

①龟背竹的扦插苗床，以木箱为好。基质可用蛭石4份，森林腐叶土3份，河沙3份，充分混合、严格消毒后盛于苗床备用。

②扦插时，让茎干与土面呈30°斜角，埋入土壤中的深度为插穗长度的2/3。

③浇透水后置于温暖湿润而又具有散射光照的地方，并插设竹竿，把叶片扶直。

如果叶片过大，还可剪去1/3或1/2，要保证插穗稳固。扦插后的管理工作，主要是保持基质湿润，室温控制在22℃~28℃之间。大约30~40天长出新根，80~100天萌发新叶。这时的自然气温在25℃左右，正值龟背竹第二次旺盛生长期，更要加强发芽的管理，略施薄肥，加速幼苗生长，使之尽快形成一棵完整的植抹。

病虫害防治

(1)龟背竹灰斑病。又名叶枯病，叶片多从边缘及损伤处开始发病，初显褐色斑点，扩大成近圆形或不规则形，呈灰褐色至黑褐色，上生稀疏黑色小点，病斑相互融合成片，最后腐烂枯死。防治方法：发病后可喷0.5%波尔多液或50%退菌特1000倍液。

(2)介壳虫。可用1000倍乐果乳油或蚧死净防治。

绿萝

绿萝叶片黄、绿镶嵌，艳丽悦目，婀娜多姿。叶质美丽秀雅，枝叶悬挂弯曲下垂，叶片光亮碧绿，极为清新飘逸，状若绿色瀑布飞泻，极富山野情趣。绿萝中的银点黄金葛，叶片心形，表面墨绿，染有银色小点，叶缘镶嵌银边。若经蟠

绿萝

扎制作花篮、花柱和花球，观赏价值更高。有的品种还嵌有金黄色的斑点和条纹，如若盆栽置于几架之上，十分耐看。

摆放地点

北向阳台。因其对光敏感，既喜光又怕强光直射，摆放在背光的北向阳台十分适宜。生长旺盛期需经常向叶面浇水。冬季不耐低温，当气温低于10℃时应将其移入室内。

绿萝耐阴性较强，适合常年置室内培养，春、夏、秋三季宜放在东面或北面窗口，冬季摆放在南向窗口。绿萝叶片翠绿，杂有黄色斑纹，有绿玉泼金，生机盎然之景，深受人们喜爱。通常作盆栽，设立各种类型的支柱，攀缘成多种景观，供客厅、门首、会议室、楼梯转角处陈列，为优美的藤类观叶植物。叶片可做切花配叶，嫩茎剪下插入水中瓶养，可生根成景。如能在盆内设立一棕皮柱，使其茎蔓沿立柱缠绕而上，远处观望犹如绿龙腾空飞舞，更加别具情趣。

形态

多年生常绿藤本植物。茎藤绿色，茎较粗壮，长可达数米，气根发达，攀附力强。叶卵状心形或卵状长椭圆形，绿色，叶面上生有许多不规则的黄色斑点或条纹。叶长约7~14厘米,宽约5~10厘米。适宜的环境和肥水管理得当,叶片将会明显增大,茎、叶柄也会同时增粗。叶绿色有光泽,全缘,个别叶片具黄色斑纹。

习性

性喜温暖多湿及半阴环境,不耐寒冷,冬季保持5℃以上即可安全越冬。耐阴性强,在一般室内散射光下能正常生长,不宜强光暴晒,不然在绿色的叶面上将会出现黄色生理上的病斑。对土壤要求不严,但以疏松肥沃而又排水良好的沙质壤土为好。

栽培管理

(1)基质。盆土宜选用腐叶土或泥炭土、园土、粗沙各1/3混匀配制的培养土。绿萝也可采用水培法或无土栽培法。水培时注意每周换水1~2次,保持水养液的清洁和新鲜,以利茎叶生长。

(2)花盆。盆要选透水性、透气性均好的泥盆,或陶质盆、紫砂盆,不能用瓷盆或塑料盆。盆不要太大,盆壁不要太厚。幼株宜每年换一次盆,成株可每隔1~2年换一次盆。

(3)肥料。绿萝生长较快,生长旺季需每2~3周施一次稀薄液肥或复合液肥。生长期间需追肥3~4次。

(4)水分。喜大水,但怕积水。生长季节可大量浇水,保持盆土湿润。切忌盆土干燥,否则容易黄叶和姿色不佳。冬季适当减少浇水量,尤其冬季室温低时更要减少浇水。

夏季除每天充分浇水外,还要注意经常向叶面上喷水。北方冬季气候干燥,需要每周用温水喷洗一次叶片,洗去叶面上的尘土以保持叶片光亮碧绿。

(5)温度。生长适温20℃~30℃。绿萝不耐寒,冬季室温不宜低于1℃。否则容易黄叶,甚至全株死亡。

(6)光照。绿萝虽耐阴,但若摆放处的光线过于阴暗,也不利其健壮生长,黄白条纹就会变小而色淡,甚至色斑消失而完全褪为绿色,同时还会引起蔓性茎徒长,节间变长,株形稀散零乱,降低了观赏价值。如放室外阳台培养,夏季要避免阳光直射,否则不仅会导致新叶叶形变小,叶色暗淡,而且易灼伤叶片,造成叶缘枯焦。

此外在管理中应不时修剪老茎和分枝,及时进行攀附,保持株形优美。

繁殖方法

绿萝的茎干具有较强的再生能力,莳养者可用截枝扦插或环割压条的方法,进行无性繁殖。

压条繁殖。绿萝压条,也较为简单,一般都采用普通压条的方法进行。在绿萝生长旺盛的4~5月进行。

①用大小适宜的土陶花盆,盛上经过高温消毒处理的泥炭土、森林腐叶土、山泥土等基质,各等份充分混合湿润。

②压条以前,将母株一侧的枝条理顺,弯曲后吊下来,选其能埋入基质的部位,分别割伤或进行环状切割剥去皮层。在操作的时候,要注意保留节间自然生长的气生根。

③再把枝条的切割部位和气生根一起埋入花盆的生根基质中,并将枝尖端露在花盆外面。

④再用铁丝弯钩或者构形树杈弯曲在基质中的藤状茎加以固定,防止枝条受到意外的撞动而弹起,使压条工作失败。

繁殖方法

防治细菌叶斑,病发病初期及时剪去病斑或剪去病叶。成株发病初期开始喷洒14%络氨铜水剂350倍液,隔10天1次,连续防治2~3次。

换盆方法

1.首先轻轻敲打花盆，使盆土松动。注意敲打的力道，不要震伤细嫩的枝芽。

2.待盆土松动后，倒转花盆约45°。一只手扶稳植株，另一只手轻轻拍打盆底。

3.将瓦片垫入新盆中。防止土壤流失，保证排水良好。

4.将新底土填入盆中。

5.加入底肥。

6.将退好盆的植株垂直放入新盆。

7.填入与植株适应的新土。

8.将盆土按压实。使盆土低于盆沿1-2厘米。

9.为了美观可以在土壤的表面覆盖一层石子或陶粒。

压条的管理工作，主要是保持基质经常处于湿润状态。一般经过2~3个月的养护管理，被压部位就能生出新根，地上部分能生长新芽。这时，莳养者便可根据压条萌发新芽的情况，再用锋利快刀插入土层，将压条切断，使之脱离母体自行生长。一般再经1~2个月的养护，使可起苗定植于花盆中，成为一棵独立的绿萝植株。

肾蕨

肾蕨，是一种生长在热带和亚热带森林里的多年生大型草本蕨类。在大自然中，肾蕨依附森林中的大树或直立生长于湿润的岩石缝隙中，然而更多的是生长在油棕的茎枝之上，绿叶丛丛，青翠欲滴，潇洒自然，令人神往。肾蕨以其轻盈的体态，飘逸的身姿，清雅挺秀，风韵美丽，为世人所珍爱。

摆放地点

北向阳台或室内明亮处。夏季注意遮光、通风;冬季注意保暖,防止冻伤。

肾蕨

它叶片翠绿光滑,姿态婆娑,四季常青,经久不凋。肾蕨耐阴,长期放置在室内具有散射光条件下养护即能生长良好,因而是客厅、居室装饰中颇受人们欢迎的观叶植物。肾蕨还是主要的切叶材料,将其叶片插于花瓶配上月季、唐菖蒲、香石竹等鲜花,绿叶红花,倍觉增色。肾蕨用作吊篮式栽培,更别有情趣。

习性

肾蕨喜温暖湿润环境,喜半阴,忌强光直射,宜排水良好富含腐殖质的肥沃土壤,不耐寒,极不耐旱。生长适温为15℃~25℃,室内湿度60%左右。

形态

肾蕨为多年生常绿草本植物,具有地下根茎,短而直立,向上有簇生叶丛,向下有匍匐枝。株高30~80厘米,一回羽状复叶,羽片40~80对,以关节生于叶轴上，披针形，上侧有耳形突起。孢子囊群生于每组侧脉的上侧小脉顶端，囊群盖肾形。

栽培管理

(1)基质。盆栽肾蕨比较容易，培养土可用1份腐叶土、1份素沙和2份蛭石配成。盆底加少量腐熟饼肥作基肥，盖上土，底部应填充1/4的颗粒状物，以利排水。用于吊兰栽培的基质可用1份腐叶土或泥炭土和1份蛭石配制。

(2)花盆。要选大小适宜的精致花盆。花盆要先做好排水层，再盛土栽培。肾蕨生长健壮，根系很快会布满盆，每隔1~2年于春季结合分株换一次盆，换盆时应剪掉老叶。

(3)肥料。生长季节每月应施1~2次肥，常用稀薄腐熟饼肥水。

(4)水分。肾蕨极不耐旱，但在生长季节需供应充足的水分，尤其在夏季除经常保持盆土湿润外，每天要向叶面上喷水数次，以增加空气湿度，这样才能保持叶片清新碧绿。如果空气过于干燥，则羽叶容易发生卷边焦枯现象。若浇水过多或把植株浸泡在水中，则易造成叶片枯黄脱落。

(5)温度。肾蕨在西双版纳的温度就是它适宜生长的温度。原产地的最高温度也是月平均最热的温度一般为26℃~29℃，最冷月份平均温度为9℃~12℃，全年基本无霜，因此肾蕨最适宜生长温度为20℃~22℃。植株在引种驯化后对温度的适应有了较大的转变，夏季的白天温度高达28℃，晚间为19℃~21℃，植株也能适应；冬季气温白天低于6℃，夜间低于-2℃~0℃，短时植株也没出现死亡的情况。莳养者在知道了肾蕨对温度的适应情况后，要人为的为其创造良好的气候环境，使之全年都具有观赏价值。冬季室温维持12℃~15℃，即可安全越冬。

(6)光照。夏季放在室内通风良好而有散射光处或室外的大树下或阴棚下养护，如光照过强，则叶片易发黄；若过分蔽阴，羽叶常易脱落。北方地区冬季应适当给予光照。

繁殖方法

肾蕨可在山野林间、沟谷挖取野生苗株进行驯化栽培,又可在早春翻盆换土时进行分株繁殖,还可用孢子进行有性繁殖。

孢子繁殖。肾蕨的孢子囊群生长于每组侧脉的上侧小脉顶端,囊群盖肾形,孢子成熟期一般都在6~11月。

①收集肾蕨的孢子时,应挑选植株具有成熟孢子囊的叶片,用自制的干净纸或塑料袋,将其置于袋中。莳养者在采收工作的整个过程中,要防止互相混杂和不必要的污染,保持孢子的纯洁性。

②播种前,要自制木箱苗床,一般苗床的长度为40~50厘米,宽为30~35厘米,高为25~30厘米。

③基质可用森林腐叶土3份、泥炭土2份、肥沃的沙质菜园土3份、山泥土2份配制。配好后,培养土要经暴晒,整细过筛,再用3000倍的高锰酸钾水溶液进行消毒,摊晾5~7天,待药液完全挥发后,便上床使用。

④为了增加木箱苗床的通透陛,莳养者还可用洁净的碎瓦片填于木箱底部,厚度为3~4厘米,填入的培养土厚度为15~20厘米,苗床要刮平压实。

⑤然后将收集的孢子用厚纸壳摊开,轻轻弹动,均匀地抖落在基质上,不用覆土。

⑥将苗床置于盛水容器中,把整个基质湿透。

⑦苗床上覆盖白色玻璃,再将其置于荫蔽的地方,保持基质的绝对湿润。

苗床温度控制在20℃~22℃,一般播种后15~20天,孢子便开始萌动,成为单叶体。如果发现单叶体密度过大,可以进行1~2次间苗,扩大株行距,在原叶体期间,土壤要保持湿润,以利雌配子体受精过程的顺利进行。雌雄配子结合后,大约还要经过较长时间的生理生化发育,才能逐渐发育形成真叶,这时还要进行精心管理,培养土在保证通透性良好的前提下,还要保持湿润,待其小叶长出3~4片叶子时,便从苗床带原土取苗,作定植栽培。

病虫害防治

室内栽培时，如通风不好，易遭受蚜虫和红蜘蛛危害，可用肥皂水或40%氧化乐果乳油1000倍液喷洒防治。在浇水过多或空气湿度过大时，肾蕨易发生生理性叶枯病，注意盆土不宜太湿并用65%代森锌可湿性粉剂600倍液喷洒。

铁线蕨

铁线蕨无花无果，株形秀美，叶片青翠，叶片羽状扇形，密似云纹，鲜绿婆

铁线蕨

娑。叶柄细长，挺拔直立。富于浪漫气息。繁殖迅速，栽培容易。它的最大特点是喜阴湿环境，适合摆放在无日光直射的明亮之处，因此很受栽培者的欢迎。

摆放地点

东向、南向、西向、北向阳台。在南向阳台上应该避开直射日光，在北向阳

台上应该将植株量于较为明亮的地方。由于它的植株较为矮小,因此适合用来装点较为狭窄的阳台。在其生长旺盛期,要将植株置于无日光直射的明亮之处。夏季应该保持环境适度通风,但要避免过强气流直吹。冬季气温稍低并无妨碍。

在蕨类植物中,铁线蕨是栽培最普及的种类之一。茎叶秀丽多姿,形态优美,株形小巧,极适合小盆栽培和点缀山石盆景。由于黑色的叶柄纤细而有光泽,酷似人发,加上其质感十分柔美,好似少女柔软的头发,因此又被称为"少女的发丝";其淡绿色薄质叶片搭配着乌黑光亮的叶柄,显得格外优雅飘逸。

形态

铁线蕨为多年生常绿细弱草本蕨类植物。因其叶柄、叶轴细圆坚硬,多为褐黑色或粟黑色,形色如铁线,故而获得铁线蕨的美名。

铁线蕨株高15~40厘米,根状茎横走,密生棕色鳞毛。铁线蕨叶柄纤细而稍向下垂,枝叶繁茂,叶片卵圆状三角形,2~4回,羽状复叶,细裂,裂片扇形,清秀深绿,富有光泽。每根细枝向上着生的叶片,呈斜扇张开,好似银杏,上边浅裂、缺刻,极为雅致。圆肾形孢子囊群盖包被的孢子囊群生于叶缘。

习性

铁线蕨性喜温暖湿润和半阴环境,忌强光直射。生长适温为18℃~25℃。喜疏松肥沃和含少量石灰质的沙壤土。不抗寒,冬季气温低于5℃叶片会受伤害。

栽培管理

(1)基质。培养土用腐叶土或泥炭土、园土另加少量旧墙皮土混匀配制。也可选用石灰岩风化土3份、泥炭土3份、森林腐叶土3份、河沙1份,还可适当加入少量的石灰粉。土壤配好后要充分拌和，严格进行高温消毒后，便可上盆使用。

(2)花盆。盆栽铁线蕨，可用大小适宜的宜兴紫砂盆，盆底必须做好排水层，栽种不宜过深，以能稳固植物为宜。栽好后浇一次透水，置于荫蔽湿润的环境，待其恢复生机后，便可置于室内观赏。铁线蕨适应性较强，生长快，宜每年春季结合分株进行换盆。

(3)肥料。铁线蕨需肥量不多，一般每月施一次稀薄液肥即可，若能施入少量钙质肥料，则长势更佳。在早春新牙萌动、红褐色的嫩芽开始生长之前，就开始施肥。每十天半月施一次用花生麸沤制的浸出液，浓度为1：10。为了叶片翡翠碧绿，更具观赏价值，也可用0.05%~0.1%的尿素或磷酸二氢钾水溶液，每十天半月交替施用。在施肥过程中，一定要严格掌握浓度，宁淡勿浓，否则根系容易腐烂，造成植株死亡。并且浇水施肥时不能玷污叶面，否则易造成叶片枯黄，影响观赏效果。

(4)水分。生长期间需要充足的水分供给，平时每天浇一次水，夏季炎热每天浇两次水，同时还应经常往叶片和花盆周围的地面喷水，以提高空气湿度，这样才能保持叶色碧绿。若供水不足或空气干燥，叶片就会变黄或卷边焦枯。置于阳台莳养，花盆底要垫一蓄水盘，土壤要保持绝对的湿润，空气相对湿度在75%左右。坐盆的垫盘盛水要略超过花盆底孔，让水分不断地渗入基质中，这是保持土壤湿润的一个好方法。

(5)温度。一般来说，它在15℃~22℃的环境中生长最好，冬季10℃以上的气温，就能安全越冬。铁线蕨不甚耐寒，冬季应把花盆移入室内，一般放到南向的窗台即可，室温维持在12℃以上，并保持空气湿润，则叶片会显得碧绿可爱。

(6)光照。铁线蕨虽属阴生植物，但生长季节仍需要一定光照，夏季气温高，光照强烈，应把铁线蕨置于荫蔽通风和气候凉爽的环境。铁线蕨不能忍受高温和强阳光直射，否则，蒸发加剧，植株体内失水严重时，叶片干边反卷，影响观赏。所以,夏季最好把花盆放在北面的窗台上莳养,东西面的侧射光线,就能满足它对光照的要求。到了冬季,可把铁线蕨放在向南的窗台内莳养,阳光的充分照射,对植株越冬非常有利。如放在室外阳台上培育,夏季应遮阳,避免阳光直射,否则,极易引起叶缘焦枯。

注意:养护过程中发现有枯叶时应及时剪除,以保持植株清新美观并有利于萌发新叶。叶丛过密时,可于每年秋季将老叶适当修剪,以保持优美株形和良好生长势。

繁殖方法

铁线蕨,老叶背面沿叶缘横生数个黄褐色的孢子囊群,当孢子成熟时,便从孢子囊内散出,落到潮湿的土壤里,可萌发新芽,形成铁线蕨新植株。园林部门大多采用分株、扦插的方法繁殖,如果大量生产,也可用孢子播种繁殖。

分株繁殖。铁线蕨,多为丛生性生长,它的根茎具有铁线蕨的全能性功能,如果进行无性繁殖,也可获得新株。栽培几年的铁线蕨,可以适当进行分切,每株留叶片2~3片,栽培成活后便可成为一棵独立的植株,这种方法就叫分株繁殖。

铁线蕨分株的时间,长江流域及其以南的广大地区,大都在5~7月进行。这时,气温高,阴雨天气多,空气湿度大,植株体的生理功能非常活跃,适宜铁线蕨的生长发育,是分株繁殖的最佳时间

①铁线蕨喜欢在含钙质的石灰岩上生长,分株繁殖的基质,可用石灰岩风化后形成的山泥、河沙、泥类和腐叶土各等份,充分混合,再经过严格高温消毒即可。

②栽培时,盆底要做好排水层,放一层粗颗粒培养土,再把分株苗植于花盆中。

③操作时,要精心细致,绝对不能损伤根状茎,栽培不能太深,以能稳固植株为佳,浇一次透水,置于半荫蔽的湿润环境,精心莳养。

铁线蕨生长发育快,栽培后 10~20 天,就能生根发芽,这时更应加强水分管理,每天两次向叶片进行雾状喷水,新株便能旺盛生长。

病虫害防治

常有叶枯病发生,初期可用波尔多液防治,严重时可用 70%的甲基托布津 1000~1500 倍液防治。若有介壳虫危害植株,可用 40%的氧化乐果 1000 倍液进行防治。

文竹

文竹株形潇洒脱俗,枝蔓纤细,四季青翠欲滴,花色素雅。文竹挺拔向上的

文竹

丰姿,飘逸轻盈,美丽的秀叶绰约多姿,风度翩翩,尤其是挂果以后,浓绿丛中缀满紫红色的星星,素装淡雅,令人十分喜爱。莳养一年的文竹,便会显现出更加奇特的风采。它似松非松,却有劲松之飘逸;似竹非竹,更有翠竹之秀丽。是深

受人们喜爱的观赏花卉。

摆放地点

东向、西向、北向阳台。尤以北向阳台为佳。在其生长旺盛期注意肥水管理,夏季要有阳光直射。冬季不耐霜冻,气温低于5℃要移入室内。

文竹枝叶纤细,状如云片,翠绿轻盈,宁静秀丽,给人以生意盎然,柔和舒适之感。通常矮化作盆栽,置于案头、台架上,美化居室。4~5年生的大植株,可用大盆栽植,用来美化装饰会议室、展厅等公共场所,或供攀缘成景。小枝剪下,为优美的切花配叶。配以玫瑰、香石竹、菊花、大丽花等鲜花作为瓶插或制作成花束,使之红绿相映,十分协调美观。

习性

文竹性喜温暖、湿润气候,忌干风。半阴,不耐寒,忌霜冻。怕干旱,喜疏松肥沃、富含腐殖质、排水良好的土壤。

形态

文竹为常绿草本植物,根长,稍肉质。茎细弱,木质,光滑,茎上有节,节处鳞状叶白色,下部有三角状锐刺。茎具攀缘性,枝叶平出,小叶鳞片状。

花小,两性,白色,花期多在2~3月或6~7月。浆果球形,紫黑色。

栽培管理

(1)基质。可用腐叶土5份、园土2份、沙土2份和腐熟堆肥1份混合配制;或腐殖质土2份、堆肥土1份,细沙土1份。每盆上基肥10克即可。

(2)花盆。盆要选透水性、透气性均好的泥盆,或陶质盆、紫砂盆,不能用瓷盆或塑料盆。盆不要太大,盆壁不要太厚。文竹生长较快,一般每隔1~2年应换盆一次。换盆时间以早春发芽前为宜。

(3)肥料。文竹较喜肥,一般春、秋季可每隔 20 天左右施一次充分腐熟的稀薄液肥,夏季气温高应停止施肥。如欲培养低矮植株,需少施液肥。

(4)水分。文竹莳养管理中最关键的问题是水分的供给。因此要掌握好浇水这一重要环节。浇水过多,盆土过湿,易引起根部腐烂,叶黄脱落;浇水过少,盆土长期干旱,又易引起叶尖发黄,小叶枝脱落。所以生育期间浇水量和浇水次数要看天气、苗势和盆土干湿情况而定。平日浇水以浇入盆中的水很快渗入土中而土面不积水为度。不干不浇,浇就浇透。

天气干燥或炎热时,除需保持盆土湿润状态外,还需经常向植株周围地面洒水或用清水喷洗枝叶,以增加空气湿度。冬季入室后要适当减少浇水次数,将盆花放在窗台附近,并经常喷洗枝叶,以保持植株嫩绿清新。

(5)温度。文竹生长最适温为 12℃~18℃,寒露前后移入室内,只要室温不低于 5℃便可安全越冬。冬季管理关键是保持盆土、空气湿润,忌冷风直吹,以免枝叶黄化干枯。越冬期间停止施肥,控制浇水,每周用与室温接近的清水喷洗枝叶一次。

(6)光照。文竹较耐阴,在室内散射光下即可生长良好,早春和秋冬季阳光不太强烈,可将其放在光照充足的地方,对其生长有利。入夏后要将其放在室外不受阳光直晒的阴凉处或室内具有明亮的散射光处。

注意:文竹生长 5~6 年,便开始开花,对于盆栽文竹,应设立支架,供其攀缘。文竹亦可常年于室内种植池中栽植,并设支架,高可达 2~3 米。供结实采种用。夏季,搭帘遮阴,保持空气湿润,通风良好,方能安全越夏。

繁殖方法

文竹的繁殖,大多采用播种。但文竹结籽,并不像其他草本花卉那样容易。一般家庭盆栽,大多采用分株的方法进行无性繁殖。

分株繁殖。文竹分株繁殖,可在春秋两季进行,春季为 3~4 月,秋季为 8~9 月。

①文竹春季出室莳养正常以后,将它置于向阳处,浇一次透水。

②过两天后用小刀在丛状生长的植株中心切几个小块。切时,一定要从盆土表面切至底部,每块都有3~4根茎干。

③然后原盆不动,仍然进行正常养护。

④文竹在创伤激素的作用下,伤口将产生愈伤组织,发出新根,继续生长。

⑤待到4月中旬,再将整盆文竹倒出,用手轻轻分开各块,剔除过多的附着土,疏剪枝叶、清除腐败根系,在准备好的泥浆中浸泡一下,最后将切块各自分别上盆栽播。

采用这种方法进行分株繁殖,其成活率为100%。

病虫害防治

柑橘绵蚧以雌成虫和若虫吮吸叶芽、新梢汁液,危害严重引起大量落叶。防治方法:若虫活动期,可喷施50%杀螟松乳油,或25%喹硫磷乳油各1000倍,每隔10天喷1次,连续喷2~3次。冬季可选用35波美度石硫合剂,或10倍液的松脂合剂,均有良好效果。

玉簪

玉簪花英姿优美,娟娟素雅,清香扑鼻。玉簪叶片肥大,花色洁白,是装饰效果颇佳的阳台花卉。系阴生植物,它的最大特点是颇耐荫蔽,在无阳光直射的明亮之处也能很好生长,因此非常适合在采光效果较差的北向阳台上进行种植。

玉簪

摆放地点

北向阳台。由于它高矮适中,因此可以摆放在大小不同的各类阳台上。在其生长旺盛阶段,要将植株置于无日光直射的明亮之处即可。夏季应该保持环境适当通风。冬季气温低于0℃并无大碍。

玉簪碧叶娇莹,清秀挺拔,花色如玉,幽香四溢,又极耐阴,可作庭园中林下地被植物,或蔽阴处的绿化材料;也可盆栽观赏,芳香袭人;还可做切花,瓶插别具风格。

形态

玉簪为多年生宿根草本,株高50~75厘米。根状茎粗壮,白色,并生有多数须根。

叶基生成丛,具长柄,平行脉,卵形或心状卵形,端尖。梗从叶丛中抽出,高出叶面。

总状花序顶生,着花9~15朵。花白色,管状漏斗形,有芳香味,在夜间开放。

蒴果三棱状圆柱形。

玉簪性强健，喜阴湿，畏强光直射；不择土壤，在树荫下生长茂盛；但在土层深厚、肥沃、湿润、排水良好的沙质壤土上长势更佳。耐适度干旱。生长季节过于干旱或强烈太阳照射均可使叶片变枯黄。耐寒，长江以南地区可露地越冬，华北地区露地覆盖越冬或低温温室越冬。花期6~9月。

栽培管理

(1)基质。栽培宜选土层深厚、排水良好、肥沃的沙质壤土，种植穴内应施入充足的有机肥，用腐熟有机肥与骨粉作基肥。

(2)花盆。玉簪作室内花卉也能生长良好。栽植玉簪宜用大盆，底部排水孔要适当大。

盆栽的一般2~3年分根1次，分根后的植株得以复壮，生长更好。如长久不分则不茂。早春分根的当年即可开花。

(3)肥料。发芽期及花前可施氮肥及少量磷肥。6~8月每月追施1次腐熟好的稀薄液肥，施肥过量或施用了浓肥、生肥，容易造成叶片发黄脱落。

(4)水分。生长期间保持土壤湿润，要经常浇水、松土。但浇水不可过多，否则易引起烂根，叶子发黄。经常向叶面喷水，防止空气干燥致使叶片干尖。

(5)温度。秋季玉簪落叶后，原盆置于不结冰的低温处，休眠越冬。寒冷地区可稍加覆盖越冬。

(6)光照。盆栽玉簪要置于阴凉通风的地方，避免阳光直射，防止烟尘污染。这样才能生长茁壮，叶色碧绿，开花洁白芳香。

繁殖方法

分株繁殖。一般家庭栽培玉簪花，大多采用分株的方法进行繁殖。玉簪花入冬前，地上部分开始枯萎，植株进入休眠期。这时，是分株繁殖的最佳时间。

①莳养者可剪去玉簪花的地上部分，将植株从花盆中带土团取出，细心用竹签剔去旧土，并根据株丛的长势，顺其自然，切取母株的宿根根茎，每块根茎有新芽1~2根。

②切取后用草木灰涂抹切口。

③用大小适宜的土陶花盆，装上培养土，将分取的根茎埋植于盆中，覆土2~3厘米。

浇透水后，把花盆置于南向房檐下或有南向阳台的栏内，待盆土干燥后再浇一次水；入冬后，可以不再浇水。新芽萌发的次年，进行正常管理，当年就能开花。

换盆方法

1.首先轻轻敲打花盆，使盆土松动。注意敲打的力道，不要震伤细嫩的枝芽。

2.待盆土松动后，倒转花盆约45°。一只手扶稳植株，另一只手轻轻拍打盆底。

3.将瓦片垫入新盆中。防止土壤流失，保证排水良好。

4.将新底土填入盆中。

5.加入底肥。

6.将退好盆的植株垂直放入新盆。

7.填入与植株适应的新土。

8.将盆土按压实。使盆土低于盆沿1~2厘米。

9.为了美观可以在土壤的表面覆盖一层石子或陶粒。

病虫害防治

(1)锈病。症状为嫩叶淡黄，叶面有圆形褐色病斑，发现病叶时应及时剪除，同时10天左右喷施1次1%波尔多液来防治。

(2)白绢病。在高温多雨季节，会发生白绢病，使植株的根茎基部及叶基腐烂，主要因植株栽种或摆放过密、土壤未消毒受到细菌感染以及使用未腐熟的基肥所致。

(3)蜗牛及蛞蝓。夏季应注意防止蜗牛及蛞蝓危害茎叶。

第十一章　功效奇特的药用植物

丁香

又名支解香、丁子香、母丁香、公丁香、鸡舌香、雄丁香等。为桃金娘科植物，丁香树的干燥花蕾。常绿乔木，高达12米。单叶对生，革质，卵状长椭圆形

丁香

至披针形，长5~12厘米，宽2.5~5厘米，先端尖，全缘，基部狭窄，侧脉平行状，具多数透明小油点。花顶生，复聚伞花序；萼筒先端4裂，齿状，肉质。花瓣紫红色，短管状，具4裂片，雄蕊多数，成4束与萼片互生，花丝丝状；雄蕊1枚，子

房下位,2室,具多数胚珠,花柱锥状,细长。浆果为椭圆形,长2.5厘米,红棕色。顶端有宿萼。稍似鼓槌状,长1~2厘米,上端蕾近似球形,下端萼部类圆柱形而略扁,向下渐狭。表面呈红棕色或暗棕色,有颗粒状突起,用指甲刻画时有油渗出。萼片4,三角形,肥厚,花瓣4,膜质,黄棕色,覆瓦状抱合成球形,花瓣内有多数向内弯曲的雄蕊。主产于坦桑尼亚、马来西亚、印度尼西亚,以及我国广东、海南等地。野生与栽培均有,但我国主要为栽培品种。辛,温。归脾、胃、肾经。有温中降逆,温肾助阳的功效。用于胃寒呕吐、呃逆、腹泻、肾虚阳痿等症。1~3克,内服:煎汤,外用:适量,研末敷。

十大功劳

又名水黄连、土黄柏、木黄连、刺黄柏、黄天竹、刺黄芩。为小蘖科十大功劳属三种植物的干燥叶。阔叶十大功劳:呈阔卵形或卵状长椭圆形,长4~11厘米,宽2.5~5厘米,先端渐尖而有锐刺,基部圆形或近截形而偏斜,边缘有刺。叶片革质而具光泽,上面黄绿色,下面淡黄绿色,有明显的纵脉5条。质硬脆,气微,味苦。细叶十大功劳:叶呈狭披针形,长8~12厘米,先端长渐尖,基部楔形,边缘各有刺锯齿6~13个,下面灰黄绿色,但无蜡状白霜。华南十大功劳:为羽状复叶,小叶9~17枚,卵状椭圆形或长椭圆状披针形,长5~12厘米,先端尖刺状,基部歪斜,广楔形或截齐,边缘各具2~6个大齿。阔叶十大功劳产于我国南部、中部及华东地区。细叶十大功劳产于浙江、安徽及江西,湖北及四川也有分布。华南十大功劳产于广东及浙江。具有清热解毒,消肿痛、止血,健胃止泻的功效。用于目赤肿痛、牙痛、肺结核、肝炎、肠炎、痢疾、湿疹、疮毒、烫火伤、风湿骨痛、跌打损伤等症。10~15克。外用适量。

辛夷

又名辛矧、白花树花、侯桃、毛辛夷、新雉、辛夷桃、迎春、姜朴花、木笔花、春花、房木、会春花。为木兰科植物望春花、湖北木兰、玉兰的干燥花蕾。望春花：落叶乔木，秆直立，小枝除枝梢外均无毛；芽卵形，密被淡黄色柔毛。单叶互生，具短柄；叶片长圆状披针形或卵状披针形，长10~18厘米，宽3.5~6.5厘米，先端渐尖，基部圆形或楔形，全缘，两面均无毛，幼时下面脉上有毛。花先叶开放，单生枝顶，直径6~8厘米，花萼线形，3枚；花瓣匙形，白色，6片，每3片排成1轮；雄蕊多数；心皮多数，分离。聚合果圆柱形，淡褐色；种子深红色。湖北木兰：与望春花相似，但叶倒卵形或倒卵状长圆形，长7~15厘米，宽5~9厘米，先端钝或突尖，叶背面中脉两侧和脉腋密被白色长毛。花大，直径12~22厘米，萼片与花瓣共12片，二者无明显区别，外面粉红色，内面白色。玉兰：叶片为倒卵形或倒卵状矩圆形，长10~18厘米，宽6~10厘米，先端宽而突尖，基部宽楔形，叶背面及脉上有细柔毛。春季开大型白色花，直径10~15厘米，萼片与花瓣共9片，大小近相等，且无显著区别，矩圆状倒卵形。主产于河南、安徽、湖北、四川、陕西等省。辛，温。归肺、胃经。散风寒，通鼻窍。用于感冒鼻塞、鼻渊头痛等症。3~10克。生用。内服：煎汤，或入丸、散。本品因有细毛，入汤剂宜包煎。外用：适量，研末或水浸、蒸馏滴鼻。鼻病见有气虚或阴虚火旺者慎用，因为本品辛温，易耗伤气阴。

鸡冠花

又名鸡公花、鸡冠、鸡角枪、鸡髻花。为苋科植物鸡冠花的花序。商品均系

带有短段扁平茎部的花序，形似鸡冠，或为穗状、卷冠状，上缘呈鸡冠状的部分，

鸡冠花

密生线状的绒毛，即未开放的小花，一般颜色较深，有红、浅红、白等色；中部以下密生许多小花，各小花有膜质灰白色的苞片及花被片。蒴果盖裂；种子黑色，有光泽。主产于天津郊区，北京郊区，河北保定、安国，山东济南、青岛郊区，江苏苏州、南京、镇江，上海郊区，湖北孝感，河南郑州、禹县，辽宁绥中、锦西、凤城、桓仁等地。甘、涩，凉。归肝、大肠经。收敛，凉血，止血。6~15克。煎服。淤血阻滞的崩漏下血及湿热下痢初起兼有寒热表证者不宜使用。

侧柏叶

又名柏叶、扁柏、丛柏叶。为柏科常绿乔木植物侧柏的嫩枝及叶。药品为带叶枝梢，长短不一，分枝稠密，扁平，叶为鳞片状，贴伏在扁平的枝上交互对生，青绿色或黄绿色，质脆，易折断，断面黄白色，气清香，味辛辣而苦涩。我国大部分地区有产。苦、涩，微寒。归肺、肝、大肠经。凉血止血，收敛止血，能降肺气、祛痰止咳。6~15克；生用，治血热妄行之出血；炭药止血力强，用于各种出血。内服：煎汤，或入丸、散。外用：适量，煎水洗或捣敷。本品多服有胃部不

适及食欲减退等副作用,长期使用宜佐以健运脾胃药物。

枇杷叶

又名无忧扇、杷叶、巴叶、芦橘叶。为蔷薇科植物枇杷的干燥叶。常绿小乔木,小枝密生锈色绒毛。叶互生。革质,具短柄或近无柄;叶片长倒卵形至长椭圆形,长 12~28 厘米,宽 3.5~10 厘米,边缘上部有疏锯齿;表面多皱,深绿色,

枇杷叶

背面及叶柄密被锈色绒毛。圆锥花序顶生,长 7~16 厘米,具淡黄色绒毛;花芳香,萼片 5,花瓣 5,白色;雄蕊 20;子房下位,柱头 5,离生。梨果卵圆形、长圆形或扁圆形,黄色至橙黄色,果肉甜。种子棕褐色,有光泽,圆形或扁圆形。叶柄短,被棕黄色茸毛。叶片革质,呈长椭圆形或倒卵形,长 12~28 厘米,宽 3~9 厘米。先端尖,基部楔形,边缘基部全缘,上部有疏锯齿。上表面灰绿色、黄棕色或红棕色,有光泽;下表面色稍浅,淡灰色或棕绿色,密被黄色茸毛。主脉显著隆起,侧脉羽状。华东、中南、西南及陕西、甘肃均产。主产广东、广西、江苏。苦,微寒。归肺、胃经。本品味苦能降,性寒能清。能清肺热、降肺气而化痰止

咳。用于肺热咳喘、咳痰黄稠、口苦咽干,常与桑白皮、黄连、甘草等同用。5~10克;化痰止咳须蜜炙,降逆止呕宜姜汁炙。内服:煎汤或熬膏。外用:适量,水煎洗。入药须去毛。风寒咳嗽或胃寒呕吐者慎服。

艾叶

又名家艾、医草、灸草、黄草、艾蒿、蕲艾、甜艾。为菊科植物艾的干燥叶。多年生草本,高0.5~1.2米。茎直立,具明显棱条,上部分枝被白色短棉毛。单叶互生,叶片为卵状三角形或椭圆形,羽状深裂,两侧2对裂片椭圆形至椭圆状披针形,中裂片常3裂,裂片边缘均具锯齿,上面深绿色,密布小腺点,稀被绵白毛,下面灰绿色,密被灰白色绒毛;茎顶部叶全缘或3裂。头状花序长约3毫米,直径2~3毫米,排成复总状,总苞片4~5层,密被灰白色丝状毛。小花筒状,带红色,外层为雌性花,内层为两性花。瘦果长圆形,无冠毛。我国大部分地区,如华东、华北、东北等地都有生产。苦、辛,温。归肝、脾、肾经。温经止血,散寒止痛。用于吐血衄血、崩漏下血、腹中冷痛、经行腹痛等症。3~10克。内服:入汤剂。艾叶油(胶囊装)口服,每次服0.1毫升,每日3次。外用:适量。煎水熏洗或炒热温熨,及捣绒供温灸用。

红花

又名南红花、红蓝花、红兰花、刺红花、草红花。为菊科植物红花的干燥筒状花。一年生或二年生草本。叶互生;近于无柄,叶片为卵状披针形,边缘具不规则锯齿。裂片先端有尖刺。头状花序顶生,总苞数轮,苞片叶状边缘具不等长的锐刺。花全部为筒状花,橘红色。瘦果白卵色,具4条棱线。为不带子房的管状花,红橙色细筒状,花冠5裂。雄蕊花药联合成筒,黄色。柱头露于花药之外,顶端微分叉,气香而特异,味微苦。花浸水中,水染成金黄色。以花细、色红、无杂质、质软者为佳。四川、河南、云南、浙江、东北均有栽培。味辛、性温。归心、肝经。具有活血,祛瘀,通经的功效。用于血滞经闭、产后瘀阻、瘕瘕积聚、跌打伤痛、麻疹不透等症。3~9克。用量大可破血祛瘀,用量小能和血生新。生用。内服:煎汤,或入丸、散。有出血倾向者不宜多服,孕妇忌服。

芫花

又名闹鱼花、芫、败花、杜芫、赤芫、毒鱼、头痛花、去水、儿草、棉花条。为瑞香科植物芫花的干燥花蕾。落叶灌木,幼枝密被淡黄色绢毛,柔韧。单叶对生,稀互生,具短柄或近无柄。叶片长椭圆形或卵状披针形,长2.5~5厘米,宽0.5~2厘米,先端急尖,基部楔形,幼叶下面密被淡黄色绢状毛。花先叶开放,淡紫色或淡紫红色,3~7朵排成聚伞花丛,顶生及腋生,通常集于枝顶;花被筒状,长1.5厘米,外被绢毛,裂片4,卵形,约为花全长的1/3;雄蕊8枚,2轮,分别着生于花被筒中部及上部;子房密被淡黄色柔毛。核果长圆形,白色。花3~7朵簇生于短花轴上,基部有小苞片1~2枚。单个花蕾略呈棒槌状,花被筒稍弯曲,长1~1.7厘米,表面淡紫色或灰绿色,密被短柔毛,先端4裂,裂片淡紫色或淡黄棕色;剖开后,可见雄蕊8枚,分二轮着生于花被筒中部和上部,花丝极短;雄蕊花柱极短,柱头头状,子房被柔毛。主产于河南、山东、江苏、安徽、四川等省。辛、苦,温,有毒。归肺、肾、大肠经。泻水逐饮,祛痰止咳,解毒杀虫。用于水肿胀满、二便不利、痰饮喘咳、秃疮顽癣等症。1.5~3克;研末,0.5~1克。内服宜醋制或与大枣同用,以减轻对胃肠道的刺激。内服:煎汤。外用:适量,煎汤洗或研末调敷。凡孕妇、体质虚弱或有严重心脏病、溃疡病及消化道出血者均禁服。内服不宜与甘草同用。

谷精草

又名珍珠草、鱼眼草、天星草、戴星草、移星草、文星草、流星草、佛顶珠。为谷精草科植物谷精草的干燥带花茎的头状花序。头状花序呈半球形,直径4~5

谷精草

毫米;底部有苞片层层紧密排列,苞片为淡黄绿色,有光泽,上部边缘密生白色短毛;花序顶部为灰白色。用手揉碎花序,可见多数黑色花药及细小黄绿色未成熟的果实。花茎纤细,长短不一,直径不及1毫米,淡黄绿色,有光泽,稍扭曲,有棱线数条。质柔软,无臭,味淡。主产于江苏苏州、宜兴、溧阳,浙江吴兴、湖州、相乡,湖北黄冈、成宁、孝感等地。辛、甘,平。归肝、肺经。疏散风热,明目退翳。用于肝经风热、目赤肿痛等症。5~15克。煎服。阴虚血亏目疾者不宜用。

大青叶

又名板蓝根叶、蓝叶、靛青叶、大青、菘蓝叶。为十字花科植物菘蓝的干燥叶。二年生草本，茎高40~90厘米，稍带粉霜。基生叶较大，具柄，叶片长椭圆形，茎生叶披针形，互生，无柄，先端钝尖，基部箭形，半抱茎。花序复总状；花小，黄色短角果长圆形，扁平有翅，下垂，紫色；种子一枚，椭圆形，褐色。干燥的叶片极皱缩，呈不规则团块状，有的已破碎，外表暗灰绿色。完整的叶片呈长圆形或长圆状倒披针形，长5~12厘米，宽1~4厘米，全缘或微波状，先端钝圆；基部渐狭窄与叶柄合生成翼状，叶脉于背面较明显；叶柄长5~7厘米，腹面略呈槽状，基部略膨大。主产于河北、陕西、河南、江苏、安徽等省，多为栽培。苦，寒。归心、胃经。清热解毒，凉血消斑。10~15克，生用。内服：煎汤，鲜品加倍；或捣汁服。外用：适量，捣敷。脾胃虚寒、大便溏泄者禁服。

石楠叶

又名石岩树叶、石南叶、红树叶、风药、石楠藤、栾茶。石南科，石南属。生于深山中，常绿灌木。春生新叶，长椭圆形而厚，下面有褐色绒毛。夏间枝梢开鲜艳的淡色花，形似喇叭，至秋则结细小红果。其叶供药用。主产于江苏、浙江等地。辛、苦，平；有小毒。归肝、肾经。有祛风湿，通经络，益肾气的功效。10~15克。煎服。

泽兰

又名红梗草、都梁香、虎蒲、地瓜儿苗、小泽兰、龙枣、虎兰、水香、风药。为唇形科植物地瓜儿苗及毛叶地瓜儿苗的干燥茎叶。地瓜儿苗：多年生草本，高60~170厘米。根茎横走，先端肥大呈圆柱形，节上密生须根；茎通常单一，少分枝，无毛或在节上疏生小硬毛。叶交互对生，长圆状披针形，长4~10厘米，宽

1.2~3 厘米,先端渐尖,基部渐狭,边缘具锐尖粗牙齿状锯齿,亮绿色,两面无毛,下面密生腺点;无叶柄或有极短柄。轮伞花序腋生,花小;花萼钟形,萼齿5,具刺尖头;花冠白色,稍露出于花萼,内面在喉部具白色短柔毛;能育雄蕊2个;柱头2浅裂。小坚果为倒卵圆状四边形,褐色。毛叶地瓜儿苗:其不同于地瓜儿苗的主要特征为茎棱上被向上小硬毛,节上有密集的硬毛;叶披针形,暗绿色,两面脉上被刚毛状硬毛,边缘具锐齿,并有缘毛。地瓜儿苗:茎方形,四面有浅纵沟,长30~100厘米,直径2~6毫米。表面黄褐色或微带紫色、节处紫色,有白色毛茸,节间长2~11厘米。质脆,易折断,折断面为黄白色;中央髓部大多呈空洞状,占直径的1/2或更多。叶对生,暗绿色或微带黄色,叶片多皱缩,水润后完整的叶呈长椭圆状披针形,基部狭窄,顶端尖,边缘有锯齿,具短柄。质脆,易破碎。花簇生于叶腋呈轮状,大多脱落或仅有苞片与萼片。无臭,味淡。毛叶地瓜儿苗:其与地瓜儿苗的不同点为茎有白色毛茸,节处较密集。叶两面的脉上均有刚毛。我国大部分地区均产,主产于黑龙江、辽宁、浙江、湖北等地。苦、辛,微温。归肝、脾经。有祛瘀散结,活血祛瘀,利水消肿的功效。6~15克。生用。内服:煎汤。外用:适量,捣敷或煎汤熏洗。无淤血者慎服。

玫瑰花

又名湖花、徘徊花、刺玫瑰、笔头花。为蔷薇科植物玫瑰的干燥花蕾。略呈半球形或不规则团状,直径1~2.5厘米。花托半球形,与花萼基部合生;萼片5,披针形,黄绿色或棕绿色,被有细柔毛;花瓣多皱缩,展平后为宽卵形,呈覆瓦状排列,紫红色,有时黄棕色,常破碎;雄蕊多数,黄褐色,体轻质脆。气芳香而浓郁,味微苦而涩。全国各地均产,主产于江苏无锡、江阴、苏州,浙江长兴,山东东平等地。甘、微苦,温。归肝、脾经。有疏肝和胃,行气止痛的功效。

夏枯草

又名夕句、铁色草、燕面、棒槌草、麦夏枯、灯笼头、白花草、力东、大头花、夏棒柱头花、枯头。为唇形科多年生草本植物夏枯草带花的果穗。呈长圆形或宝塔形,长1.5~8厘米,直径0.8~1.5厘米。淡棕色至棕红色。全穗由花萼数轮至十几轮,呈覆瓦状排列,每轮有5~6个具短柄的宿萼,下方对生苞片2枚;苞片肾形,淡黄褐色,纵脉明显,基部楔形,先端尖尾状,背面被白色粗毛,每一苞片内有花3朵,花冠及雄蕊多已脱落,宿萼二唇形,上唇宽广,先端微三裂,下唇二裂,裂片为尖三角形,外面有粗毛,宿萼内有小坚果4枚,卵圆形,棕色,尖端有白色突起。主产于江苏、浙江、安徽、河南、湖北等省。此外,广西、湖南、山东、贵州、云南、吉林、辽宁各地亦产。辛、苦,寒。归肝、胆经。用于肝火上炎、头晕头痛、目赤肿痛、羞明流泪者,常与清肝明目的石决明,菊花配伍;如久痛伤血,目珠夜痛较重者,与补养肝血的当归、白芍配伍。10~15克。生用。内服:煎汤,或熬膏服,单味剂量可加大。外用:适量。本品久服易伤脾胃,脾胃虚弱者慎服,如欲长期服用可酌加党参、白术。阳气虚弱者禁服。

菊花

又名节华、甜菊花、金蕊、金精、家菊、真菊、甘菊、馒头菊、药菊。为菊科植物菊的干燥头状花序。多年生草本,茎直立,具毛,上部多分枝,高60~150厘米。单叶互生,具叶柄;叶片卵形至卵状披针形,长3.5~5厘米,宽3~4厘米,边缘有粗锯齿或深裂,呈羽状,基部心形,下面有白色茸毛。头状花序顶生或腋生,直径2.5~5厘米;总苞半球形,总苞片3~4层,外层苞片中央绿色,有宽阔

菊花

膜质边缘，具白色绒毛，外围舌状花雌性，为黄色、淡红色或带淡紫色；中央管状花两性，黄色。瘦果无冠毛。毫菊：花序倒圆锥形，常压扁呈扁形，直径1.5~3厘米。总苞碟状，总苞片3~4层，卵形或椭圆形，黄绿色或淡绿褐色，外被柔毛，边缘膜质；外围舌状花数层，类白色，纵向折缩；中央管状花黄色，顶端5齿裂。气清香，味甘，微苦。滁菊：类球形，直径1.5~2.5厘米。苞片淡褐色或灰绿色；舌状花白色，不规则扭曲，内卷，边缘皱宿。贡菊：形似滁菊，直径1.5~2.5厘米。总苞草绿色。舌状花白色或类白色，边缘稍内卷而皱缩；管状花少，黄色。杭菊：呈碟形或扁球形，直径2.5~4厘米。舌状花类白色或黄色，平展或微折叠，彼此黏连；管状花多数，黄色。怀菊、川菊：花大，舌状花多为白色微带紫色，有散瓣，管状花小，淡黄色至黄色。主产于浙江、安徽、河南、四川等省。辛、甘、苦，微寒。归肺、肝经。有平抑肝阳，清热解毒的功效，尤善解疔毒。6~10克。生用。内服：煎汤。本品寒凉，气虚胃寒、食减泄泻的患者慎服。

金银花

又名忍冬花、金花、二宝花、银花、苏花、双花、鹭鸶花、金藤花、二花。为忍冬科植物忍冬等的干燥花蕾。半常绿缠绕性藤本，全株密被短柔毛。叶对生，卵圆形至长卵形，常绿。花成对腋生，花冠二唇形，初开时呈白色，二三日后转变为黄色，故名金银花。外被柔毛及腺毛。浆果球形，成熟时黑色。花蕾呈棒状略弯曲，长1.5~3.5厘米，表面黄色至浅黄棕色，被短柔毛，花冠筒状，稍开裂，内有雄蕊5枚，雌蕊1枚。气芳香，味微苦。主产于山东、河南、陕西、湖南、湖北、广东、广西、贵州等地。甘，寒。归肺、心、胃、大肠经。有清热解毒，消肿散结，凉血止痢的功效。生用，9~30克；炒用，10~20克；炭药，10~15克。治温病初起、痈疽疔毒多用生药；温病热入气营多用炒药，下痢脓血多用炭药。内服：煎汤，外用：适量，捣敷。本品性寒，脾胃虚寒及阴证疮疡者慎服。本品经高压消毒或久煎，均能降低其抗菌作用。

卷柏

又名豹足、万岁、九死还魂草、长生不死草。卷柏科（一作石松科），卷柏属。生于山地岩壁上，多年生隐花植物，常绿不凋。茎高数寸至尺许，枝多，叶如鳞状，略如扁柏之叶。此物遇干燥环境，则枝卷如拳状，遇湿润则开展。本植物生命力甚耐久，拔取置日光下，晒至干萎后，移至阴湿处，洒以水即活，故有"九死还魂草"之称。各处有产，山岩间险湿处颇多。味辛，性平。归肝经。止血，活血，祛瘀。5~10克；炒炭止血，生用祛瘀。内服：煎汤，或入丸、散。外用：适量，捣敷或研末敷。孕妇忌服。

洋金花

又名酒醉花、大闹杨花、曼陀罗花、胡茄花、虎茄花、山茄花、风茄花、洋喇叭花。为茄科植物白曼陀罗的干燥花。习称"南泽金花"。一年生草本，高0.5~2

米，全体近于无毛。茎上部呈二歧分枝。单叶互生，上部常近对生，叶片卵形至广卵形，先端尖，基部两侧不对称，全缘或有波状短齿。花单生于枝的分叉处或

洋金花

叶腋间；花萼筒状，黄绿色，先端5裂，花冠为大漏斗状，白色，有5角棱，各角棱直达裂片尖端；雄蕊5枚，贴生于花冠管；雌蕊1枚，柱头棒状。蒴果表面具刺，斜上着生，成熟时由顶端裂开，种子为宽三角形。花常干缩成条状，长9～15厘米，外表面为黄棕或灰棕色，花萼常除去。完整的花冠浸软后展开，呈喇叭状，顶端5浅裂，裂开顶端有短尖。质脆易碎，气特异，味微苦。全国大部分地区均有生产，主产于江苏、浙江、福建、广东等地。辛，温，有毒。归肺、肝经。能镇咳平喘，用于惊痫癫狂。0.3～0.6克；宜入丸、散剂服，亦可作卷烟分次燃吸，每日不超过1.5克；外用适量。本品有毒，应严格控制剂量。外感及痰热咳喘、青光眼、高血压患者禁用。孕妇、体弱及心脏病患者慎用。

凌霄花

又名紫葳、吊墙花、堕胎花、红花倒水莲、藤萝草、倒挂金钟、藤萝花、五爪

龙、上树龙、追罗、上树蜈蚣。紫葳科,紫葳属,蔓生木本。茎有小气根,借此攀援于他物之上。叶为奇数羽状复叶,对生。夏秋间梢头抽出花轴,茎以数花,附木而上,高数丈,故曰“凌霄”。主产江苏、浙江、江西、湖北等地。甘、酸,微寒。归肝、心经。有破瘀血、通经脉、散癥瘕、消肿痛的功效。3~10克,生用。内服:煎汤,或入丸、散。外用:适量,研末调敷,或煎水洗。孕妇及气虚血弱者禁服。

款冬花

又名九九花、冬花、看灯花、款花、仗冬花、款冬。为菊科植物款冬的干燥未开放的头状花序。多年生草木,高10~25厘米。叶基生,具长柄;叶片圆心形,长7~10厘米,宽10~15厘米,先端近圆或钝尖,基部心形,边缘有波状疏齿,下面密生白色茸毛。花冬季先叶开放,花茎数个,高5~10厘米,被白色茸毛;鳞状苞叶椭圆形,淡紫褐色,10余片互生于花茎上;头状花序单一顶生,黄色,外具多数被茸毛的总苞片,边缘具多层舌状花,雌性;中央管状花两性。瘦果长椭圆形,具纵棱,冠毛淡黄色。产于河南、甘肃、山西、内蒙古、陕西等省,湖北、青海、新疆、西藏等地亦产。辛,温。归肺经。治寒饮停肺之咳喘,常配伍麻黄、射干、细辛等,如麻黄射干汤。若治燥热伤肺,暴发咳嗽,可配伍杏仁、贝母、桑白皮等同用,如款冬花汤。治肺虚久咳、咳嗽咯血,常需与润肺养阴的百合同用,如百花膏。5~10克。煎服,外感暴咳宜生用;内伤久咳宜蜜炙用。

人参

又名地精、人衔、神草、鬼盖、棒棰。为五加科植物人参的干燥根。多年生草本。茎单一,高达60厘米。掌状复叶3~6片,轮生茎顶,小叶3~5片,中央

人参

一片最大,椭圆形至长椭圆形,先端长渐尖,基部楔形,下延,边缘有细锯齿,上面脉上散生少数刚毛,最外一对侧生小叶较小。伞形花序自茎顶抽出;花小,为淡黄绿色。浆果状核果,为扁球形,成熟时为鲜红色;内含半圆形种子2枚。主产于吉林抚松、集安、靖宇、敦化、安图,辽宁桓仁、宽甸、新宾、清原,黑龙江五常、尚志、东宁。山东、山西、湖北等地亦有栽培,朝鲜半岛亦产。甘、微苦,微温。归脾、肺经。大补元气,补脾益肺,生津止渴,安神益智。用于气虚欲脱、脉微欲绝、食少便溏、气短乏力、津伤口渴、阴虚消渴、心神不安、失眠多梦、血虚萎黄、肾虚阳痿等症。3~10克。散剂:每次1~2克,日服2~3次。人参芦无催吐作用,人参芦与人参根含有种类相同的人参皂苷,且人参芦中总皂苷的含量显著高于人参根,两者亦具有相似的药理作用。因此,人参芦可与人参根一同入药,不必去芦。入煎剂一般宜文火另煎,单服或冲服。人参的不良反应较少,但长期服用人参偶可发生头痛、失眠、心悸、血压升高等症状,停药后可逐渐消失。酒浸剂服用过量有中毒反应,大剂量服用(如3%人参酊一次服用200毫升以上)时有中毒致死的报告。婴幼儿服用时,尤应注意。反藜芦,畏五灵脂,恶皂菔,忌同用。服用人参不宜喝茶和吃萝卜,以免影响药效。服人参腹胀者,用莱菔子煎汤服可解。

儿茶

又名孩儿茶、乌爹泥、乌丁泥、乌垒泥、西谢。为豆科植物儿茶树的干枝加水煎汁浓缩而成的干燥浸膏。本品呈方形或不规则的块状、大小不一。外皮为棕褐色或黑褐色,光滑而稍有光泽,质硬,易碎,断面不整齐,内面棕红色,有细孔,遇潮有黏性。无臭,味涩、苦,略回甜。以表面黑色、略带红色、有光泽、在火上烧之发泡、有香味者为佳。本品粉末为棕褐色。可见针状结晶及黄棕色块状物。进口儿茶为茜草科植物儿茶钩藤的带叶小枝,经水煮的浸出液浓缩而成。药材呈方块状称方儿茶,表面棕色至黑褐色,无光泽。主产于云南、广西等地。苦、涩、凉。归肺经。有清热化痰,收敛止血,生肌止痛的功效。用于痰热咳嗽、吐血、衄血、尿血、牙疳、口疮、喉痹、疮疡及外伤出血等症。内服:煎汤,1~3 克;研末吞,0.3~0.6 克;或入丸、散。入汤剂宜包煎。外用:适量,研末撒,或调敷。本品含焦性儿茶酚,有毒,能引起恶心、呕吐、头痛、头昏,甚则惊厥抽搐等。

了哥王

为瑞香科植物南岭荛花的干燥根。根呈长圆柱形,弯曲,老根常有分枝,长达 40 厘米,直径 0.5~3 厘米。表面暗棕色或黄棕色,常有微突起的支根痕和不规则浅纵皱纹及少数横列纹,老根并可见横长皮孔。质坚韧,断面皮部类白色,厚 1.5~4 毫米,强纤维性,与木部分离,撕裂后纤维呈棉毛状,木质部为淡黄色,木射线甚密,导管呈微细孔状。气微,味微苦甘,而后有持久的灼热不适感。根的横切面可见木栓层充满黄棕色至棕红色树脂状物质。皮层薄，韧皮部甚厚。主产于广东、广西、江西、福建、湖南及贵州等地；浙江、台湾及云南也有分布。苦、辛，微温；有毒。归心、肺、小肠经。消炎解毒，散瘀逐水。用于支气管炎、肺炎、腮肋腺炎、淋巴结炎、肺炎湿痛、晚期血吸虫腹水、疮疖痈疽等症。根 15~30 克；根皮 9~21 克，水煎后服用；外用鲜根捣烂敷或干根浸酒敷患处。有毒，孕妇忌用。

三七

又名田漆、山漆、参三七、血参、田三七、金不换、田七。为五加科植物三七的干燥根。多年生草木，高 30~60 厘米。茎直立，无毛。掌状复叶，3~4 片轮生于茎端，小叶通常 5~7 片，长椭圆形至倒卵状长椭圆形，长 5~15 厘米，宽 2~

三七

5 厘米，边缘有细锯齿。中央一片最大，最下两片最小，伞形花序顶生；花小，淡黄绿色；核果浆果状，近肾形，熟时红色，内有种子 1~3 个。根呈纺锤形、倒圆锥形或不规则块状。表面灰黄色，有支根痕及皮孔，隆起部分常因摩擦而显黑色，且有蜡样光泽。质坚硬，不易折断，破碎后皮部易与木部分离。横切面灰绿、黄绿或灰白色，皮部有细小棕色树脂道斑点。主产于云南、广西等地。四川、贵州、江西等省亦产。甘、微苦，温。归肝、胃经。有散瘀止血，消肿定痛的功效。用于咯血、吐血、衄血、便血、崩漏、外伤出血、胸腹刺痛、跌扑肿痛等症。生用。内服：煎汤，3~10克；研末，每日1~3次，每次1~1.5克，失血重者，可用至3~6克；或入丸、散。外用：适量，研末掺或调涂。孕妇忌服。

三棱

又名光三棱、荆三棱、红蒲根、京三棱。为两个不同科属植物的块茎。长约3~6厘米，直径约2~3.5厘米。表面黄白色或灰黄色，具刀削痕和密集的须根痕，排列略成环状，外皮未削净处留有棕色斑，侧面多凹凸不平。质坚硬，极难折断。用刀劈开，断面平滑结实，灰白色或黄白色，近外层颜色较浅，中心色较深。荆三棱主产于湖南、湖北、安徽及河南；次产于东北及内蒙古，湖北、江苏、浙江、江西、山西、陕西、甘肃及宁夏也有分布。黑三棱主产吉林及黑龙江；辽宁、河北、内蒙古、山西、江西、湖北、广东、四川、贵州及云南有分布或产少量。苦，平。归肝、脾经。破血祛瘀，行气止痛。用于经闭腹痛、癥瘕积聚、食积腹痛等症。内服：煎汤3~10克；或入丸、散。孕妇及血枯经闭者禁服。

山慈菇

又名毛慈姑、朱姑、金灯、山茨菇、毛姑、山茨菰、鬼灯檠、泥冰子。为兰科植物杜鹃兰的干燥假鳞茎，习称“毛慈姑”。多年生草本，假鳞茎球形。叶通常1片，狭长圆形，长20~45厘米，宽4~8厘米，下部渐狭成柄。花葶直立，高30~50厘米，下部疏生2枚筒状鞘抱葶。总状花序着生花10~20朵，花常向一侧下垂，玫瑰色至淡紫色，萼片和花瓣近等长，倒披针形，唇瓣近匙形，前端3裂，侧裂片较小,中裂片长圆形,基部具一个紧贴或多个分离的附属物,合蕊柱纤细,略短于萼片。蒴果。圆锥形,直径1~2厘米。表面黄棕色至棕褐色,有2~3条突起的节,节上有丝状纤维(鳞叶干枯腐朽而成)。主产于贵州、四川等。甘、微辛,寒。归肝、脾经。清热解毒,消痈散结。本品味辛能散,寒能清热,而有清热解毒、消痈散结之效。3~6克;内服:煎汤,或入丸、散。本品有毒,不可多服、久服。体虚者慎服。

川芎

又名雀脑芎、山鞠芎、西芎、香果、抚芎、胡芎、贯芎、台芎、京芎、小叶川芎。为伞形科植物川芎的干燥根茎。多年生草本,茎丛生,表面有纵沟纹。叶互生,

川芎

2~3回奇数羽状复叶,小叶2~5对,羽状全裂,最终裂片细小,复伞形花序顶生,花小,常见不开花。双悬果卵形,分果背棱槽中,有油管1,侧棱槽中有油管2~5,结合面有油管4~6。地下茎呈不整齐结节状拳形团块,表面深黄棕色。有多数隆起的环状轮节。顶端有圆形窝状茎痕,并有根痕,粗糙。质坚实。断

面灰白色或黄白色，散在小油点及筋脉花纹（维管束）。主产于四川，云南、湖南、湖北、贵州、甘肃、陕西等省亦有出产。辛，温。归肝、胆、心经。活血行气，祛风止痛。用于血瘀气滞所致的月经不调、痛经、闭经、产后淤阻腹痛，常与当归配伍。内服：煎汤，3~10 克；研末，每次 1~1.5 克；或入丸、散。阴虚火旺及妇女妊娠、月经过多者禁服。

贝母

又名川贝母：空草、松贝、青贝、炉贝。浙贝母：大贝、珠贝、象贝、元宝贝。伊贝母：生贝、西贝、新疆贝母、伊犁贝母。平贝母：北贝。为百合科植物的干燥鳞茎。主要分川贝母、浙贝母、伊贝母、平贝母四大类。川贝母为百合科多年生草本植物川贝母、暗紫贝母、甘肃贝母或棱砂贝母的干燥鳞茎，前三者按性状不同分别习称“松贝”和“青贝”，后者习称“炉贝”。川贝母主产于四川、青海、甘肃、云南、西藏等省区；浙贝母主产于浙江省；伊贝母主产于新疆；平贝母主产于黑龙江、辽宁、吉林等省。味苦、甘，性凉。归肺经。润肺止咳，软坚散结。内服：煎汤，3~10 克；研末，1~1.5 克。不宜与乌头同用。

干姜

又名白姜、干生姜、均姜。为姜科植物姜的栽培品种药姜的干燥根茎。呈扁平块状，长 3~6 厘米。表皮皱缩，灰黄色或灰棕色。质硬，断面粉性和颗粒性，白色或淡黄色，有黄色油点散在。气香，味辣。去皮干姜表面平坦，淡黄白色。主产于四川的犍为、沐川，贵州的长顺、兴仁等地，广东、广西、湖北、福建也产。辛，热。归脾、胃、心、肺经。温中散寒，回阳通脉，温肺化饮。用于脘腹冷痛、呕吐泄泻、亡阳虚脱、肢冷脉微、痰饮咳喘等症。内服:煎汤,3~10克;脘腹冷痛、呕吐、痰饮咳喘及回阳救逆生用;虚寒性出血、泄泻炮黑用。或入丸、散。阴虚有热及血热妄行者禁服。

千年健

又名千年见、一包针。为天南星科植物千年健的干燥根茎。根茎为圆柱形或略扁,稍弯曲。长15~40厘米,直径0.8~2厘米。表面红棕色或黄棕色,粗糙,有多数扭曲的纵沟纹及黄白色的纤维束。质脆,易折断,折断面红棕色,树脂样,有很多纤维束外露及圆形具光泽的油点。主产于广西、云南地区。辛、苦,有毒。归肝、肾经。祛风湿,壮筋骨,止痛消肿。生用。内服:煎汤,5~10克,重症可用至30克;或为散,浸酒服。阴虚火旺,口苦舌干者慎服。

马齿苋

又名酸苋、长命菜、马齿草、九头狮子草、马齿菜、五行草、安乐菜,马齿龙芽。为马齿苋科植物马齿苋的干燥地上部分。多皱缩卷曲,常结成团块,茎细而扭曲,长约10~20厘米,直径0.1~0.2厘米,表面黄褐色至绿褐色。先端钝平或微缺,全缘。花小,3~5朵生于枝端,花萼2枚,绿花,对生,花瓣5,黄色。蒴果圆锥形或椭圆形,长约0.5厘米,内含多数黑色种子。全国大部地区均产。酸,寒。归大肠、肝经。清热解毒,凉血止痢。生用。内服:煎汤,30~60克,鲜品加倍。外用:适量。因本品能收缩子宫,故孕妇慎服。

土茯苓

又名山猪粪、草禹余粮、毛尾薯、仙遗粮、土苓、土太片、土萆薢、冷饭团、山

土茯苓

归来、地茯苓、刺猪苓、山地栗。为百合科植物土茯苓的干燥根茎。根茎略呈圆柱形，稍扁，或呈不规则条块状，有结节状隆起，具短分枝，长 5~23 厘米，直径 2~5 厘米。表面黄棕色或灰褐色，凹凸不平，有坚硬的须根残基，分枝顶端有圆形牙痕，有时外皮呈现不规则裂纹，并有残留的鳞叶。质坚硬，难折断。饮片呈长圆形或不规则状，厚 1~5 厘米，边缘不整齐；切面类白色至淡红棕色，粉性，中间可见点状维管束及多数沙砾样的小亮点（经水煮后仍然存在）。主产于广东、湖南、湖北、浙江、四川、安徽；次产于福建、江西、广西、江苏；我国台湾地区、贵州及云南也有分布。甘、淡，平。归肝、胃经。解毒除湿，通利关节。用于梅毒或因梅毒服汞齐中毒而致肢体拘挛、筋骨疼痛者，功效尤佳，故为治梅毒的要药。10~60 克。治钩端螺旋体病可用至 250 克。生用。内服：煎汤。本品渗利作用较强，故肝肾阴虚者慎服。忌犯铁器，服时忌茶。

大蓟

又名马蓟、山牛蒡、虎蓟、恶鸡婆、刷把头、野红花、土红花、牛口刺、野刺花。为菊科植物大蓟的地上干燥部分或根。多年生草本，高50~100厘米。根为长圆锥形，丛生，肉质，鲜时折断可见橙红色油滴渗出，茎直立，基部被白色丝状毛。基生叶有柄，倒卵状披针形或披针状长椭圆形，长10~30厘米，宽5~8厘米，羽状深裂，边缘不整齐，浅裂，齿端具针刺，上面疏生丝状毛。背面脉上有毛；茎生叶无柄，基部抱茎。头状花序，顶生或腋生；总苞钟状，有蛛丝状毛，总苞片多层，条状披针形。外层顶端有刺；花两性，全部为管状花，花冠为紫红色。瘦果为椭圆形，略扁，冠毛暗灰色，羽毛状，顶端扩展。大蓟草茎呈圆柱形，棕褐色或绿褐色，有纵直的棱线。质略硬而脆，断面灰白色，髓部疏松或中空。叶皱缩，多破碎，绿褐色，边缘具不等长针刺，茎、叶均被灰白色蛛丝状毛。质松脆。头状花序球形或椭圆形；总苞枯褐色；苞片披针形，先端微带紫黑色；花冠常脱落，露出黄白色羽状冠毛。气微，味淡。大蓟根呈纺锤形或长椭圆形，长5~10厘米，直径约1厘米，数枚丛生而扭曲。表面暗褐色。有不规则纵皱纹和细横皱纹。质坚脆，易折断，断面较粗糙，皮部薄，棕褐色，木部类白色。全国大部分地区均产，如中南、西南、华南、华北等地。味甘，性凉。入肝、脾经。有凉血止血，活血消肿的功效。用于吐血、衄血、崩漏、血淋、痈肿疮毒等症。配茜草，治血热所致的吐血、衄血；配车前草，治血淋、高血压病；配艾叶、鸡冠花，治崩漏；配小蓟，治各种热证出血。脾胃虚寒者忌用。10~15克；治内出血可用鲜品30~60克，捣烂加水拧汁，冲服。外用适量。虚寒性出血不宜用。

大黄

又名绵纹、川军、将军、黄良、火参、破门、麝如等。为蓼科植物掌叶大黄、唐古特大黄及药用大黄的干燥根茎。掌叶大黄:多年生高大草木。叶多根生,根生具长柄,叶片广卵形,3~5 深裂至叶片 1/2 处。茎生叶较小,互生。花小,为紫红色,圆锥花序簇生。瘦果三角形有翅。掌叶大黄主产甘肃、青海、西藏、四川;陕西、云南也产。唐古特大黄主产青海、甘肃、西藏、四川。药用大黄主产四川、贵州、云南、湖北、陕西;河南有分布。苦,寒。归脾、胃、大肠、肝、心经。有泻下攻积,清热泻火,解毒,止血,活血祛瘀的功效。内服:煎汤,5~10 克,热结重证需急下者加倍;研末,1~3 克,或入丸、散。外用;适量,磨涂或研末调敷。妇女月经期、孕妇及体弱者慎服,或禁服。本品大苦大寒,易伤胃气,胃弱者服之可致食欲减退、泛恶等症。

山豆根

又名黄结、豆根、山大豆根、岩黄连、苦豆根、广豆根、金锁匙。为豆科植物柔枝槐(岩黄连)的根及根茎。根茎呈不规则块状,横向延长,具结节,顶端常残留茎基或茎痕,其下着生根数条。根为长圆柱形,有时分枝,略弯曲,长 10~35 厘米,直径 0.3~1.5 厘米;表面棕色至黑棕色,具纵皱纹及横长皮孔。质硬难折断,断面略平坦,浅棕色,并可见环状形成层,中心无髓。主产于广西百色、田阳、凌乐、大新、龙津等地,此外,广东、贵州、云南亦产。以条粗壮、质坚硬、无须根者为佳。苦,寒。归肺、胃经。有清热解毒,利咽消肿的功效。用于咽喉肿痛、肺热咳嗽、痈肿疮毒等症。3~6 克。生用。内服:煎汤,或磨汁含咽,或入丸、散。外用:适量,研末敷。脾胃虚寒、泄泻及虚火喉痛者禁服。

山药

又名白苕、署预、山芋、薯蓣、野山豆、淮山药、白药子。为薯蓣科植物薯蓣的干燥块茎。多年生缠绕草木。块茎肉质肥厚。茎细长,通常紫红色。叶互

山药

生、对生或轮生,叶片三角状卵形至三角状阔卵形,常3浅裂。叶腋内有珠芽。花雌雄异株,花极小,黄绿色,穗状花序,雄花序直立,雌花序下垂。蒴果3棱,有3翅,种子有膜质宽翅。毛山药呈类圆柱形,略弯曲,长15~30厘米,直径3~6厘米。表面黄白色,有明显的纵皱纹,外皮处有浅棕色斑点及须根痕。质坚实,断面富粉性,白色。无臭,味微酸,嚼之发黏。光山药呈圆柱形,长9~18厘米,直径0.9~3厘米,两头平齐,表面光滑,白色。主产于河南温县、武陟、博爱、沁阳、孟州市,山西太谷、介休,河北安国、保定,陕西大荔、渭南、汉中等地。甘,平。归脾、肺、肾经。有益气养阴,补脾肺肾,固精止带的功效。内服:煎汤10~30克,单用或大剂量可用60~100克。生山药味甘,性平,以润肺宁嗽,生津止渴力胜;炒山药性微温,以健脾止泻,益肾固精力强。湿热性腹泻禁服。脾虚泄

泻而湿盛胀满或积滞内停者亦不宜服。

山柰

又名山柰子、三赖、山辣。为姜科植物山柰(三柰)的干燥根茎。根茎多为圆形或近圆形的横切片,直径1~2厘米,厚3~5毫米,也有2~3个相连;少数为纵切片或斜切片。外皮浅褐色或黄褐色,皱缩,有时具根痕及残存须根;切面类白色,富粉性,有时可见内皮层环纹,中柱常略凸起,习称“缩皮凸肉”。主产广西、广东;云南、福建及台湾亦产。味辛,性温。归胃经。温中止痛。用于脘腹冷痛、停食不化、跌打损伤、牙痛等症。配丁香、当归,治脘腹冷痛。0.5~1克,煎服6~9克。生用,研细粉。阴虚火旺、胃热者忌用。

川乌

又名川乌头。为毛茛科植物乌头的干燥母根(主根)。多年生草本,高60~150厘米。主根呈纺锤形倒卵形,中央的为母根,周围数个根(附子)。叶片五角形,3全裂,中央裂片菱形,两侧裂片再2深裂。总状圆锥花序狭长,密生反曲的微柔毛;片5,蓝紫色(花瓣状),上裂片高盔形,侧萼片近圆形;花瓣退化,其中两枚变成蜜叶,紧贴盔片下有长爪,局部扭曲;雄蕊多数分离,心皮3~5,通常有微柔毛。蓇荚果,种子有膜质翅。本品瘦长圆锥形,中部多向一侧膨大,顶端有残存的茎基,长2~7.5厘米,直径1.5~4厘米。外表棕褐色,皱缩不平,有瘤状侧根及除去子根后的痕迹。质坚实,不易折断,横切面粉白色或浅灰黄色,粉质,可见多角形的形成层环纹。四川、陕西省为主要栽培产区。湖北、湖南、云南、河南等省亦产。味辛、苦,性热。有大毒。归心、肝、脾、肾经。搜风除湿，散寒止痛。入汤剂宜久煎30~60分钟减其毒性。内服用制川乌；生品毒性大，不宜内服，多作外用。内服：煎汤，2~9克；研末服，1~2克；或为丸服。外用：适量，研末调敷。孕妇忌服，实热证及阴虚火旺者慎用。反半夏、瓜蒌、天花粉、贝母、白及、白蔹，畏犀角。

土荆皮

又名金钱松皮、土荆皮、荆树皮、土槿皮等。为松科植物金钱松的树皮和根皮。树皮大多呈片状或条状，厚约1厘米，外表暗棕色，作龟裂状，外皮甚厚；内表皮较粗糙。以形大、黄褐色、有纤维质而无栓皮者为佳。根皮呈不规则的长条块片状，长短大小不一，扭曲而稍卷，厚约3~5毫米，外表面粗糙有皱纹及横向灰白色皮孔。木栓灰黄色，常呈鳞片状剥落，显出红棕色皮部。内表面红棕色或黄白色。较平坦，有纵向纹理。主产于江苏、浙江、安徽、江西等地。味甘、苦，性凉。归大肠、肝、脾经。清利湿热，杀虫止痒。外用适量，浸酒涂擦，或研末醋调涂患处，或制成酊剂涂擦患处。不可内服使用。

马鞭草

又名野荆芥、颈草、铁马莲、狗牙草、紫顶龙芽、土荆芥、铁马鞭、马鞭梢。为马鞭草科植物马鞭草的地上部分。茎呈方柱形，多分枝，四面有纵沟，表面灰绿色或绿褐色，粗糙，具稀疏毛。质硬而脆，断面纤维状，中心为白色髓部或成空洞。叶对生，皱缩，多破碎，完整者展平后叶片3深裂，边缘有锯齿。穗状花序细长，小花多数，排列紧密，有时可见黄棕色的花瓣。有时已成果穗，果实外有灰绿色萼片，或见4个小坚果。主产于湖北、江苏、贵州、广西等省区。苦，凉。

马鞭草

归肝、脾经。清热解毒,活血散瘀,利水消肿,截疟。生用。内服:煎汤,15~30克,大剂量可用至60克;或入丸、散。外用:适量,捣敷,或捣汁涂,或煎水洗。孕妇忌服。

木香

又名云木香、蜜香、川木香、广木香、南木香。为菊科植物木香的干燥根。多年生草本,高1~2米。主根粗壮,圆柱形。基生叶大型,具长柄;叶片三角状卵形或长三角形,长30~100厘米,基部心形,边缘具不规则的浅裂,基部下延成不规则分裂的翼,叶面被短柔毛;茎生叶较小,呈广椭圆形,头状花序2~3个丛生于茎顶,腋生者单一,总苞由10余层线状披针形的苞片组成,先端刺状;花全为管状花,暗紫色。瘦果线形,有棱,上端着生一轮黄色直立的羽状冠毛,熟时脱落。根略呈纺锤形、圆锥形,稍弯曲,有时为纵剖。表面黄棕色至灰棕色,有不规则的菱形皱纹,并可见暗色树脂样斑痕,有时见一条宽纵槽,槽面暗棕色,大部略呈枯朽状。质坚硬而重,破断面黄白色至暗棕色,有棕色油点。主产

木香

于云南省。四川、西藏亦产。辛、苦,温。归脾、胃、大肠、胆经。行气止痛,调中宣滞。用于脘腹胀痛、泻痢后重、脾虚食少、胁痛、黄疸等症。3~6克。内服:煎汤,或入丸、散。阴虚、津亏、火旺者慎服。

乌药

又名旁其、矮樟天台。为樟科植物乌药的块根。根呈纺锤形,略弯曲,有的中部收缩成连珠状,称乌药珠,长5~15厘米,直径1~3厘米,表面黄棕色或灰棕色,有细纵皱纹及稀疏的细根痕,有的有环状裂纹。质坚硬,不易折断,断面棕白色至淡黄棕色带微红,有放射状纹理(木射线)和环纹(年轮),中心颜色较深。主产于浙江金华地区,湖南邵东、涟源、邵阳等地,此外湖北、安徽、广东、四川、云南等地亦产,其中以浙江天台所产量大质优。辛、苦,微温。归脾、胃、肾经。行气止痛,温中止呕,温肾纳气。用于胸腹胀痛、呕吐呃逆、肾虚喘促等症。3~10克;生用。内服:煎汤或入丸、散。气血虚而有内热者忌服。

丹参

又名木羊乳、赤参、紫丹参、山参。为唇形科植物丹参的干燥根及根茎。多年生草本,高 20~80 厘米,全株密被柔毛及腺毛,根细长、圆柱形,外皮砖红色。

丹参

茎四棱形,多分枝。叶对生,有长柄,奇数羽状复叶,小叶通常 3~5 片,卵形或长卵形,顶生者较大,边缘有浅钝锯齿,上面稍皱缩,下面毛较密。总状轮伞花序顶生或腋生。花冠唇形,蓝紫色,上唇稍长,盔状镰形。能育雄蕊 2,药隔长,雌蕊花柱伸出冠外。小坚果 4,长圆形,暗棕色。根茎短,往往有带毛的短小茎基,并着生多数瘦长的根。表面棕红色或砖红色,栓皮常呈鳞片状剥落。质硬脆,折断面疏松,纤维性,皮部紫黑色或砖红色,木质部束类白色至灰黄色、放射状排列。主产于安徽、江苏、山东、河北、四川等省。苦,微寒。归心、心包、肝经。活血祛瘀,凉血消痈,养血安神。用于月经不调、心腹疼痛、癥瘕积聚、风湿热痹、疮疡肿痛、烦躁不寐、心悸、失眠等症。5~15 克;研末,2~3 克。内服:煎汤。丹参注射液临床有致过敏性哮喘、皮疹、月经过多及肝损害等。

五加皮

又名文章草、五加、追风使、白刺、五花、五佳、木骨、追风使。为五加科植物细柱五加的干燥根皮。落叶灌木,高 2~3 米,枝灰褐色,无刺或在叶柄部单生扁平刺。掌状复叶互生,在短枝上簇生,小叶 5,稀 3~4,中央一片最大,倒卵形或披针形,长 3~8 厘米,宽 1~3.5 厘米,边缘有钝细锯齿,上面无毛或沿脉被疏毛,下面腋腑有簇毛。伞形花序单生于叶腋或短枝上,总花梗长 2~6 厘米,花小,黄绿色,萼齿,花瓣及雄蕊均为 5 数。子房下位,2 室,花柱 2,丝状分离。浆果近球形,侧扁,熟时黑色。呈不规则卷筒状,长 5~13 厘米,直径 0.4~1.2 厘米,厚约 2 毫米,外表面灰褐色或灰棕色,有稍扭曲的纵皱纹及横长皮孔;内表面黄白色或灰黄色。质轻而脆,易折断,断面不整齐,淡灰黄色或灰白色,置放大镜下可见多数淡黄棕色小油点(树脂道)。主产于湖北、河南、四川等省。湖南、安徽、浙江、山东、江苏、江西、贵州、云南等省亦产。辛、苦、甘,温。归肝、肾经。祛风湿,壮筋骨,益智,利水。用于风湿痹痛、四肢拘挛、腰膝软弱、神疲健忘、水肿等症。6~12 克;生用。内服:煎汤或浸酒服。外用:适量,煎汤熏洗或研末敷。本品辛温,阴虚火旺者忌服。

升麻

又名周升麻、鬼脸升麻、周麻、绿升麻、鸡骨升麻。为毛茛科植物大三叶升麻、兴安升麻或升麻的干燥根茎。药材依次习称“关升麻”“北升麻”及“西升麻”。大三叶升麻为多年生草木,根茎上生有多数内陷圆洞状的老茎残基。叶互生,2 回 3 出复叶小叶卵形至广卵形,上部 3 浅裂,边缘有锯齿。圆锥花序具分枝3~20条,花序轴和花梗密被灰色或锈色的腺毛及柔毛。花两性,退化雄蕊长卵形,先端不裂;能育雄蕊多数,花丝长短不一,心皮3~5,光滑无毛。蓇葖果无毛。兴安升麻与上种的不同点是:花单性,退化雄蕊先端2深裂。花药升麻与大三叶升麻不同点为:叶为数回羽状复叶,退化雄蕊先端2裂,不具花药。心皮及蓇葖果有毛。关升麻呈不规则长块状,长8~20厘米,直径1.5~2.5厘米,表面暗棕色至黑棕色,皮部脱落处可见网状的维管束纹理,上有多数圆洞状老茎残基,直径0.5~2.5厘米,两侧及下面有多数已断的须根或根痕。质坚硬,断面黄白色,木部呈放射状。气微。味微苦。北升麻分枝较多,直径1~1.5厘米,茎基较密,断面微带绿色。西升麻呈不规则块状。分枝较多,直径0.7~3厘米,茎基直径0.4~1厘米,细根较多,断面灰绿色。关升麻主产于东北地区。北升麻主产于河北、内蒙古、山西等省区;西升麻主产于陕西、四川、青海、云南、甘肃等省。辛、甘,微寒。归肺、脾、大肠、胃经。发表透疹,清热解毒,升举阳气。用于风热头痛、麻疹不畅、齿痛口疮、咽喉肿痛、脏器下垂等症。生用3~6克,蜜炙用6~12克。解表透疹,清热解毒,宜生用;补益升阳,宜蜜炙用。内服:煎汤。上盛下虚,阴虚火旺及麻疹已见点的患者禁服。大剂量应用本品可出现头痛,震颤。升麻碱有刺激性,能使皮肤充血,内服可引起胃肠炎,严重时可发生呼吸困难、谵妄等。

天门冬

又名天冬、大当门根、万岁藤、颠勒、波罗树、白罗杉、天棘、三百棒。为百合科植物天门冬的干燥块根。多年生攀缘状草木。块根簇生。茎细长,常扭曲;叶状枝绿色(易误认为叶),2~3枚簇生。线形扁平而有棱,长1~2.5厘米。叶小退化成膜质鳞片状。花小,白色或黄白色,单性,雌雄异株,1~3朵腋生。浆果球形,直径约6毫米,熟时红色。呈长纺锤形,微弯曲,长4~10厘米,直径0.5

~1.5厘米。表面浅黄色或浅棕黄色,平滑,半透明,有时有纵沟纹或皱纹,偶有残存的外皮。质坚实,稍柔韧,易折断;断面致密蜡状,平坦,半透明,中心有黄白色中柱,呈小圆环状。主产于贵州湄坛、赤水、望漠,四川涪陵、泸州、乐山,广西百色、罗城,浙江平阳、景宁,云南巍山彝族自治县、宾川等地。陕西、甘肃、湖北、湖南、安徽、江西、河南亦产。甘、苦,大寒。归肺、肾经。清肺降火,滋阴润燥。用于燥咳痰黏、劳嗽咯血、津伤口渴、肠燥便秘等症。生用。内服:煎汤,6~12克;熬膏或入丸、散。脾胃虚寒和便溏者慎服。

天花粉

又名栝蒌粉、白药、栝楼根、花粉、蒌根、天瓜粉、瑞雪。为葫芦科植物栝楼的干燥根。多年生草质藤本,根肥厚。叶互生,卵状心形,常掌状3~5裂,裂片

天花粉

再分裂,基部心形,两面被毛,花单性,雌雄异株,雄花3~8排,成总状花序,花冠白色,5深裂,裂片先端流苏状,雌花单生,子房卵形,果实圆球形,成熟时橙红色,根呈不规则的圆柱形、纺锤形或瓣块状,长8~16厘米,直径1.5~5.5厘米。表面黄白色或淡黄棕色,具纵皱纹及横长皮孔,常可见残存的黄棕色栓皮。

质坚实，断面类白色，富粉性，可见纵起的黄色筋脉纹及放射状黄色导管小孔。主产于河南、山东、江苏、安徽等省。苦、微甘，寒。归肺、胃经。清热生津，消肿排脓。用于热病津伤、口干、消渴、肺热咳嗽、肺燥咯血、热毒疮痈等症。内服：煎汤，10~15 克，治消渴可用至 30 克；或入丸、散。外用：适量，研末，水或醋调敷。忌与乌头、附子同用。脾胃虚寒、大便滑泄者及孕妇禁用。

天南星

又名虎掌、南星、野芋头、虎掌南星、山苞米、蛇苞谷、三棒子、蛇六谷、药狗丹、独角莲。为天南星科植物天南星、东北天南星或异叶天南星的干燥块茎。天南星块茎呈扁圆形，直径 2~5.5 厘米，表面淡黄色至淡棕色，顶端较平，中心茎痕浅凹，有叶痕环纹，周围有大的麻点状根痕，但不明显，周边无小侧芽。质坚硬，断面白色粉性。气微，味麻舌刺喉。异叶天南星块茎呈微扁的圆球形，直径 1.5~4 厘米。中央茎痕深陷，呈凹状，周围有一圈 1~2 列显著的根痕，周边偶有少数微凸起的小侧芽，有时已磨平。虎掌块茎呈扁平状但不规则，由主块茎及多数附着的小块茎组成。类似虎的脚掌，直径 1.5~5 厘米，每一块茎中心都有一茎痕，周围有麻点状根痕。东北南星块茎呈扁圆形，直径 1.5~4 厘米，中心茎痕大而较平坦，环纹少呈浅皿状，麻点根痕细而不整齐，周围有微突出的小侧芽。天南星主产于河南、河北、四川等地；异叶天南星主产于江苏、浙江等地；东北天南星主产于辽宁、吉林等地。野生与栽培均有。苦、辛，温，有毒。归肺、肝、脾经。燥湿化痰，祛风止痉，散结消肿。用于湿痰咳嗽，胸膈胀闷、风痰眩晕、中风痰壅、破伤风症、癫痫癫狂、痈肿、痰核等症。3~9 克。内服：煎汤，外用：适量，捣敷，磨涂或制成栓剂。阴虚燥咳禁服。孕妇、小儿慎服。生品内服宜慎，误食生南星可致中毒，严重者窒息，呼吸停止而死亡。

天麻

又名山萝卜、鬼督邮、宝风草根、水洋芋、明天麻、赤箭、白龙皮、木浦。为兰科植物天麻的干燥块茎。多年生寄生植物，寄主为蜜环菌，以蜜环菌的菌丝及

天麻

菌丝的分泌物为营养来源。高 60~100 厘米，全体不含叶绿素。块茎肥厚肉质。茎直立，黄红色。叶呈鳞片状，膜质。总状花序顶生，花淡橙色或黄绿色，不整齐，裂片小，唇瓣具 3 裂片，中央裂片较大。蒴果长圆形，种子细小呈粉状。块茎呈长椭圆形，扁缩而稍弯曲，长 5~13 厘米，宽 2~6 厘米，厚 1~3 厘米。一端有红棕色干枯芽苞，或为残留茎基；另一端有自母麻脱落后的圆脐形疤痕。表面黄白色或淡黄棕色，具环节，有点状芽痕或残留膜质鳞叶，有纵沟及多数纵皱纹。主产于四川、云南、贵州、湖北、陕西等地。甘，平。归肝经。熄风止痉，平抑肝阳，祛风通络。用于惊风抽搐、头痛眩晕、风湿痹痛、肢体麻木、半身不遂等症。内服：煎汤，3~10 克；研末吞服，每次 1~1.5 克。

太子参

又名孩儿参、童参。为石竹科植物孩儿参的干燥块根。多年生草本，高7~15厘米。块根肉质，四周疏生须根。茎单一，直立，近方形，节略膨大。叶对生；下部的叶片窄小，长倒披针形，全缘；上部叶片较大，卵状披针形或菱状卵形，叶缘微波状，茎顶端两对叶稍密集，叶大，呈十字形排列。花两型，茎下部腋生小的闭鞘花，萼片4，无花瓣，雄蕊2；茎顶端的花大形，萼片5，披针形，花瓣5，白色，雄蕊10，花柱3。蒴果近球形。本品呈细长纺锤形或细长条形，稍弯曲，长3~8厘米，直径2~6毫米，顶端可见茎基及芽痕，下部细长呈尾状。表面黄白色，较光滑，微有纵皱纹，凹陷处有须根痕，质硬而脆，易折断，断面平坦，淡黄色，角质样；晒干者类白色有粉性。主产于江苏、山东、安徽等省。甘、微苦，平。归脾、肺经。补气生津。用于食少口渴、燥咳痰少等症。15~30克。内服：煎汤。一般不宜与藜芦配伍。

巴戟天

又名巴戟、兔子肠、鸡肠风。为茜草科植物巴戟天的干燥根。藤状灌木，根肉质肥厚，常多条丛生，呈不规则念珠状断续膨大。茎有纵棱，小枝幼时有褐色粗毛。叶对生，长椭圆形，具褐色粗毛，托叶鞘膜质。头状花序常3~4个伞形排列，花白色。核果近球形，成熟时红色。呈扁圆柱形，略弯曲，肉质，长短不等，直径1~2厘米。表面灰黄色，粗糙，具纵纹，皮部有横裂纹或断裂而露出黄棕色的木部，如连珠状。或形如鸡肠，故有“鸡肠风”之称。质坚硬，断面不平坦，皮部厚，易与木部剥离，断面皮部紫色，木部黄棕色。主要产于广东高要、德庆及广西苍梧等地，两广的其他一些地区及福建南部诸县江西、四川等地亦产。辛、甘，微温。归肾经。补肾助阳，祛风除湿。用于阳痿尿频、宫冷不孕、风湿痹痛等症。9~15克。内服：煎汤，或入丸剂。阴虚火旺者不宜单用，有湿热者禁服。

木贼

又名木贼草、擦草、锉草、节骨草、节节草、无心草。为木贼科植物木贼的干燥地上部分。茎呈圆管状，不分枝，长40~60厘米，通常截成10~20厘米长的段，直径4~7毫米。表面灰绿色或黄绿色，有18~30条纵棱，棱上有多数细小光亮的疣状突起；节明显，节间长2.5~9厘米，节上着生筒状鳞片，叶鞘基部和鞘齿深棕色，中部淡黄色。体轻，质脆，易折断，断面中空，周边有多数圆形的小空腔。主产于陕西凤县，吉林通化，辽宁清原、本溪，湖北兴山、竹溪及黑龙江等地。此外，四川、甘肃、河北、内蒙古亦产，甘、苦，平。归肺、肝经。疏散风热，明目退翳。3~9克。牲畜食木贼后可致中毒，引起四肢无力，共济失调，震颤及肌强直，脉弱而频，血化学分析示维生素B缺乏，用大量维生素B有解毒作用。

牛膝

又名鸡胶骨、牛茎、山苋菜、百倍、对节莱、怀牛膝。为苋科植物牛膝的干燥根。根呈细长圆柱形，直或稍弯曲，长15~50厘米，直径0.4~1厘米。表面灰黄色或淡褐色，有细纵皱纹及排列稀疏的侧根痕。质硬脆，易折断，断面平坦，角质样，淡黄色，木部黄白色，其外围散有许多维管束小点，排列成2~4轮。主产河南武陟、温县，孟州市、博爱、泌阳、辉县等地。苦、酸、平。归肝、肾经。活血祛瘀,补肝肾,强筋骨,利水通淋,引血下行。用于月经不调、痛经、闭经、产后淤阻、跌打伤痛、腰膝酸痛、下肢乏力、小便不利、淋沥涩痛、吐血、衄血、齿痛、口疮、头痛眩晕等症。10~15克。炒用。内服:煎汤,外用:适量,捣敷。本品性善下行,故凡中气下陷、遗精、脾虚泄泻、月经过多及孕妇禁服。

仙茅

又名独茅根、盘棕、茅瓜子、地棕根、蟠龙草、山棕、仙茅参、独茅。为石蒜科多年生草本植物仙茅的干燥根茎。根茎呈圆柱形,略弯曲,长3~10厘米,直径0.4~0.8厘米。表面黑褐色或棕褐色,粗糙,有纵抽沟及横皱纹和细孔状的粗根痕。质硬而脆,易折断,断面平坦略呈角质状,淡褐色或棕褐色,近中心处色较深,并有一深色环。气微香,味微苦、辛。主产于四川、广西、云南、贵州、广东;浙江、江西、福建,台湾、湖南及湖北也有分布。辛,热。有毒。归肾经。温肾壮阳,祛寒除湿,用于阳痿精冷、小便不禁、风寒湿痹等症。3~10克,煎汤、浸酒或入丸、散剂。本品燥热有毒,不宜久服。阴虚火旺者不宜服。

仙茅

沙参

又名白参、苦心、洋乳、铃儿草、文希、羊婆奶、虎须。为伞形科植物珊瑚菜的干燥根。多年生草本,高7~35厘米,主根细长,呈圆柱形,长达30厘米。茎大部分在沙中,全体密被褐色绒毛。基生叶卵状三角形,3出或2~3回羽状分裂,具长柄;茎生叶上部叶卵形,边缘有锯齿。复伞形花序,密生灰褐色绒毛;伞幅10~14;小总苞片8~12,每小伞形花序有花15~20,花小,白色。双悬果近球形,5果棱具木质翅,有棕色粗毛。本品呈细长圆柱形或长条形,单一,偶有分枝,长15~45厘米,直径0.3~1.5厘米。表面黄白色,粗糙,有细纵纹或纵沟,有黄白色点状皮孔和须根痕。质坚脆,易折断,断面不平整,略角质状,形成层部位深褐色,成环状,木部黄色。主产于山东(以莱阳产品有名)、江苏、河北、辽宁等省。甘、微苦,微寒。归肺、胃经。养阴清肺,益胃生津。10~15克。入煎剂,亦可熬膏丸剂。感受风寒而致咳嗽及肺胃虚寒者忌服。反藜芦,恶防己。

半夏

又名老鸦眼、地文、守田、水玉、地巴豆、蝎子草、和姑、野芋头、三步跳、天落星。为天南星科植物半夏的干燥根茎。多年生草本。块茎球形。叶由根茎生出,叶柄下有珠芽,一年生叶为单叶,卵状心形,二年以后为3出复叶,小叶卵状椭圆形,中央一片较大。肉穗花序顶生;雄花生于花序上部,雌花生于下部,花序轴先端附属物延长成鼠尾状。浆果,成熟时红色。本品呈扁圆球形,有的稍扁斜。表面灰黄色,顶端有下陷的茎残痕,周围有许多点状的根痕。主产于湖北、河南、安徽、四川。辛,温。有毒。归脾、胃、肺经。燥湿化痰,降逆止呕,消痞,外用消肿散结。用于湿痰咳嗽、风痰眩晕、痰厥头痛、呕吐反胃、胸脘痞闷、梅核气、瘿瘤痰核、痈疽肿毒等症。一切虚证及阴伤燥咳、津伤口渴者禁服。本品辛温燥烈,不可久服。不宜与乌头同用。生半夏对口腔、喉头和消化道黏膜有强烈刺激性,并具有毒性,误服可致中毒,甚至窒息而死。

玄参

又名野脂麻、重台、玄台、鹿肠、逐马、黑参、馥草、元参。为玄参科植物的干燥根。多年生草本,根肥大。茎直立,四棱形,光滑或有腺状毛。茎下部叶对生,近茎顶互生,叶片卵形或卵状长圆形,边缘有细锯齿,下面疏生细毛。聚伞花序顶生,展开成圆锥状,花冠暗紫色,5 裂,上面 2 裂片较长而大,侧面 2 裂片次之,最下 1 片裂片最小,蒴果卵圆形,萼宿存。本品呈圆锥形或纺锤形,有的弯曲似羊角状,长 9~16 厘米,直径 2~6 厘米,表面灰黄色或棕褐色,有明显纵沟纹和横长皮孔。质坚硬,不易折断,断面略平坦,乌黑色,微有光泽。主产于浙江省。湖北、江苏、江西、四川等省亦产。甘、苦、咸,寒。归肺、胃、肾经。清热凉血,滋阴解毒。10~15 克。生用。内服:煎汤。脾胃虚寒、食少便溏者慎服。不宜与藜芦同用。

玉竹

又名玉术、王马、葳参、节地、丽草、虫蝉、娃草、乌萎、女草、马熏、萎香。为百合科植物玉竹的干燥根茎。多年生草本,根茎横生。茎单一,高 20~60 厘米。叶互生,无柄,叶片椭圆形至卵状长圆形,长 6~12 厘米,宽 3~5 厘米。花腋生,通常 1~3 朵,簇生。花被筒状,白色,先端 6 裂,雄蕊 6,花丝丝状。

浆果球形,成熟时蓝黑色。本品呈圆柱形,略弯曲,长5~15厘米,直径0.6~1.6厘米。表面黄白色或淡黄棕色,节部明显,并有细皱纹及须根痕,上面有圆盘状凹陷的茎痕。干燥时质地稍硬,吸潮易变软。断面白色角质样,可见维管小点分散排列。主产于湖南、河南、江苏、浙江。此外,安徽、江西、山东、陕西、广东、广西、辽宁、吉林亦产。甘,微寒。归肺、胃经。养阴润燥,生津止渴。生用或蒸用。生用味甘,性微寒,多用于燥热口干、阴虚感冒、眼目赤痛;蒸用甘平,能滋阴益气,用于热病阴伤、虚劳发热。内服:煎汤,6~18克,大剂量可用至30克,熬膏或入丸、散。心动过速或血压偏高者慎服;痰湿内蕴,中寒便溏者不宜服。

甘松

又名麝果、甘松香、人身香、香松。为败酱科植物甘松或匙叶甘松的干燥根及根茎。略呈圆锥形,多弯曲,长5~18厘米。根茎短,上端有茎基残留,外被

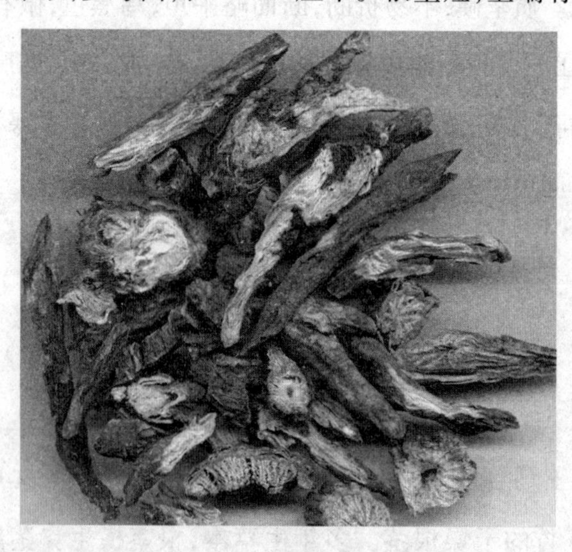

甘松

多数基生叶残基,膜质片状或纤维状,外层黑棕色,内层棕色或黄色。根单一或

数条交结,分枝或并列,直径0.3~1厘米;表面皱缩,棕褐色,有须根。质松脆,易折断,断面粗糙,皮部深棕色,表皮,常裂成片状,木部黄白色。主产于四川松潘、理县、南坪、江漳等地,此外青海玉树、甘肃、西藏亦产。辛、甘、温。归脾、胃经。行气止痛,开郁醒脾。3~6克。煎服,外用适量。

甘草

又名甜根子、美草、甜草、蜜甘、粉草、蜜草、灵通、国老、菇草、棒草。为豆科植物甘草等的干燥根及根茎。多年生草本,高30~80厘米,全株被毛。奇数羽状复叶,互生,小叶5~11片,卵圆形或椭圆形,总状花序腋生,密集成短穗状。花冠蝶形紫红色或浅紫色。荚果弯曲似镰刀状,棕色,其上密生刺状腺毛。根呈圆柱形,不分枝,长30~120厘米,直径0.6~3厘米。外皮红棕色,暗棕色或灰褐色,有明显的皱纹、沟纹,皮孔横长。质坚实而重,断面纤维性,黄白色,有粉性,具明显的形成层环纹及放射状纹理,有裂隙。根茎表面有芽痕,横切面中央有髓。主产于内蒙古、甘肃、新疆、东北、华北等地。甘,平。归心、肺、脾、胃经。补脾益气,润肺止咳,清热解毒,缓急止痛,缓和药性。用于脾胃虚弱、气短乏力、心悸怔忡、咳嗽痰少、热毒疮疡、药食中毒、脘腹急痛、四肢挛痛等症。3~10克。湿盛而胸腹胀满及呕吐者忌服。反大戟、芫花、甘遂、海藻。久服较大剂量的甘草,易于引起水肿、血压升高等,使用时应注意。

甘遂

又名肿手花根、主田、陵泽、重泽、鬼丑、苦泽、甘藁、甘泽、猫儿眼根、陵藁等。为大戟科植物甘遂的干燥根。多年生草本,高25~40厘米,全株含白色乳汁。茎直立,下部稍木质化,淡红紫色,下部绿色,叶互生,线状披针形或披针形,先端钝,基部宽楔形或近圆形,下部叶淡红紫色。杯状聚伞花序,顶生,稀腋生;总苞钟状,先端4裂,腺体4;花单陛,无花被;雄花雄蕊1枚,雌花花柱3,每个柱头2裂。蒴果近球形。根呈长纺锤形,长椭圆形或略呈球形、棒状,两端渐细,中间有时缢缩呈连珠状,长2~10厘米,直径0.2~1.5厘米。除去栓皮者表面黄白色,凹陷或缢缩处有残留栓皮,并有少数细根痕;有的棕色栓皮未除去,表面有明显的纵槽纹或少数横长皮孔。主产于陕西韩城、三原,河南灵宝,山西运城等地。此外,甘肃、湖北、宁夏亦产。苦、甘,寒。有毒。归肺、肾、大肠经。泻水逐饮,消肿散结。用于水肿胀满、二便不利、痰饮积聚、风痰癫痫、痈肿疮毒等症。生甘遂作用强,毒性较大,多作外用。内服必须醋制,或用面裹煨熟,亦可先用水漂,再与豆腐同煮以减低其毒性。本品有效成分不溶于水,故不入汤剂。内服:多入丸、散;研末吞,每次0.5~1克,枣汤送服或装入胶囊服。外用:适用量,研末调敷。本品有毒,应严格控制剂量。孕妇、虚证、体虚及有严重心脏病、肾功能不全、溃疡病或伴出血倾向者均禁服。用量过大或用法不当可产生剧烈的毒副反应。

地黄

又名怀地黄、地髓、干生地、原生地、蜜罐花根。为玄参科多年生草本植物地黄的根。多年生草本,高25~40厘米,全株密被长柔毛及腺毛。块根肥厚。叶多基生,倒卵形或长椭圆形,基部渐狭下延成长叶柄,边缘有不整齐钝锯齿。茎生叶小。总状花序,花微下垂,花萼钟状,花冠筒状,微弯曲,二唇形,外紫红色,内黄色有紫斑,蒴果卵圆形,种子多数。鲜生地呈纺锤形或条状,长9~16厘米,直径2~6厘米。表面肉红色,较光滑,皮孔横长,具不规则疤痕。肉质、断面红黄色,有橘红色油点及明显的菊花纹。气微,味微甘苦。生地呈不规则

地黄

团块或长条形,中间膨大,长 6~12 厘米,直径 3~6 厘米,表面黑褐色或灰棕色,微光滑,极皱缩,有不规则横沟纹。我国大部地区皆有生产,主产于河南温县、博爱、武陟、孟州市、泌阳等地。甘、苦,寒。归心、肝、肾经。清热凉血,养阴生津。用于热病心烦、舌绛、血热吐衄、斑疹紫黑、热病伤阴、消渴多饮等症。生用。内服:煎汤,15~30 克,出血宜捣汁服,可用至 60 克。外用:适量,捣汁,或熬膏涂搽。脾胃虚寒、腹胀便溏者慎服;痰浊、暑湿中阻、胸闷纳呆者禁服。

白及

又名一兜棕、甘根、千年棕、白根、羊角七、白给、地螺丝、白芨、皲口药。为兰科植物白及的干燥根茎。多年生草本,高 15~70 厘米。根茎肥厚,常数个连生,叶 3~5 片,宽披叶形,长 8~30 厘米,宽 1.5~4 厘米。基部下延成长鞘状。总状花序,花序轴长 4~12 厘米,有花 3~8 朵,花紫色或淡红色。花被 6,外轮 3

片同形,唇瓣倒卵形,上部3裂,中央裂片边缘有波状齿,雄蕊与雌蕊结合成合蕊柱,柱头顶端着生1雄蕊,有粉块4对,子房下位,圆柱形,扭曲。蒴果圆柱形,具6纵肋。根呈不规则扁圆形或菱形,有2~3个分枝似掌状,长1.5~5厘米,厚0.5~1.5厘米。表面黄白色或灰白色,有细微纵皱纹,环节突起、明显,棕色,上面有凸起的茎痕,下面有须根痕。质硬,不易折断,断面角质状,半透明,显类白色,有维管束小点散列。主产于贵州、四川、湖南、湖北、安徽、河南、浙江、陕西、云南、江西、甘肃、江苏、广东等地。苦、甘、涩,微寒。归肺、肝、胃经。收敛止血,消肿生肌。用于咯血、吐血、外伤出血、疮痈肿毒、皮肤皲裂等症。生用。内服:煎汤,每次5~10克;研末服,每次1.5~3克。外用:适量,研末敷或鲜品捣敷。外感咯血慎服,忌与乌头同用。

白头翁

又名山棉花、野丈人、犄角花、胡王使者、翁草、白头公、老翁花。为毛茛科植物白头翁的干燥根。多年生草本,高达50厘米,全株密被白色长柔毛。主根粗壮,圆锥形。叶基生,具长柄,叶3全裂,中央裂片具短柄,3深裂,侧生裂片较小,不等3裂,叶上面疏被伏毛,下面密被伏毛。花茎1~2厘米,高10厘米以上,总苞由3小苞片组成,苞片掌状深裂。花单一,顶生,花被6,紫色,2轮,外密被长棉毛。雄蕊多数,雌蕊多数,离生心皮,花柱丝状,果期延长,密被白色长毛。瘦果多数,密集成头状,宿存花柱羽毛状。根呈类圆柱形或圆锥形,稍弯曲并扭曲,长5~20厘米,直径0.5~2厘米。表面黄棕色或棕褐色,有不规则的纵沟纹,皮部易脱落而露出黄色木质部,并常枯朽成凹洞,或露出网状裂纹或裂隙。根头部稍膨大,顶端残留鞘状叶柄残基,密生白色毛茸。主产于吉林、黑龙江、辽宁、河北、山东、山西、陕西、江西、河南、安徽等地。苦,寒。归大肠经。清热解毒,凉血止痢。用于热毒血痢、阴痒带下等症。白头翁苦寒降泄,善治痢疾。用于热毒血痢、里急后重,常与黄连、黄檗配伍,如白头翁汤。10~15克;研末1~3克。生用。内服:煎汤。外用:适量。久痢元气已衰、脾胃虚弱及寒湿泻痢者禁服。

白术

又名山精、山蓟、乞力伽、杨枹蓟、山姜、山芥、山连、天蓟。为菊科植物白术的干燥根茎。多年生直立草本,高6喱米,茎直立。叶互生,3深裂或羽状5深裂,顶端裂片最大,裂片椭圆形至卵状披针形,顶端长渐尖,边缘有细刺齿,有长柄;茎上部叶狭披针形,不分裂,叶柄渐短。头状花序单生枝端,总苞钟状,总苞片7~3层,其基部被一轮羽状深裂的叶状苞片包围;花小,多数。全为管状花,花冠紫色。瘦果长椭圆形,密生柔毛,冠毛羽状分裂。根茎呈肥厚不规则拳状团块,长3~13厘米,直径1.5~7厘米。表面灰黄色或灰棕色,有纵皱、沟纹和不规则的瘤状突起,顶端有下陷圆盘状茎基和芽痕。质坚硬,难折断。烘术断面淡黄白色,角质,有裂隙;生晒术断面外圈皮部黄白色,中间术部淡黄色或淡棕色。略有菊花纹及棕黄色油点,微显油性。主产于浙江、安徽、湖北、湖南、江西等省。苦、甘,温。归脾、胃经。补气健脾,燥湿利水,止汗,安胎。用于脾气虚弱、食少便溏、痰饮水肿、表虚自汗、胎动不安等症。6~10克。生用,健脾燥湿力强,多用于水肿、水饮、风湿痹痛;炒药,健脾益气力胜,多用于脘腹痞满、中气下陷、气虚自汗。内服:煎汤,或入丸散。阴虚烦渴、气滞胀满者慎服。

白芍

又名殿春客、金芍药、冠芳、艳友、将离。为毛茛科植物芍药的干燥根。多年生草本。茎直立。叶互生,2回3出复叶,小叶片长卵形至椭圆形,有时纵裂为2,先端渐尖,全缘。花草生茎顶,大而美丽,白色或粉红色。心皮分离。荚

白芍

果3~5个。圆柱形。已去外皮,表面淡红棕色或粉白色,光滑。质坚硬。断面平坦,白色,角质样,有放射状导管纹理,味微苦酸。因产地规格不同,外形亦有差异。主产于浙江、安徽、四川、河南、贵州、山东等省。苦、酸,微寒。归肝、脾经。养血敛阴,柔肝止痛,平抑肝阳。用于月经不调、崩漏、虚汗、脘腹急痛、胁肋疼痛、四肢挛痛、头痛眩晕等症。生药10~30克;酒炒成炭药6~15克。内服:煎汤。不宜与藜芦同用。

白芷

又名芷、泽芬、芳香、香白芷、苻蓠。为伞形科植物白芷或杭白芷的干燥根。白芷为多年生草本,高1~2米;根圆锥形;茎粗壮中空。基生叶有长柄,基部叶鞘紫色,叶片2~3回3出式羽状全裂,最终裂片长圆形或披针形,边缘有粗锯齿,基部沿叶轴下延成翅状;茎上部叶有显著膨大的囊状鞘。复伞形花序顶生或腋生，总苞片通常缺，或1~2，长卵形。膨大成鞘状。花白色，双悬果椭圆形，无毛或极少毛，分果侧棱成翅状，棱槽中有油管1，合生面有2。杭白芷与白芷的主要区别在于植株较矮，茎及叶鞘多为黄绿色。根为圆锥形，上部近方形，表面为淡灰棕色，有多数皮孔样横向突起，排列成行，质重而硬。断面富粉性，形成层环明显，并有多数油室点。主产于浙江、四川、河南、河北。辛，温。归肺、胃经。散寒解表，祛风燥湿，消肿排脓，止痛。用于风寒表证、头痛、牙痛、痈疮肿痛、寒湿带下等症。3~10克。生用。内服：煎汤，或入丸、散。外用：可配制成多种剂型，研为散作掺敷药，水煎为洗渍药，酒浸或酒、醋煎膏作敷涂药，或作油蜡膏等。本品性燥，阴虚火旺及痈肿溃后则禁服用。

白附子

又名新罗白肉、禹白附、麻芋子、牛奶白附、红南星、鸡心白附，白波串、疗毒豆。天南星科植物独角莲的块茎。多年生草本；块茎卵圆形或卵状椭圆形。叶

白附子

根生，1~4片，戟状箭形，依生长年限大小不等，长9~45厘米，宽7~35厘米；叶柄肉质，基部鞘状。花葶7~17厘米，有紫斑，花单性，雌雄同株，肉穗花序，有

佛焰苞,花单性,雌雄同株。雄花位于花序上部,雌花位于下部。浆果,熟时红色。块茎椭圆形或卵圆形,长2~5厘米;直径1~3厘米。表面白色或黄白色,有环纹及根痕,顶端显茎痕或芽痕。质坚硬,难折断,断面类白色,富粉性。主产于河南禹县、长葛,甘肃天水、武都,湖北等地;此外,山西、河北、四川、陕西亦产。辛、甘,温;有毒。归胃、肝经。燥湿化痰,祛风止痉,解毒散结。3~6克。煎服,用制白附子,外用生品适量,捣烂熬膏或研末以酒调敷患处。本品辛温燥烈有毒,阴虚燥热、动风之疾及孕妇忌用。生品忌内服。

白茅根

又名甜草根、茅根、茅草根、兰根、地节根、茹根、白花茅根、地营、丝毛草根、地筋。为禾本科植物白茅的干燥根茎。呈细长圆柱形,通常不分枝,长30~60厘米。表面黄白色或浅棕黄色,有光泽,具纵皱纹,环节明显,略隆起,节上可见残留的鳞叶、根及芽痕,节间长1.5~3厘米。质轻而韧,不易折断,折断面纤维性,黄白色,皮部有多数空隙如车轮状,易与中柱剥离,中心有一小孔。全国各地均有产,但以华北地区较多。甘,寒。归肺、胃、膀胱经。凉血止血,清热利尿。用于血热出血证、热淋、水肿、黄疸、热病烦渴等症。15~30克。煎服,鲜品加倍,以鲜品为佳,可捣汁服。多生用,止血亦可炒炭用。

白前

又名水白前、石蓝、空白前、嗽药、软白前、鹅管白前。为萝摩科多年生草本植物柳叶白前和芫花叶自前的根茎及根。柳叶白前为直立半灌木,高达1米。茎直立,无毛。叶对生,狭披针形,长6~13毫米,宽3~5毫米,全缘。聚伞花序

白前

腋生；花小，花冠5深裂，紫红色；副花冠裂片盾状，雄蕊5，与雌蕊合生成蕊柱，花药2室，每室具一个淡黄色下垂的花粉块。蓇葖果单生，长披针形。种子多数，黄棕色，顶端具白色丝状绒毛。芫花叶白前与柳叶白前相似，但茎被两列柔毛。叶长圆形或长圆状披针形；花冠黄色。柳叶白前根茎呈长圆柱形，稍弯曲，长4~15毫米，直径1.5~4毫米。表面黄白色至黄棕色，平滑或有细纵皱纹。节明显，节间长2~4厘米。质脆，折断面中空。节处簇生纤细弯曲的根，有多次分枝呈毛须状，常互相交织成团。气微，味微甜。芫花叶白前根茎短小或略呈块状，表面灰绿或灰黄色，节间长1~2厘米；质较硬。主产于浙江、安徽、福建、江西、湖北、湖南、广西等省区。辛、苦，微温。归肺经。降气，消痰，止咳。用于咳嗽痰多、胸满喘促等症。6~10克。生用能降气理肺，用于咳嗽兼表证者；炒用能温肺散寒，用于肺寒咳嗽；蜜炙用能润肺降气，用于肺虚咳嗽。内服：煎汤。肾不纳气之虚喘禁服。

白薇

又名白马薇、白微、龙胆白薇、白幕、白尾、薇草。为萝藦科植物白薇或蔓生

白薇

白薇的干燥根及根茎。多年生草本，高50厘米。茎直立，常单一，被短柔毛，有白色乳汁。叶对生，宽卵形或卵状长圆形，长5~10厘米，宽3~7厘米。两面被白色短柔毛。伞状聚伞花序，腋生，花深紫色，直径1~1.5厘米，花冠5深裂，副花冠裂片5，与蕊柱几等长，并围绕于其顶端。雄蕊5，花粉块每室1个，下垂。蓇葖果单生，先端尖，基部钝形。种子多数，有狭翼，有白色绢毛。蔓生白薇与上种的不同点：半灌木状，茎下部直立，上部蔓生，全株被绒毛，花被小，直径约1毫米，初开为黄色，后渐变为黑紫色，副花冠小，较蕊柱短。白薇根茎呈类圆柱形，有结节，长1.5~5厘米，直径0.5~1.2厘米。上面可见数个圆形凹陷的茎痕，直径2~8毫米，有时尚可见茎基，直径在5毫米以上，下面及两侧簇生多数细长的根，似马尾状。根呈圆柱形，略弯曲，长5~20厘米，直径1~2毫米；表面黄棕色至棕色，平滑或具细皱纹。质脆，易折断，折断面平坦，皮部黄白色或淡色，中央木部小，黄色。气微、味微苦。蔓生白薇根茎较细，长2~6厘米，直径4~8毫米。残存的茎基也较细，直径在5毫米以下。根多弯曲。主产于山东、安徽、辽宁、四川、江苏、浙江、福建、甘肃、河北、陕西等省。苦、成，寒。归肝、胃经。清热，凉血，解毒，通淋。用于阴虚发热、热淋、血淋、疮疡痈肿、咽喉肿痛、毒蛇咬伤等症。6~12克。内服:煎汤,或入丸、散。外用:适量,捣敷或研末敷。脾虚便溏者慎服。

白鲜皮

又名北鲜皮、羊膻草根、白膻皮。为芸香科植物白鲜的干燥根皮。多年生

白鲜皮

草本,基部木本,高可达1米,全株有强烈香气。根肉质,黄白色,多分枝。茎幼嫩部分密被白色的长毛及凸起的腺点。单数羽状复叶互生,小叶9~13,卵形至卵状披,针形,边绷有馈齿,沿脉被柔毛,密布腺点(油室),叶柄及叶轴两侧有狭翅。总状花序顶生,密被腺毛和腺点;花梗具条形苞片1枚,花白色,有淡红色条纹,萼片5,花瓣5,雄蕊10。蒴果5裂,密被棕黑色腺点及白色预想毛。皮呈卷筒状,少有双卷筒状,长5~15厘米,直径1~2厘米,厚2~5毫米。外表面灰白色或淡灰黄色,具细纵纹及细根痕,常有突起的颗粒状小点,内表面类白色,平滑。质松脆,易折断,折断时有白粉飞扬,断面乳白色,略带层片状,迎光可见细小亮点。主产于辽宁、河北、山东、江苏等地。苦,寒。归脾、胃经。清热解毒,祛风燥湿。用于湿热疮毒、湿疹、疥癣、皮肤瘙痒、湿热黄疸、风湿热痹等症。6~15克。内服:煎汤,或入丸,散。外用:适量,煎水洗。本品苦寒,虚寒之

证禁服。

石斛

又名石斗、林兰、黑节草、禁生、枫斗、杜兰、吊兰花、石兰、黄草、金钗花、千年润。为兰科植物石斛及同属多种植物的新鲜或干燥茎。多年生附生草木。

石斛

茎丛生,直立,上部多回折状,稍扁,基部收窄而圆,高 30~50 厘米,粗达 1.3 厘米,具槽纹,多节。叶近革质,矩圆形,长 6~12 厘米,宽 1~3 厘米,先端偏斜状凹缺。总状花序生于上部节上,基部被鞘状总苞片一对,有花 1~4 朵,具卵状苞片;花大,花径 6~8 厘米,下垂,白色带淡红或淡紫色,唇瓣卵圆形,边缘微波状,基部有一深紫色斑块,两侧有紫色条纹。主产于四川凉山、甘孜、西昌、雅安,贵州罗甸、兴仁、安顺、都匀,广西靖西、凌乐、田林、睦边,安徽霍山,云南砚山、巍山、师宗等地。甘,微寒。归胃、肾经。养胃生津,滋阴除热。用于津伤口渴、食少便秘、虚热不退、目暗昏花等症。6~12 克,鲜品 15~30 克。内服:煎汤。或入丸、散。湿温病无化燥伤津者不用;杂病脾胃虚寒、苔厚腻、便溏者亦不宜用。

石菖蒲

又名香草、菖蒲、水蜈蚣、昌阳、石蜈蚣、尧韭、水剑草、阳春雪、香菖、望见消。为天南星科植物石菖蒲的干燥根茎。多年生草本，根茎横卧。叶二列，基生，无柄；叶片剑状线形。两面光滑无毛，脉平行，无中脉。肉穗花序，佛焰苞叶状，较短。为肉穗花序长的 1~2 倍。花两性，淡黄绿色。浆果肉质。扁圆柱形，稍弯曲，常有分枝。表面灰黄色，环节明显，有时节上残留毛须，根茎上方有叶痕呈三角形，左右交互排列，下面有残留须根或圆点状根痕。质坚硬而脆，折断面纤维性，类白色或微红色，有不明显的环纹。横切面在放大镜下可见棕色油点。主产于四川、浙江、江苏、福建等地。辛，温。归心、胃经。祛痰开窍，化湿开胃，宁神益智。用于神志昏迷、惊悸、失眠、痴呆、健忘、胸腹胀痛、风寒湿痹、疥癣等症。5~10 克。生用。内服：煎汤，鲜品加倍。外用：适量。阴虚阳亢者慎服。

龙胆

又名水龙胆、陵游、山龙胆、草龙胆、胆草、龙胆草、龙须草、地胆草。为龙胆科植物龙胆、三花龙胆、条叶龙胆或坚龙胆的干燥根及根茎。前三种习称“龙胆”，后一种习称“坚龙胆”。龙胆为多年生草本，全株绿色稍带紫色。茎直立，单一粗糙。叶对生，基部叶甚小，鳞片状，中部及上部的叶卵形或卵状披针形，长 2.5~8 厘米，宽 1~2 厘米，叶缘及叶背主脉粗糙，基部抱茎，主脉 3 条，无柄的花多数簇生于茎顶及上部叶腋；萼钟形，花冠深蓝色至蓝色，钟 5 裂，裂片之间有褶状三角形副冠片；雄蕊 5；花丝基部有宽翅；蒴果长圆形，种子边缘有翅。

三花龙胆与龙胆的不同点是:叶线状披针形,宽0.5~1.2厘米,叶缘及脉光滑不粗糙;花3~5朵簇生于茎顶或叶腋,花冠裂片先端钝。条叶龙胆与三花龙胆近似,不同点是:叶片长圆披针形或条形,宽4~14毫米,叶缘反卷;花1~2朵生于茎顶,花冠裂片三角形,先端急尖。龙胆根茎呈不规则块状,上端有茎痕或残留茎基,周围和下端着生多数细长的根。根圆柱形,略扭曲,长10~20厘米,直径0.2~0.5厘米;表面淡黄色或黄棕色,上部多有显著的横皱纹,下部较细,有纵皱纹及支根痕。质脆,易折断,断面皮部黄白色或淡黄棕色,中心有数个筋脉点(维管束)。龙胆、三花龙胆主产于东北地区。条叶龙胆、坚龙胆主产于云南、四川、贵州。苦,寒。归肝、胆经。清热燥湿,泻肝胆火。用于湿热黄疸、阴肿、白带、肝胆实火、目赤耳聋、高热惊风等症。3~10克;或入丸、散;健胃,1~3克。内服:煎汤,外用:适量,煎汤洗;研末敷。脾胃虚寒者禁服。

关木通

又名木通马兜铃、苦木通、马木通。为马兜铃科植物木通马兜铃的干燥藤茎。缠绕性木质大藤本,长达6~14米;外皮呈灰色,有纵皱纹,嫩枝绿色,生白色短柔毛。叶互生;叶柄长6~13厘米,叶片心形;先端钝尖,基部心形,全缘;嫩叶两面密被白色柔毛,老叶仅叶脉疏生白毛。花多单生;花被筒状,弯曲,先端3裂,黄绿色;具紫色条纹,雄蕊6枚,成对贴附于柱头外面;子房下位。蒴果圆柱形或棱状椭圆形,黄褐色,有6条纵脊。种子多数。茎呈长圆柱形,稍扭曲,长1~2米,直径1~6厘米,表面灰黄色或棕黄色,有浅纵沟及棕褐色残余粗皮的斑点。节部略粗稍膨大,体轻,质坚实,不易折断,断面皮部黄白色,质松软,皮部薄,木部黄色,宽广,质硬,满布细小导管的孔洞,呈整齐的轮状排列,近中心则排列紧密且颜色较深,射线多,呈类白色放射状,髓部不明显。主产于吉林、辽宁、黑龙江等省。苦,寒。归心、小肠、膀胱经。清心火,利小便,通经下乳。3~6克。生用。内服;煎汤,或入丸,散。木通用量不宜过大,孕妇及心肾功能不全者禁服。

地榆

又名线形地榆、白地榆、花椒地榆、山红枣根、枣儿红、赤地榆、山枣参、紫地

地榆

榆。为蔷薇科植物地榆的干燥根。为多年生草本,高50~100厘米。茎直立,有细棱。奇数羽状复叶,基生叶丛生,具长柄,小叶通常4~9对,小叶片卵圆形或长卵圆形,边缘具尖锐的粗锯齿,小叶柄基部常有小托叶;茎生叶有短柄,托叶抱茎,镰刀状,有齿。花小,为暗紫红色,密集成长椭圆形穗状花序。瘦果暗棕色,被细毛。根呈不规则的纺锤形或圆柱形,略弯曲,长5~14厘米,直径0.5~2厘米。表面棕黑色或暗紫色,粗糙有纵沟纹。质坚,难折断,断面黄红色或

淡黄色,略平坦,中心木质部色稍深,有放射状纹理。我国多数地区均产。主产于东北及西北地区。春、秋二季采挖,除去地上部分及细根、泥沙,晒干;或趁鲜切片晒干。苦、酸,微寒。归肝、胃、大肠经。凉血止血,解毒敛疮。10~15克。生用凉血清热;炒炭用止血力强。内服;煎汤,或入丸、散;研末服,2~3克。外用:适量,煎水洗,研末调敷。本品酸涩性凉,虚寒性出血及出血挟瘀者慎服。大面积烧、烫伤,不宜大量以地榆外涂,以免引起药物性肝炎。

延胡索

又名元胡索、延胡、元胡、玄胡索。为罂粟科植物延胡索的干燥块茎。多年生草本,茎纤弱。高约20厘米。叶互生,有长柄,2回3出复叶,小叶片长椭圆形至线形,全缘。总状花序顶生。花红紫色,横生于小花梗上。花瓣4片,2轮,上部1片尾部延伸成长矩。蒴果长圆形。块茎呈不规则的小圆球形,直径0.3~2厘米。表面黄棕色,有不规则的细皱纹,外皮有时脱落。上端有茎凹陷的痕。质坚硬,破碎面黄色至姜黄色,角质,有蜡样光泽。主产于浙江、江苏、湖北、湖南等地。辛、苦,温。归心、肝、脾经。活血祛瘀,行气止痛。3~10克;研末,每次1~1.5克。内服:煎汤。孕妇及血虚者禁服。

当归

又名文无、干归、夷灵芝、山蕲。为伞形科植物当归的干燥根。多年生草本,高40~100厘米。茎直立,带紫色,有纵直槽纹。叶互生,2~3回奇数羽状全裂,裂片边缘有缺刻,有大形叶鞘。复伞形花序,顶生,花小,白色。双悬果,副(侧)棱成宽而薄的翅,主根圆柱形,下有支根数条。外表棕色至暗棕色,有许多纵纹。主根顶端有横纹。干燥者质坚硬,受潮后变软。断面形成屡明显。有分泌腔散在。主产于甘肃、云南、四川。陕西、湖北、贵州亦产。甘、辛,温。归肝、心、脾经。补血调经,活血止痛,润肠通便。6~15克。生用以润肠通便力胜,多用于便秘肠燥;酒炒补血和血力强,多用于血虚体亏,月经不调,跌打伤痛;炒炭止血力强,用治崩中漏下。内服:煎汤。大便滑泄者慎服。

灯心草

又名赤须、虎须草、灯心、碧玉草。为灯心草科多年生草本植物灯心草的干燥茎髓。灯心草科,生于池沼水田间之多年生草本。茎圆而长,绿色如线状,夏

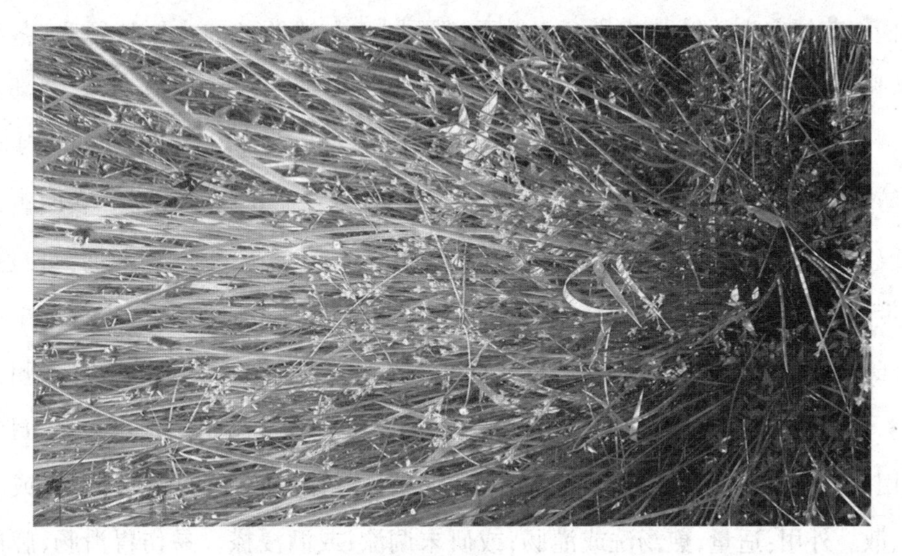

灯心草

日茎之上部侧生花茎,分歧甚多,各缀以花,花小黄绿色。全国各地均产。主产于江苏、湖南、四川、云南、贵州等地。甘、淡,微寒。归心、肺、小肠经。利水通淋,清心除烦。1.5~2.5克。心烦、夜啼朱砂拌用。

百部

又名百部草、百条根、牛虱鬼、百奶、山百根、九丛根、闹虱药、九虫根。为百部科植物直立百部、蔓生百部或对叶百部的干燥块根。直立百部为多年生草本,高30~60厘米。块根肉质,很多块根簇生。叶3~4片轮生,卵形或近椭圆形,长4~6厘米,宽2~4厘米,全缘,弧形条3~5条,无柄或柄极短,花多数生于茎下部鳞状叶腋间,花梗向上,花被4,卵状披针形,淡绿色,雄蕊4,紫色,药隔膨大成披针形附属物,子旁扁三角形。蒴果卵形。蔓生百部与上种不同点,为攀缘状多年生草本,茎长60~100厘米。叶2~4片轮生,卵形或卵状披针形,具长柄。花梗着生于叶片中脉。对叶百部不同于上述两种的主要特征为:茎缠绕,长4~5米,叶对生较大,叶片宽卵形,长10~20厘米,宽3~10厘米,基部心形,叶脉7~13条,花梗腋生,生有1~3朵较大的花。直立百部和蔓生百部块根呈纺锤形,皱缩弯曲,上端稍细长,长5~12厘米,直径0.5~1厘米。表面黄白色或淡黄色,有不规则的深纵沟,并有深皱纹。质脆,易吸潮变软,断面黄白色,微带角质状,中柱部可见浅色维管束小点,多扁缩。直立百部和蔓生百部主产于江苏、安徽、湖北、山东等省。对叶百部主产于湖北、广东、福建、四川、贵州等省。甘、苦,平。归肺经。润肺止咳,灭虱杀虫。3~15克。生用杀虫灭虱力强;炒用温肺止咳,治风寒咳嗽;蜜炙用润肺止咳,治肺痨咳嗽。内服:煎汤,或入丸、散。外用:适量,煎汤洗或灌肠;或研末调涂;或酒浸搽。易伤胃滑肠,脾虚便溏者慎服。本品有小毒,服用过量,可引起呼吸中枢麻痹。

羊蹄

又名牛舌大黄、东方宿、土大黄、鬼目、鸡脚大黄、羊蹄大黄。为蓼科酸模属三种植物的干燥根。羊蹄根呈类圆锥形，长6~18厘米，直径0.8~1.8厘米。根头部有茎基残余及支根痕。根部表面棕灰色，具纵皱纹及横向突起的皮孔样疤痕。质硬易折断，折断面黄灰色颗粒状。全国大部分地区均有。主产于江苏、安徽、浙江、江西、福建、台湾、湖北、湖南、广东、广西、四川等地。苦、涩、寒。归心、肝、大肠经。凉血止血，解毒杀虫，泻下。10~15克。内服，煎服，鲜品加倍；或捣汁饮。外用：适量，捣敷或研末调敷。脾胃虚寒、大便溏薄者慎服。

肉苁蓉

又名金笥、肉松蓉、苁蓉、纵蓉、寸芸、地精、大芸、金笋、地丁。为列当科一年生寄生草本植物肉苁蓉的干燥带鳞片的肉质茎。呈圆柱状而稍扁，一端稍细，常弯曲，长10~30厘米，直径3~6厘米。表面暗棕色至黑棕色或红棕色，密被肥厚的肉质鳞片，排列成复瓦状。质坚实略有韧性，肉质而带油性，不易折断，断面棕色。主产于内蒙古阿拉善盟、乌盟及河套地区，新疆戈壁滩、奇台、阿勒泰，甘肃张掖地区、永昌、山丹、高台，青海共和、兴海等地。甘、成，温。归肾、大肠经。补肾阳，益精血，润肠通便。6~13克。内服：煎汤，或入丸剂。胃弱便溏者慎服；相火旺，精关失固的遗精禁服。

防己

又名解离、石解、载君行。为马兜铃科植物广防己的干燥根。木质藤本。主根圆柱形。单叶互生，长椭圆形或卵状披针形，先端短尖，基部圆形，全缘，下面密被褐色短柔毛总状花序，有花1~3朵，被毛花被下部呈弯曲的筒状，长约5厘米，上部扩大，三浅裂，紫色带黄色斑纹，子房下位。蒴果长圆形，具6棱，种子多数。根呈圆柱形或半圆柱形,直径1.5~4.5厘米,略弯曲,弯曲处有横沟。表面粗糙,灰棕色或淡黄色,质坚硬不易折断,断面粉性,可见放射状的木质部(俗称车轮纹)。主产于广东、广西等省区。苦,寒。归膀胱、肺经。祛风止痛,利水消肿。3~9克。生用。内服:煎汤,外用:适量。本品苦寒较甚,内服不宜过量,恐伤胃气;味辛性善行,故阴虚者禁服。

防风

又名川防风、铜芸、关防风、茴芸、风肉、茴草、百屏风、百蜚、云防风。为伞形科,植物防风干燥根。药材习称"关防风"。多年生草本,高达80厘米,

防风

茎基密生褐色纤维状的叶柄残基。茎单生,二歧分枝。基生叶有长柄,2~3回羽裂,裂片楔形,有3~4缺刻,具扩展叶鞘。复伞形花序,总苞缺如,或少有1片;花小,白色。双悬果椭圆状卵形,分果有5棱,棱槽间,有油管1,结合面有油管2,幼果有海绵质瘤状突起。根呈长圆柱形,下部渐细,有的略弯曲,

长 15~30 厘米,直径 0.5~2 厘米。根头部较粗有明显密集的环纹,习称"蝗蚓头",环纹上有的有棕褐色纤维状叶柄残基。表面灰棕色,粗糙,有纵皱纹、横长皮孔及点状突起的细根痕。体轻、质松,易折断,断面不平坦,皮部浅棕色,有裂隙,木质部浅黄色。主产于东北及内蒙古东部。辛、甘,微温。归膀胱、肝、脾经。祛风解表,胜湿止痛,解痉。3~10 克。内服:煎汤。血虚发痉及阴虚火旺者禁服。

何首乌

又名黄花乌根、地精、马肝石、赤敛、红内消、首乌、小独根、陈知白。为蓼科植物何首乌的干燥块根。多年生缠绕性草本,茎有节基部略呈木质,上部草质。叶互生,心脏形,具长柄,全缘,基部心形,表面光滑无毛,托叶膜质鞘状。圆锥花序顶生或腋生,花多数,细小白色。瘦果有三棱,黑色有光泽,包被于宿存的花被内。块根肥大,多呈纺锤形或不规则球形块状。表面红褐色或红棕色。凹凸不平,有不规则的浅沟或皱纹,皮孔横长。两端有明显的细根断痕,呈纤维状。横切面呈浅红棕色或淡黄棕色,有粉性,皮部常散列一圈圆形的异型维管束,中央有一较大的形成层环,中心常有一木心,形成梅花状的花纹,俗称"云锦花纹"。主产于河南嵩县、卢氏,湖北建始、恩施,广西南丹、靖西,广东德庆,贵州铜仁,四川乐山、宜宾,江苏江宁等地。苦、甘、涩,微温。归肝、肾经。补益精血,截疟,解毒,润肠通便。生首乌,润肠通便,解毒作用较强,多用于便秘,疮疡瘰疬,疟疾;制首乌补肝肾,益精血较好,多用于须发早白,头目眩晕等证。内服:煎汤,生首乌 10~15 克,制首乌 12~30 克;熬膏,浸酒,或入丸、散。外用:煎汁涂。大便溏泄及有痰湿者慎服。

忍冬藤

又名银花藤、金银藤。为忍冬科植物忍冬的干燥茎枝。干燥茎呈细长圆柱形,直径1.5~7毫米,表面晒红色或灰棕色,有细柔毛,尤以嫩枝为多。皮部易剥落,常撕裂作纤维状。茎上叶绿黄色,多破碎不全。质坚脆,断面灰白色或黄白色,中央髓部有空隙。气弱,味淡。忍冬主产河南;次产山东、广西、安徽、浙江、陕西、四川、贵州、湖南、湖北、江苏、江西、广东及辽宁;其他省区大都有分布。红腺忍冬产于贵州、广西、湖南、湖北、江西、浙江、江苏、安徽、福建、广东及云南;台湾有分布。山银花主产广东、广西及云南。毛花柱忍冬产于广西。秋、冬割取带叶的茎藤,扎成小捆,晒干。味甘,性寒。归心肺经。清热,解毒,通络。用于温病发热、咽肿、肺痈、痄腮、痢疾、风湿痹痛、痈肿疮毒、疥癣等症。配黄芪、当归、甘草,治痈疽发背,肠痈,乳痈,无名肿毒;配稀莶草、鸡血藤、老鹳草、白薇,治风湿痹痛。9~30克。内服:水煎剂,入丸、散或浸酒。

沉香

又名速香、蜜香、没香、沉水香、木蜜。为瑞香科植物白木香及沉香含有树脂的心材。白木香:常绿乔木,高达15米,小枝被柔毛,芽密被长柔毛。单叶互生,革质,叶片卵形或倒卵形至长圆形,长5~10厘米,宽2~4厘米,先端渐尖,基部楔形,全缘,两面被疏毛,后渐脱落而光滑。伞形花序,被灰色柔毛;花梗长4~12厘米,花被钟状,5裂,黄绿色,被柔毛,蒴果倒卵形。种子卵形,有附属体。沉香与以上的不同点是,叶椭圆状披针形或倒披针形,先端长渐尖。伞形花序无梗或具短梗,花白色。白木香:呈不规则块状、条状。表面凹凸不平,有刀削痕,可见黑褐色与黄白色相间的斑块及小点。孔洞及凹窝表面呈朽木状。质疏松,刀削有颗粒或粉末脱落。大多不沉于水。断面为不整齐刺状。香气特异,味微苦,点燃时发生强烈香气及浓烟,并有黑色油状物渗出。以体重、色棕黑油润、香气浓者为佳。沉香:圆柱状、棒状、盔状,大小不一,两端及表面均有刀削痕迹,有时呈朽木状。表面淡黄棕色至灰黑色,密布断续的棕黑色细纹,有时并见渗出的棕黑色树脂斑痕。质坚硬而重,能沉水或半沉水。横断面可见致密的棕黑色小斑点。白木香主产于广东省,广西、福建等省区亦产。沉香主产于印度尼西亚、马来西亚、柬埔寨及越南等国。辛、苦,微温。归脾、胃、肾经。行气止痛,温中止呕,温肾纳气。3~5克,后下;研末,0.5~1.5克。生用。内服:煎汤,或入丸、散。阴虚火旺及气虚下陷者慎服。

羌活

又名羌滑、羌青、胡王使者、护羌使者、黑药。为伞形科植物羌活或宽叶羌活的干燥根茎及根。多年生草本,高60~150厘米;茎直立,淡紫色,有纵沟纹。基生叶及茎下部叶具柄,基部两侧成膜质鞘状,叶为2~3回羽状复叶,小叶3~4对,卵状披针形,小叶2回,羽状分裂至深裂,最下一对小叶具柄;茎上部的叶近无柄,叶片薄,无毛。复伞形花序,伞幅10~15;小伞形花序约有花20~30朵,花小,白色。双悬果长圆形、主棱均扩展成翅,每棱槽有油管3个,合生面有6个。宽叶羌活与上种区别点为:小叶长圆状卵形至卵状披针形,边缘具锯齿,叶脉及叶缘具微毛。复伞形花序,伞幅14~23;小伞形花序上生多数花,花淡黄色。双悬果近球形,每棱槽有油管3~4个,合生面有4个。羌活主产于四川、云南、青海、甘肃等省。宽叶羌活主产于四川、青海、陕西、河南等省。辛、苦,温。归膀胱、肝、肾经。祛风散寒,胜湿止痛。3~10克。血虚痹痛、阴虚头痛者慎用。

苍术

又名地葵、赤术、山芥、马蓟、仙姜、青术、京茅术、仙术、枪头菜、茅术山、刺菜、关南术、南术、茅君宝等。为菊科植物茅苍术或北苍术的干燥根茎。茅苍术为多年生草本，高达 80 厘米；根茎结节状圆柱形。叶互生，革质，上部叶一般不

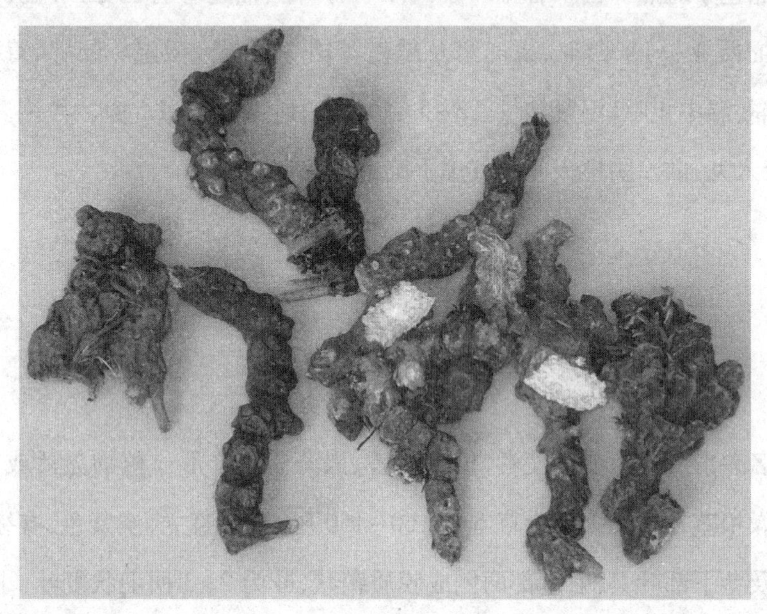

苍术

分裂，无柄，卵状披针形至椭圆形，长 3~8 厘米，宽 1~3 厘米，边缘有刺状锯齿，下部叶多为 3~5 深裂，顶端裂片较大，侧裂片 1~2 对，椭圆形。头状花序顶生，叶状苞片 1 列，羽状深裂，裂片刺状；总苞圆柱形，总苞片 6~8 层，卵形至披针形；花多数，两性，或单性多异株，全为管状花，白色或淡紫色；两性花有多数羽毛状长冠毛，单性花一般为雌花，具退化雄蕊 5 枚，瘦果有羽状冠毛。北苍术与茅苍术的不同点在于：叶片较宽，卵形或狭卵形，一般羽状 5 深裂，茎上部叶 3~5 羽状浅裂或不裂。头状花序稍宽。茅苍术呈不规则结节状圆柱形，略弯曲，长 3~10 厘米，直径 1~2 厘米。表面灰棕色。有皱纹及残留的须根，顶端具茎

痕及残茎基。质坚实,断面黄白色或灰白色,散有多数橙黄色或棕红色油点,习称"朱砂点"。香气特异,味微辛、苦。北苍术呈疙瘩块状或结节状圆柱形,长4~9厘米。表面棕黑色,除去外皮者黄棕色。质较疏松,断面散有黄棕色油点。茅苍术主产于江苏、湖北、河南等省。北苍术主产于华北及西北地区。辛、苦,温。归脾、胃经。燥湿健脾,辟秽化浊,祛风湿。5~10克。内服:煎汤,外用:适量,研末调敷。阴虚内热、津液亏虚、表虚多汗者禁服。

苏木

又名苏方木、红柴、赤木。为豆科植物苏木的干燥心材。干燥心材呈圆柱形,有的连接根部,呈不规则稍弯曲的长条状,长8~100厘米,直径3~10厘米。表面暗棕色或黄棕色,可见红黄色相间的纵走条纹,有刀削痕及细小的凹入油孔。横断面有明显的年轮,有时中央可见黄白色的髓,并具点状闪光。质致密,坚硬而较重,无臭,味微涩。以本品投放热水中,水染成鲜艳的桃红色,加醋则变为黄色,再加碱又变成红色。主产于广西百色、龙津,云南景东、元江、麻栗坡、马关、丽江及海南、台湾等地。甘、成、辛,平。归心、肝、脾经。散瘀消肿,活血调经。3~10克。生用。多用破血,少用和血。内服:煎汤,或研末、熬膏服。外用:适量,研末敷。孕妇禁服。血虚无淤滞者慎服。

赤芍

又名红芍药、芍药、臭牡丹根、赤芍药。为毛茛科植物芍药及川赤芍的干燥根。川赤芍为多年生草本。茎直立。茎下部叶为2回3出复叶,小叶通常二回深裂,小裂片宽0.5~1.8厘米。花2~4朵生茎顶端和其下的叶腋;花瓣6~9,紫红色或粉红色；雄蕊多数；心皮2~5。蓇葖果密被黄色绒毛。根为圆柱形，稍弯曲。表面暗褐色或暗棕色，粗糙，有横向突起的皮孔，手搓则外皮易破而脱落（俗称糟皮）。质硬而脆，易折断，断面平坦，粉白色或黄白色，富粉性（俗称粉碴），气微香，味微苦涩。主产于内蒙古、辽宁、黑龙江、吉林、陕西；甘肃、四川、贵州、云南等地亦产。苦，微寒。归肝经。清热凉血，活血化瘀，止痛。6~15克。煎服。血寒经闭者不宜用。反藜芦。

远志

又名小鸡根、细草、线茶、棘菀、小草、苦远志、关远志、醒心杖。为远志科植

远志

物远志的干燥根。多年生矮小草本，高约30厘米，茎丛生，纤细，近无毛。叶互生，线形或狭线形，近无柄。总状花序，花偏向一侧；花绿白色带紫，萼片5，外轮3片小，内轮2片花瓣状；花瓣3，下部联合，中间花瓣呈龙骨瓣状，顶端有丝状附属物；雄蕊8，花丝基部合生成鞘状。蒴果扁，倒卵形，边缘有狭翅。种子扁平、黑色、密被白色细茸毛。根呈细圆柱形，多弯曲，长3~10厘米，直径0.2~

1厘米。表面灰棕色或灰黄色，有多数深陷的横沟纹或横裂，老根的横纹更密集深陷而呈结节状。主产于山西、陕西、吉林、河南等省。苦、辛，微温。归心、肺、肾经。能开心气散郁结，交通心肾而安神益智。3~10克。内服：煎汤，或浸酒服，或入丸、散。外用：适量，酒调敷或煎汁涂。本品温燥，实火或阴虚阳亢者慎服。本品对胃黏膜刺激性较强，内服过量易引起呕吐。

鸡血藤

又名血节藤、血风藤、山鸡血藤、血藤、鸡血屯、血风。为豆科植物密花豆的干燥茎藤。质大藤本，长数十米，茎干无毛，呈扁圆柱形，砍断后有红色汁

鸡血藤

液流出。复叶互生，小叶三枚。阔椭圆形或宽卵形，长12~20厘米，宽7~15厘米，上面疏被短硬毛，下面沿脉疏被短硬毛，小托叶针状。圆锥花序腋生，花多数，近无柄，花长约10毫米，花萼肉质筒状，被白色短硬毛；花冠蝶形，白色，雄蕊10枚，2体；子房亦被白色毛。荚果刀状，长18~10.5厘米，宽2.5~3厘米，被绒毛，仅顶部有1枚种子。茎呈长圆柱形，稍偏而略弯曲，直径2~7

厘米，表面灰棕色，栓皮脱落处呈红棕色，有纵沟纹及小点状皮孔。体轻，质硬，难折断，折断面呈不整齐的裂片状。本品切片呈椭圆形或长矩圆形斜切片，厚0.3~1厘米。切面木部淡红色或红棕色，有多数小孔（导管）不规则排列，韧皮部的红棕色或黑棕色树脂状分泌物与木部相间排列。呈偏心性半圆形环。髓部小，偏向一侧。气微味涩。分布于广西、广东、湖南。苦、甘，温。归肝、肾经。既能行血补血，又能舒筋活络，风湿痹痛兼血虚或淤滞者均可选用。9~30克。鸡血藤膏，宜烊化冲服。有实验表明，鸡血藤有促进微循环障碍发展的作用。

麦门冬

又名寸冬、沿阶草根、麦门冬。为百合科植物沿阶革的块根。多年生草本，地下具细长匍匐枝，须根顶端有膨大的块根。叶丛生，叶片窄线形。由根抽生，总状花序。花小，淡紫色，花被6片，雄蕊6枚，花丝不明显，子房半下位。浆果球形，熟时黑蓝色。块根呈纺锤形，两端略尖，扁圆不一，长1.5~3厘米，中部直径3~6厘米。表面黄白色或淡黄色，半透明，具细纵纹。质柔韧，断面黄白色，角质状、半透，中央有细小木心（中柱）。主产于浙江、四川。甘、微苦，微寒。归肺、心、胃经。能养肺阴、润肺燥，且能化痰止咳。6~15克，大剂量可用至3克。生用专于润肺，多治燥咳，肺虚痨嗽；炒用养胃生津力强，多用于消渴，便秘；朱砂拌多用于清心除烦。内服：煎汤。脾胃虚寒，痰湿内阻，暴感风寒之咳嗽均慎服。

佩兰

又名香草、女兰、兰草、省头草、水香、千金草、燕尾香、孩儿菊、香水兰、香草木樨。为菊科植物佩兰的干燥地上部分。多年生草本,高70~120厘米。根茎横走;茎直立,带红紫色,上部及花序枝上的毛较密,中下部脱毛。叶对生,通常3深裂,中裂片较大,长圆形或长圆状披针形,长5~12厘米,宽2.5~4厘米,边缘有锯齿,背面沿脉有疏毛,无腺点,揉之有香气。头状花序排列成聚伞状;总苞长6~9毫米,排成2~3列,苞片长圆形至倒披针形,常带紫红色;每个头状花序有花4~6朵;花两性,全为管状花,白色或微红色。瘦果圆柱形,熟时黑褐色。茎平直,圆形,直径1.5~4毫米;少分枝;表面黄棕色、黄绿色或略带紫色,有细纵棱线,节明显,节间长约7厘米。质脆,易折断,断面纤维状,类白色,木部有疏松的孔,髓部约占直径1/2,有时中空。对生的叶片多皱缩破碎或脱落,少有完整者,呈绿褐色或微带黄色。完整叶展平后通常3裂,分裂者中间裂片呈披针形或长圆状披针形,基部狭窄,边缘有锯齿。产于河北、山东、江苏、浙江、广东、广西、四川、湖南、湖北等省区。辛,平。归脾、胃、肺经。既能化湿,又能解暑。5~10克。生用,解暑辟秽鲜品尤宜。内服:煎汤,鲜品倍量。阴虚血燥、气虚者慎服。

刺五加

又名五加皮、五加、香五加、南五加、刺捌棒。为五加科植物刺五加的根及根茎。根茎呈结节状不规则圆柱形,直径1.4~4.2厘米,有分枝,上端可见不定芽发育的细枝,下部与根相接;表面灰棕色,有纵皱,弯曲处常有密集的横皱纹,皮孔横长,微突起而色淡。根圆柱形,多分枝,直径0.3~1.5厘米,长3.5~12厘米,表面灰褐色或黑褐色,粗糙,有细纵沟及皱纹,皮较薄,有的剥落,剥落处呈灰黄色。质硬,断面黄白色,纤维性。主产于黑龙江呼玛、铁力、伊春、五常、阿城、尚志、宁安、虎林等地。此外吉林、辽宁、河北、山西、陕西等地亦产。辛、微苦,温。归脾、肾经。既善补脾胃之气以助运化,又可温肾助阳以暖脾土,且兼安神之功,故用于脾肾阳气不足之腰膝酸软、体重乏力、失眠多梦、食欲不振等症,常用刺五加浸膏、刺五加冲剂等,独取本品一味。15~45 克。煎服。本品虽具广泛和缓补益作用,然总属性温之品,阴虚内热之症应慎用之。

明党参

又名明沙参、土人参、山花、百丈光、金鸡爪、天瓠、红党参、粉沙参、明参。为伞形科植物明党参的干燥根。根圆柱形,长纺锤形或不规则条块,略扭曲,长 6~20 厘米,直径 0.5~2 厘米。表面黄白色,光滑,半透明,常有纵沟纹,有的具红棕色斑点。质硬而脆,角质样,短粗状的不易折断,折断面平坦,黄白色,皮部较薄,黄白色,易与木部剥离,木部色较淡,粗短者,有时中空。气微,味淡。分布于江苏、浙江、安徽、江西、湖北、四川等地。甘、微苦,凉。归肝、脾经。甘能生津、苦能清热,有清肺热,补气生津之功。5~10 克。本品性寒,脾虚泄泻者慎用。本品大量服食易引起浮肿。

泽泻

又名及泻、水泻、鹄泻、芒芋、牛唇。为泽泻科植物泽泻的干燥块茎。呈类球形、椭圆形或卵圆形,长 2~7 厘米,直径 2~6 厘米。表面黄白色或淡黄棕色,有不规则的横向球状凹陷,并散有众多突起的须根痕,在块茎的基部尤密。质坚实,破折面黄白色,颗粒性,在扩大镜下观察薄壁组织海绵样,有多数细孔,并可见纵横散生的棕色维管束。主产福建、四川及江西;广东、广西、湖北及湖南也产;其他各区亦有分布。甘、淡,寒。归肾、膀胱经。用于小便不利、水肿胀满、痰饮泄泻、带下淋浊、阴虚火亢。5~10 克。生用渗湿利水作用强,用于水

泽泻

肿、淋症、黄疸等；炒用渗湿和脾，用于泄泻、眩晕；盐炒入肾，治腰痛、遗精。内服：煎汤。

知母

为百合科植物知母的干燥根茎。多年生草本，根茎横走，密被膜质纤维状的老叶残基。叶丛生，线形，质硬。花茎直立，从叶丛中生出，其下散生鳞片状小苞片，2~3 朵簇生于苞腋，成长形穗状花序，花被长筒形，黄白色或紫堇色，有紫色条纹。蒴果长圆形，熟时 3 裂。种子黑色。毛知母呈长条状，微弯曲，略扁，少有分枝，长 3~15 厘米，直径 0.8~1.5 厘米，顶端有残留的浅黄色叶痕及茎痕，习称"金包头"，上面有一凹沟，具环节，节上密生残存的叶基，由两侧向上方生长，根茎下有点状根痕。质硬，断面黄白色。无臭，味甘、苦，有黏性。知母肉表面黄白色较平滑，有扭曲的沟纹，有的可见叶痕及根痕。主产于河北、山西、内蒙古、陕西及东北的西部地区。苦、甘、寒。归肺、胃、肾经。清热泻火，滋阴生津。6~12克。生用泻火力专，多用于肺火、胃火症；炒用滋阴润燥为优，用于肺、胃阴伤；盐水炒滋肾，用于肾虚火旺症。内服：煎汤。本品性寒质润，能伤胃滑肠，故不宜多服、久服，脾虚便溏者忌服。

苦参

又名地参、苦骨、山槐树根、川参、野槐根、凤凰爪、苦槐子根、牛参。为豆科植物苦参的干燥根。本植物为落叶灌木，高0.5~1.5米。叶为奇数羽状复叶，

苦参

托叶线形，小叶片11~25，长椭圆形或长椭圆披针形，长2~4.5毫米，宽8~2厘米，上面无毛，下面疏被柔毛。总状花序顶生，花冠蝶形，淡黄色，雄蕊10，离生，仅基部联合，子房被毛。荚果线形，于种子间缢缩，呈念珠状，熟后不开裂。

根呈圆柱形,下部有时分枝,长 10~35 厘米,直径 1~2.5 厘米。表面棕黄色或灰黄色,有明显的纵皱纹,并有横长皮孔,栓皮薄,易剥落向外卷。而现黄色光亮的内层栓皮。质坚韧,难折断,断面纤维性,黄白色,具放射状纹理及裂隙。全国大部分地区均产。均为野生。苦,寒。归心、肝、胃、大肠、膀胱经。清利湿热,祛风止痒。生用。内服:煎汤 3~10 克,或入丸剂。外用:适量,煎汤洗。本品苦寒,脾胃虚寒者禁服。不宜与藜芦同用。

虎杖

又名斑根、苦杖、蛇总管、酸杖、阴阳莲、斑杖。为蓼科多年生草本植物虎杖的根茎和根。多为圆柱形短段或不规则厚片,长 1~7 厘米,直径 1.5~2.5 厘米。外皮棕褐色,有明显的纵皱纹、须根和点状须根痕。切面皮部较薄,木部宽广棕黄色,射线放射状,皮部与木部较易分离。根茎髓中有隔或呈空洞状。质坚硬。气微,味微苦、涩。我国大部分地区均产。苦,寒。归肝、胆、肺经。能活血通经,祛瘀止痛、清热利湿、清热解毒、清热化痰。10~30 克。生用。内服:煎汤,外用:适量,捣敷或研末敷,或煎水浸洗。孕妇慎服。

贯众

又名伯萍、篇苻、黄钟、贯节、药渠、贯渠、伯芹、百头、渠母、虎卷、贯来、扁苻、贯中、乐藻、贯钟。为鳞毛蕨科植物粗茎鳞毛蕨的干燥根茎和叶柄残基。为多年生草本。地下茎粗大,有许多叶柄残基及须根,密被锈色或深褐色大形鳞片。叶簇生于根茎顶端,具长柄。叶片广倒披针形,最宽在上部 1/3 处,长 40~80 厘米,宽 16~28 厘米,二回羽状全裂或浅裂,羽片无柄,线关披针形,先端渐

贯众

尖,羽片再深裂,小裂片多数,密接,矩圆形,圆头,叶脉开放。孢子囊群圆形,着生于叶背近顶端1/3处,每片有2~4对,近中肋下部着生;囊群盖圆肾形,直径1毫米,棕色。根茎呈长圆锥形,上端钝圆或截形,下端较尖,略弯曲。长约10~20厘米,粗5~8厘米。外表黄棕色至黑棕色,密被排列整齐的叶柄残基及鳞叶。主产于东北地区辽宁、吉林、黑龙江三省。苦,微寒,有小毒。归肝、脾经。有凉血止血之功,用治血热妄行所致各种出血症,尤以崩漏下血最为相宜。10~15克。杀虫、清热解毒宜生用,止血宜炒炭用。本品有小毒,用量不宜过大,又忌与油类泻药配伍用,以防中毒。

郁金

又名广郁金、黄郁、白丝郁金、马蒁、黄丝郁金、黄流、温郁金、黄姜、玉金。为姜科植物温郁金、姜黄、广西莪术、文术、川郁金的干燥块根。呈卵圆形至长纺锤形,有的稍扁或弯曲,长2~6厘米,直径0.5~2厘米。表面灰黄棕色至灰褐色,具纵直或杂乱的皱纹,纵纹隆起处色较浅。质坚实。断面角质样,中部有一内皮层环纹。气微,味淡。姜黄:本品除作郁金用外,还以干燥根茎作姜黄用。其采制及性状鉴别和作郁金用的相近似。莪术:本品除作郁金用外,还以干燥根茎作姜黄用。其采制和性状鉴别亦与作郁金同的基本相同。当前郁金、姜黄、莪术三者的原植物与药材彼此关系较为复杂,名称易混,且对某些种的用法也未完全统一,不过对上述品种的安排和处理大家都比较一致。主产浙江、四川、江苏、福建、广西、广东、云南等地。辛、苦,寒。归心、肝、胆经。3~10克,研末,2~3克。生用。内服:煎汤,或入丸、散。孕妇慎服。畏丁香。

降香

又名降香紫、降真、藤香、降真香。为豆科植物降香檀的树干和根的干燥心材。高大乔木,树皮褐色,小枝具密集的白色小皮孔。叶互生,近革质,单数羽状复叶,小叶9~13片,叶片卵圆形或椭圆形,长4~7厘米,宽2~3厘米,小叶柄长4~5厘米。圆锥花序腋生,花小,长约5毫米,萼钟状,5齿裂,花冠淡黄色或乳白色,雄蕊9枚一组,子房狭椭圆形,花柱短。荚果舌状椭圆形,长4.5~8厘米,宽1.5~2厘米,种子1枚,稀2枚。降香呈长条形或不规则碎块,大小不一。表面紫红色或红褐色,有细密纹理。质坚硬,显油性。火烧产生黑烟并有油冒出,残留灰烬白色。主产于海南岛。辛,温。归肝、脾经。能化瘀止血,且有止痛作用。煎服,3~6克,宜后下。研末服每次1~2克。外用适量。研末外敷。

青黛

又名青缸花、靛花、花露、青蛤粉。为爵床科植物马蓝蓼科植物蓼蓝或十字花科植物菘蓝的叶或茎叶经加工制得的干燥粉末或团团块。为很细的粉末,质量较好者,多呈不规则的团块,并见白色小点,全体呈灰蓝色,粉末甚细而轻,容易飞扬,手搓之,有细颗粒感。团块状者较坚实,难敲碎。主产于福建仙游、江苏、河北、云南等地。味咸,性寒。入肝、肺、胃经。凉血解毒,清肝泻火。多入丸、散。入汤剂应布包煎。内服:吞服,0.3~1 克;煎汤,1.5~6 克。外用:适量,干撒或调涂患处。服用量较大时,可出现轻度恶心、呕吐、腹胀、腹痛,腹泻等消化道反应。中焦虚寒者禁用。

前胡

又名射香菜、信前胡。为伞形科植物白花前胡及紫花前胡的干燥根。白花前胡:多年生草本,高 1 米左右。主根粗壮,圆锥形。茎直立,上部呈叉状分枝。

前胡

基生叶具长柄,基部扩展成叶鞘,叶 2~3 回羽状分裂,最终裂片菱状卵形,不规则羽裂,边缘有粗锯齿,上面沿中脉有短柔毛,下面无毛或沿叶脉疏生细短柔毛;茎上部叶较小,分裂少,叶柄短。复伞形花序,伞幅 6~18,总苞片线状披针形,小总苞片 7~10,花小,白色。双悬果椭圆形或卵形,分果有 5 棱,每棱槽中有油管 3~5,合生面有油管 6~10。紫花前胡:植株高达 2 米。叶为 3 出或 1~2 回羽状分裂,顶生裂片和侧生裂片基部联合,基部下延翅状,上部的叶简化成叶鞘。花深紫色。果实棱槽内有油管1~3,合生面油管4~6。白花前胡呈不规则圆柱形或圆锥形,下部常有分枝,但支根多已除去,长3~15厘米,直径1~2厘米,根头部粗短,表面凹凸不平,上部有密集的叶痕及横皱纹,周围有叶鞘残基。表面棕褐色或灰黄色,具多数纵沟纹及横长皮孔。质硬脆,断面疏松,形成层附近有棕色环,木部暗棕黄色,有放射状纹理,并有多数模糊的小油点。气芳香,味微苦辛。紫花前胡根圆柱形或圆锥形,有少数支根,长3~15厘米,直径0.8~1.7厘米。表面棕色至黑棕色,有细纵纹、灰白色横向皮孔及须根痕,皮部与木部易分离,皮部较狭,散有黄色油点,木部黄白色。白花前胡主产于浙江、湖南、四川,以浙江产量大、质佳;紫花前胡主产于江西、安徽、湖南、浙江。苦、辛,微寒。归肺经。味苦能降气,辛能化痰,微寒清热。3~9克。内服:煎汤,或入丸、散。阴虚气弱咳嗽者慎服。

威灵仙

又名黑威、铁脚威灵仙、山蓼、百条根、狭叶铁钱莲、灵仙、软灵仙、老虎须、辣椒棵、铁扫帚、黑须根、黑木通、粉灵仙。为毛茛科植物威灵仙及同属植物的干燥根和根茎。为藤本,干时地上部分变黑。根茎丛生多数细根。叶对生,羽状复叶,小叶通常5片,稀为3片,狭卵形或三角状卵形,长1.2~6厘米,宽1.3~3.2厘米,全缘,主脉3条。圆锥花序顶生或腋生;萼片4(有时5)花瓣状,白色,倒披针形,外被白色柔毛;雄蕊多数;心皮多数,离生,被毛。瘦果,扁卵形,花柱宿存,延长成羽毛状。根茎呈圆柱状,表面淡棕黄色,上端残留茎基,下侧着生多数细根。根呈细长圆柱形,稍弯曲,长7~15厘米,直径1~3毫米;表面黑褐色,有细纵纹,有的皮部脱落,露出黄白色木部。主产于江苏、浙江、江西、安徽、四川、贵州、福建、广东、广西等省区。辛、咸,温。归膀胱经。有通经络、祛风湿、止痹痛之功。5~12克。水煎服。本品作用强烈,体弱者慎用。

独活

又名独摇草、长生草、独滑。为伞形科植物重齿毛当归及毛当归的干燥根。前者药材习称“川独活”，后者习称“香独活”。重齿毛当归为多年生草本，高60

独活

~100厘米，根粗大。茎直立，带紫色。基生叶和茎下部叶的叶柄细长，基部成鞘状；叶为2~3回3出羽状复叶，小叶片3裂，最终裂片长圆形，两面均被短柔毛，边缘有不整齐重锯齿；茎上部叶退化成膨大的叶鞘。复伞形花序顶生或侧生，密被黄色短柔毛，伞幅10~25，极少达45，不等长；小伞形花序具花15~30朵；小总苞片5~8；花瓣5，白色，雄蕊5。双悬果背部扁平，长圆形，侧棱翅状，分果槽棱间有油管1~4个，合生面有4~5个。毛当归与上种区别点，在于小叶边缘有钝锯齿；分果棱槽间有油管2~3上，合生面有4~5个。主根呈圆柱形，粗短，下部有分枝，长10~30厘米，直径1.4~3厘米，根头膨大，有密集的环状叶痕及凹陷的茎基。表面棕褐色至灰褐色，具多数纵皱纹，有隆起的横长皮孔及细根痕。质硬，吸潮变软，断面皮部灰白色，木部黄棕色，形成层附近有一棕色环，并多数棕色油点。香气特异，味苦辛，微麻舌。重齿毛当归主产于湖北、四川等省。毛当归主产于安徽、浙江、江西、湖北、广西、新疆等省区。辛、苦，温。归肝、肾、膀胱经。既温燥寒湿，又辛散风寒湿邪，具祛风湿、止痹痛之效。3~10 克。水煎服。

穿心莲

又名春莲秋柳、榄核莲、苦胆草、草黄连、斩龙剑、斩蛇剑、一见喜、苦草。为爵床科植物穿心莲干燥地上部分。为一年生草本，全体无毛。茎多分枝，且对生，方形。叶对生，长椭圆形。圆锥花序顶生和腋生，有多数小花，花淡紫色，花冠 2 唇形，上唇 2 裂，有紫色斑点，下唇深 3 裂，蒴果长椭圆形至线形，种子多数。栽培于福建、广东、广西等省区。现江西、江苏等省及其他地区亦有栽培。苦，寒。归肺、胃、大肠、小肠经。既能清热解毒，又可燥湿。3~9 克；研末吞，0.6~1.2 克。生用。内服：煎汤。外用：适量，捣敷，研末调敷。本品极苦，内服剂量过大，可引起恶心呕吐等不适，故不可多服、久服。脾胃虚寒者慎眼。孕妇慎用或不用。

穿心莲

络石藤

又名沿壁藤、爬山虎、石龙藤、吸壁藤。为夹竹桃科植物络石的干燥带叶藤茎。干燥的茎枝圆柱形,弯曲,多分枝,长短不一,直径1~5毫米。表面红褐色或棕褐色,有纵细纹,点状皮孔及不定根痕,茎节略膨大;质坚硬,断面淡黄白色,常中空。叶对生,有短柄,叶柄呈椭圆形或卵状披针形,长1~8厘米,宽0.7~3.5厘米,全缘,略反卷,上表面暗绿色或棕绿色,下表面较淡,革质。主产于江苏、安徽、湖北、山东等地。苦,微寒。归心、肝、肾经。能清热凉血,利咽消肿,可用治热毒炽盛之喉痹、痈肿。生用。内服:煎汤,6~15克,重症可用至30克,鲜品加倍。外用:适量。阳虚畏寒、便溏者慎服。

茜草

又名四方红根子、血见愁、土丹参、过山龙、小活血龙、地苏木、红棵子根、活

茜草

血丹、红茜根、红龙须根。为茜草科植物茜草的根及根茎。根茎呈结节状，丛生粗细不等的根。根呈圆柱形，有的弯曲。长10~25厘米，直径1~1.5厘米，表面暗棕色或红棕色，具细纵皱纹及少数细根痕；皮部脱落处呈黄红色，质脆，易折断，断面平坦，皮部狭，紫红色，木部宽广，浅黄色，导管孔多数。主产陕西、河南、安徽、河北及山东。湖北、江苏、浙江、甘肃、辽宁、山西、广东、广西及四川均有野生和生产。苦，寒。归肝经。凉血止血，化瘀。5~10克。内服：煎汤，或入丸、散。脾胃虚寒及无淤滞者慎服。

香附

又名毛香附、雀头香、东香附、莎草根、三棱草根、香附子、猪通草菇、雷公头、香附米、蓑草、苦羌头。为莎草科植物莎草的干燥根茎（块茎）。多年生草本。根茎匍匐，块茎椭圆形。茎三棱形，光滑。叶丛生，叶鞘闭合抱茎。叶片长线形，长20~60厘米，宽0.2~0.5厘米。复穗状花序，顶生，3~10个排成伞状，花深茶褐色，有叶状苞片2~3枚，鳞片2列，排列紧密，每鳞片着生一花，雄蕊3枚，柱头3裂，呈丝状。小坚果长圆倒卵形，具3棱。入药根茎多呈纺锤形，长2~3.5厘米，直径0.5~1厘米。表面棕褐色或黑褐色，有纵皱纹；并有隆起的环节；毛香附节上常有棕色毛须，及根痕，光香附较光滑，环节不明显。质硬，如经蒸煮者断面角质状，晒干者粉性，内皮层环明显。中部有维管束点。主产于山东、浙江、河南等省。辛、微苦、微甘，平。归肝、三焦经。能疏散肝气之郁结，味苦能降泄肝气之横逆，味甘能缓肝之急，为疏肝理气解郁、通调三焦气滞之良药。内服：煎汤，5~10克；或入丸、散。外用：适量，研末敷。血虚气弱者不宜单用，阴虚血热者慎服。

党参

又名狮子头、上党人参、中灵草、黄参。为桔梗科植物党参的干燥根。多年生草本,全株有乳汁。茎缠绕,长而多分枝。叶互生或对生,叶片卵形或广卵形,全缘。花单生于叶腋,花梗细,花冠钟形,淡黄绿色,有淡紫堇色斑点,先端5裂。蒴果圆锥形。种子细小多数。根圆柱形,顶端有疣状突起的茎痕,俗称"狮子盘头芦"。表面灰黄色或浅棕色,上部有多数杨纹,直径0.5~2厘米,质较坚脆易折断,断面黄白色,有裂隙及菊花心。形成层环明显,浅棕色。主产于东北、华北、西北、四川、湖南,贵州亦产。甘,平。归脾,肺经。善于补中益气,善补肺气。生用益气生津力强,多用于气液两伤,气津两亏;炒用补气健脾力强,多用于脾虚泄泻、中气下陷;蜜炙用补益润燥,可用于肺虚喘咳。内服:煎汤,10~15克;大剂量可用30克。不宜与藜芦同用。气滞火盛无虚者慎服。

射干

又名煎刀草、乌扇、山蒲扇、乌蒲、金绞煎、鬼扇、金蝴蝶、野萱花、扁竹兰、扁竹、黄花扁蓄、地篇竹、寸干。为鸢尾科植物射干的干燥根茎。多年生草本,高50~120厘米,根茎横走,呈结节状。叶剑形,扁平,嵌迭状排成二列,叶长25~60厘米,宽2~4厘米。伞房花序,顶生,总花梗和小花梗基部具膜质苞片,花橘红色,散生暗色斑点,花被片6,雄蕊3枚,子房下位,柱头3浅裂。蒴果倒卵圆形,种子黑色。根茎呈不规则结节状,有分枝,长3~10厘米,直径1~2厘米。表面黄棕色、暗棕色至黑棕色,皱缩不平,有较密而扭曲的环纹。上面有数个圆盘状凹陷的茎痕,下面有残留的须根及根痕。质硬,折断面黄色,颗粒性。主产湖北、河南、江苏、安徽等省。苦,寒。归肺经。清热解毒,归肺经,主要用于肺热咽喉肿痛,常与升麻、马勃配伍,如射干汤。生用或炒用。内服:煎汤,3~9克;或捣汁,为丸服。外用:适量,捣敷。脾虚便溏及孕妇禁服。

拳参

又名刀枪药、紫参、石蚕、疙瘩参、虾参、草河车、马峰七、红蚤休。为蓼科植物拳参的干燥根茎。多年生草本,高35~85厘米。根茎厚,黑褐色。茎单一,无毛,具纵沟纹。基生叶有长柄,叶片长圆披针形或披针形,长10~20厘米,宽2~5厘米,叶基圆钝或截形,延叶柄下延成窄翊,茎生叶互生,向上柄渐短至抱茎。托叶鞘筒状,膜质。总状花序成穗状圆柱形顶生。花小密集,淡红色或白色。瘦果椭圆形,棕褐色,有三棱,稍有光泽。根茎呈扁圆柱形,常弯曲成虾状。长1~1.5厘米,直径1~2.5厘米,两端圆钝或稍细。表面紫褐色或紫黑色,粗糙,一面隆起,一面稍平坦或略具凹沟。质硬,断面肾形,浅红棕色,有多数环状排列的维管束细点。主产于华北、西北、山东、江苏、湖北等地。苦,凉。归大肠经。具有清热解毒,消肿散结的功效。3~12克。煎服,外用适量。无实火热毒及阴证外疡忌用。

莪术

又名文术、蓬莪术、蓬术、莲药。为姜科植物广西莪术、温莪术的干燥根茎。广西莪术,多年生草本。块根肉质,断面白色。叶4~7片,二列,两面密被淡黄色短毛,有的中脉两侧有紫晕。花序由叶鞘中抽出长8~15厘米。上部苞片淡

莪术

绿色,下部苞片先端粉红色至淡紫色,花冠管长105厘米,漏斗状,淡黄色,侧生退化雄蕊花瓣状,能育雄蕊1枚。子房下位,被柔毛。广西莪术:长圆形或长卵圆形,长2~6厘米,直径1.8~3厘米,一端钝圆,另一端钝尖。表面灰黄色至灰棕色,粗糙,环节明显,节上有须根痕或残留须根。体重质坚,难折断,断面浅棕色,角质。气香,味微辛苦。温莪术:长2~5.5厘米,直径1.5厘米。表面土黄色至灰黄色,有刀削痕,断面黄棕色或黄灰色。广西莪术主产于广西。温莪术主产浙江,多为栽培。味辛、苦,性温。归肝、脾经。行气破血,消积止痛。3~9克。内服:煎汤。孕妇及气血亏虚无积滞者禁服。

鸭跖草

又名鸭食草、鸡舌草、竹叶兰、碧竹子、水竹子、碧竹草、竹叶菜、竹鸡草、鸭仔草。为鸭跖草科一年生草本植物鸭跖草的干燥地上部分。长可达60厘米,黄绿色或黄白色,较光滑。茎有纵棱,直径约 0.2 厘米,多有分枝或须根,节稍膨大,节间长 3~9 厘米;质柔软,断面中部有髓。叶互生,多皱缩、破碎,完整叶片展开后呈卵状披针形或披针形,长 3~9 厘米,宽 1~2.5 厘米;先端尖,基部下延成膜质叶鞘,抱茎,全缘,叶脉平行。花多脱落,总苞呈佛焰苞状,心状卵形、蚌壳状,但不相连,光滑无毛,有时有粗毛;花瓣皱缩,蓝色。全国大部分地区有分布。味甘、淡,性寒。归肺、胃、小肠经。清热解毒,利尿消肿。10~15 克;鲜品 60~150 克,生用。内服:煎汤,捣汁饮。

淫羊藿

又名黄连祖、刚前、干鸡筋、仙灵脾、千两金、仙灵毗、弃杖草、放杖草、三枝九叶草。为小檗科植物箭叶淫羊藿、淫羊藿的干燥茎叶。箭叶淫羊藿:多年生草本。茎生叶 1~3 片,3 出复叶,叶柄细长;小叶卵状披针形,长 4~9 厘米,基部心形,两侧小叶基部呈不对称浅心形,边缘有细刺毛,表面无毛。圆锥花序或总状花序顶生,花多数;萼片 8,花瓣 4,黄色,有短矩;雄蕊 4;子房上位。蓇葖果卵圆形,种子数粒。淫羊藿:花茎具两枚复叶,每一复叶有 9 片小叶,小叶卵形或近圆形;聚伞花序,花序轴及花梗上有明显腺毛。主产于陕西秦岭山区、商县、山阳、镇安、石泉、佛坪、太白区,山西沁源、阳帛,湖南常德、黔阳,河南嵩县、栾川、卢氏、洛宁等地。辛、甘,温。归肝、肾经。补肾壮阳。用于肾阳虚衰所致的阳痿、尿频、腰膝无力,可单用浸酒服,多与仙茅、巴戟天等补肾壮阳药同用。6~15 克。治风寒湿痹,宜生用;治阳痿、不孕,宜炙用。内服:煎汤。或入丸、散,或浸酒。内蕴邪热者禁服。

黄芩

又名山茶根、腐肠、土金茶根、黄文、元芩、空肠、黄金茶根。为唇形科植物黄芩的干燥根。多年生草本,茎高20~60厘米,四棱形,多分枝。叶披针形,对生,茎上部叶略小,全缘,上面深绿色,无毛或疏被短毛,下面有散在的暗腺点。圆锥花序顶生。花蓝紫色,二唇形,常偏向一侧,小坚果,黑色。常呈扭曲的倒圆锥状,长10~25厘米,直径1~4厘米。表面棕黄色,有纵皱纹及不规则网状纹理,并有多数疣状支根痕。质硬而脆,易折断,断面深黄色;老根的木部中央呈暗棕色或可见棕黑色朽木状,俗称"枯芩"。经水浸渍后外表往往显绿色。主产于东北、山西、河南、山东等省区。苦,寒。归肺、胆、胃、大肠经。黄芩苦能燥湿、寒,能清热,善清胃肠、肝胆湿热,为多种湿热病证的常用药。3~9克。内服:煎汤。外用:适量。本品味较苦,脾胃虚寒或无实火者禁服。

黄芪

又名芰草、大有芪、王孙、黄耆、百本、西芪。为豆科植物蒙古黄芪及膜荚黄芪的干燥根。蒙古黄芪为多年生草本。茎直立,高40~80厘米。奇数羽状复叶,小叶12~18对。叶片宽椭圆形或长圆形,长5~10毫米,宽3~5毫米,上面无毛,下面被柔毛;托叶披针形。总状花序腋生;花萼钟状,花冠黄色至淡黄色,旗瓣长圆状倒卵形,翼瓣及龙骨瓣均有长爪;子房无毛。荚果膜质,膨胀,半卵圆形,有长柄,无毛。膜荚黄芪与上种相似,但小叶6~13对,叶片长7~30毫米,宽3~12毫米,上面近无毛,下面伏生白色柔毛。花冠黄色至淡黄色,或有时稍带淡紫红色;子房有毛。荚果被黑色短伏毛。根茎呈圆柱形,切成一定的长度。表面土黄色，有纵皱纹，皮易剥落而露出网状纤维。质韧，富纤维性，断面黄色，可见放射状裂隙。老根中央偶有枯朽。主产于山西、甘肃、黑龙江、内蒙古等省区。甘，微温。归脾、肺经。有益卫气、固表止汗之功。9~30克。大剂量可用30~60克。粉剂或片剂用量可用其1/5。

黄连

又名野连云连、王连、凤尾连、支连、峨眉连、味连、雅连、川连、土黄连、鸡爪黄连。为毛茛科植物黄连、三角叶黄连或云南黄连的干燥根茎。药材依次习称“味连”“雅连”“云连”。黄连，多年生草本，高15~25厘米。根茎黄色、成簇生长。叶基生，具长柄，叶片稍带革质，卵状三角形，三全裂，中央裂片稍呈棱形，具柄，长约为宽的1.5~2倍，羽状深裂，边缘具锐锯齿；侧生裂片斜卵形，比中央裂片短，叶面沿脉被短柔毛。花葶1~2，二歧或多歧聚伞花序，有花3~8朵，萼片5，黄绿色，长椭圆状卵形至披针形，长9~12.5毫米；花瓣线形或线状披针形，长5~7毫米，中央有蜜槽；雄蕊多数，外轮比花瓣略短；心皮8~12。蓇荚果具柄。三角叶黄连，与上种的不同点为：叶的裂片均具十分明显的小柄，中央裂片为三角状卵形，4~6对羽状深裂，二回裂片彼此密接；雄蕊长为花瓣之半，种子不育。云南黄连与其他黄连的不同点为：叶裂片上的羽状深裂片间的距离通常更为稀疏；花瓣匙形，先端钝圆，中部以下变狭成为细长的爪。川连：多分枝形如鸡爪。根茎上有多数坚硬的须根残迹，部分节间平滑，习称“过桥”。质坚硬，折断面皮部暗棕色，木部亮黄色。味极苦。雅连：多单枝，略呈圆柱形，长4~8厘米，直径0.5~1厘米。“过桥”较长，顶端有少许残茎。云连：多为单枝，较细小，长2~5厘米，直径2~4毫米。表面棕黄色。折断面较平坦，黄棕色。味连主产于四川省，湖北及陕西亦产，为栽培品。雅连主产于四川省，多为栽培。云连主产于云南西北部，原属野生，现有栽培。苦，寒。归心、胃、肝、大肠经。黄连大苦大寒,善清中焦湿热,对胃肠湿热所致的泄泻、痢疾、呕吐最为常用。2~10克。清心除烦,心火偏亢,心烦失眠宜酒炒;下焦湿火宜用盐水炒;中焦湿热,胃失和降,恶心呕吐用姜汁炒。用于泻火解毒,治温热病壮热,热毒壅盛,火邪迫血妄行可生用。内服:煎汤,或入丸、散。外用:适量,煎水洗、研末敷、熬膏涂。本品极苦大寒,易伤阳气,损伤脾胃,故不可过量或久服,中病即止。脾胃虚寒者禁服。

黄连

黄精

又名老虎姜、鹿竹、白芨黄精、重楼、玉竹黄精、苟格、黄芝、笔菜、山捣臼。为百合科植物黄精、多花黄精或滇黄精的干燥根。依次称为:鸡头黄精、姜形黄精、大黄精。为多年生草本,根茎横走,先端突出似鸡头状,茎高50~90厘米,叶4~6枚轮生,线状披针形,长8~12厘米,宽0.4~1.6厘米,先端常卷曲。花腋生,2~4朵,下垂,总花梗1~2厘米,花被筒状,白色至淡黄绿色,长0.9~1.2厘米,6浅裂,雄蕊6。浆果成熟时黑色。多花黄精:叶互生,卵状披针形至长圆状披针形，花梗着花2~7朵，排成伞形，花被黄绿色，长1.8~2.5厘米；花丝有小乳突或微毛，顶端膨大至具囊状突起。滇黄精：茎高1~3米，顶端常呈缠绕状。叶4~8轮生，线形至线状披针形，长6~20厘米，宽0.3~3厘米，先端渐尖并拳卷。花梗着花2~3朵，花被粉红色。浆果成熟时红色。鸡头黄精呈不规则圆柱形或圆锤形，一端膨大，并有地上茎圆痕，形似鸡头，长3~10厘米，直径0.5~1.5厘米。表面黄白色至黄棕色，半透明，表面有明显的环节，并有细皱纹，地上茎痕呈圆盘状，并有点状突起根痕。断面角质，有黄白色维管束小点。气微、味甜、有黏性。姜形黄精呈结节状，有分枝，形似姜，长2~18厘米，直径2~4厘米，表面较粗糙，节较密集，并有多数圆盘状茎痕。大黄精呈肥厚块状或串珠状，长达10厘米以上，直径3~6厘米。每一结节有茎基，呈凹陷的圆盘状。黄精主产于河北、陕西、内蒙古等省区。多花黄精主产于安徽、浙江、湖南、云南、贵州等省。滇黄精主产于贵州、云南、广西等省区。甘，平。归肺、脾、肾经。滋阴润肺。既能补脾气，又可益脾阴。9~18克。黄酒蒸熟用。内服：煎汤，熬膏或入丸服。外用：煎水洗，或以酒精制成糊状或提取物局部涂布。消化不良及有痰湿者禁服。

紫草

又名紫丹、山紫草、红石根、硬紫草。为紫草科植物新疆紫草或紫草的干燥根。前者药材称“软紫草”，后者称“硬紫草”。新疆紫草为多年生草本，高15~35厘米，全株被白色糙毛。根粗壮，紫色。基生叶丛生，叶线状披针形，长5~12厘米，宽2~5毫米；茎生叶互生，较小，无柄。蝎尾状聚伞花序，集于茎顶近头状，苞片线状披针形。花冠长筒状，淡紫色或紫色，先端5裂，喉部及基部无附属物及毛。雄蕊5，着生于花冠管中部，子房4深裂。小坚果骨质，宽卵质。紫草高50~90厘米，全株被糙毛。叶长圆状披针形至卵状披针形，长3~6厘米,宽5~12毫米。花冠白色筒状,花冠管喉部有5个鳞片状物体,基部具毛状物。软紫草根呈圆锥形,有时数个侧根扭在一起,长6~20厘米,直径1.5~2.5厘米。表面暗紫色,皮部极松软,呈扭曲的条片状,多层相叠。质轻软,易折断,断面呈同心环状,皮部紫色,木部黄白色。气特异,味微苦涩。硬紫草根呈纺锤形或圆柱形,稍扭曲,有分枝,长7~15厘米,直径0.5~2厘米。表面暗紫色,具扭曲的纵沟,并有细根痕。皮部薄,易剥落。质硬而脆,易折断,断面皮部深紫色,木部灰黄色较大。软紫草主产于新疆。硬紫草主产于东北、华北及长江中下游诸省。甘,寒。归心、肝经。清热解毒作用较强。3~9克。生用。内服:煎汤,外用:适量。本品滑肠,故脾虚便溏者禁服。

萹蓄

又名扁竹、道生草、扁蔓。为蓼科植物篇蓄的地上部分。茎呈圆柱形而略扁,长15~40厘米,直径0.2~0.3厘米。表面棕红色或灰绿色,有细密微突起的

萹蓄

纵纹。节间明显,节部稍膨大,有浅棕色膜质的托叶鞘,节间长约3厘米,质硬,易折断,断面髓部白色。叶互生,近无柄或具短柄,叶片多脱落或皱缩、破碎,完

整者展平后呈披针形,全缘,两面均呈棕绿色或灰绿色。主产于河南、四川、浙江、山东、吉林、河北;其他省区亦产。甘,寒。归大肠、小肠、膀胱经。利尿通淋,杀虫止痒。10~15克,单味可用至30克。生用。内服:煎汤,或捣汁饮。外用:适量,煎水洗,或鲜品捣敷。

豨莶草

又名风湿草、希仙虎莶。为菊科植物腺梗稀莶、豨莶及毛梗梗豨莶的干燥地上部分。腺梗豨莶:一年生草本。茎高达1米以上,上部多叉状分枝,枝上部被紫褐色头状有柄腺毛及白色长柔毛。叶对生,阔三角状卵形至卵状披针形,长4~12厘米,宽1~9厘米,先端尖,基部近截形或楔形,下延成翅柄,边缘有钝齿,两面均被柔毛,下面有腺点,主脉3出,脉上毛显著。头状花序多数,排成圆锥状,花梗密被白色毛及腺毛,总苞片2层,背面被紫褐色头状有柄腺毛,有黏手感。花杂性,黄色,边花舌状,雌性;中央为管状花,两性。瘦果倒卵形。长约3毫米,有4棱,无冠毛。豨莶:与腺梗豨莶极相似,主要区别为植株可高达1米,分枝常成复二歧状,花梗及枝上部密生短柔毛,叶片三角状卵形,叶边缘具不规则浅齿或粗齿。毛梗孺莶:与上两种的区别在于植株高约50厘米,总花梗及枝上部柔毛稀且平伏,无腺平;叶锯齿规则;花头与果实均较小,果长约2毫米。全国大部分地区有产,主产于湖南、福建、湖北、江苏等省。苦,寒。归肝、肾经。有祛风湿,通经络之功。6~12克。内服:煎服,或贝丸、散。外用:捣敷,研末撒,或煎水洗,适量。阴血不足者慎服。

薄荷

又名蒌荷、蕃荷菜、薄苛、菝蔺、升阳菜、吴菝蔺、猫儿薄苛、南薄荷、夜息花。

为唇形科植物薄荷的干燥地上部分。多年生草本。茎方形。叶对生，长椭圆形至卵形，边缘有细锯齿，轮伞花序腋生。花冠唇形，浅粉色或紫色。小坚果长圆形。主产于江苏、湖南、江西等省，全国各地多有栽培。辛，凉。归肺、肝经。既能发散风热，又可清头目、利咽喉。用治风热上犯而致头痛目赤、咽喉肿痛，常与菊花、牛蒡子等配伍应用。3~6 克。生用。内服：煎汤，其气芳香，不可久煎，宜后下。阴虚血燥、肝阳上亢、表虚汗多不止者禁服。

大腹皮

又名槟榔衣、槟榔皮、猪槟榔、大腹毛、大腹绒、茯毛。为棕榈科植物槟榔或

大腹皮

大腹槟榔及同属植物的纤维状果皮。腹皮：为瓢状椭圆形、长椭圆形或长卵形，外凸内凹，长 4~7 厘米，少数为 3 厘米，最宽处达 2~3.5 厘米，厚 0.2~0.5 厘米。主产于海南屯昌、安定、陵水、崖县、琼东、东会、万宁、登迈、保亭、琼中，云南元江、河口、金平以及福建、台湾等地。辛，微温。归脾、胃、大肠、小肠经。行气导

滞，利水消肿。5~10 克，煎服。气虚者慎用。

女贞子

又名小叶冻青、女贞实、蜡树、冬青子、鼠梓子、爆格蚤、水蜡树、白蜡树子。为木樨科植物女贞的干燥成熟果实。常绿乔木，高达 10 米。树皮光滑不裂。枝条开展，具明显的皮孔，平滑无毛。叶对生，有短柄；叶片卵圆形或长卵状披

女贞子

针形，长 6~14 厘米，宽 4~6 厘米，先端渐尖至锐尖，基部阔楔形至圆形，全缘，无毛，革质，上面深绿色，有光泽，背面密被细小的透明腺点。圆锥花序顶生，花白色，密集，几无梗，花萼钟状，四浅裂；花冠 4 裂，裂片长方形；雄蕊 2 枚，着生在花冠筒喉部，花丝细，伸出花冠外；雌蕊 1 枚，子房上位，球形，花柱细长，柱头 2 浅裂。浆果状核果，长圆形，略弯曲，长约 1 厘米，直径 3~4 毫米，成熟时蓝黑色。内有种子 1~2 枚，呈椭圆形、倒卵形或肾形，长 4~8 毫米，直径 3~4 毫米。

表面棕黑或紫黑色，皱缩不平，基部常有宿萼及果柄残痕。外果皮薄，中果皮稍疏松，内果皮木质，黄棕色，表面有数个纵棱，内有种子1~2枚。种子略呈肾形，红棕色，两端尖，破断面类白色，油性。主产于浙江、江苏、福建、广西、江西以及四川等地。甘、苦，凉。归肝、肾经。滋味肝肾，乌须明目。9~15克。内服：煎汤，或熬膏，为丸服。外用：熬膏点眼。虚寒泄泻及阳虚者慎服。

连翘

又名乙切草、旱莲子、北节草、大翘子、连召、空壳、黄花翘、落翘、音切草。为木樨科植物连翘的干燥果实。落叶灌木，高2~3米。茎丛生，小枝通常下

连翘

垂，褐色，略呈四棱状，皮孔明显，中空。单叶对生或3小叶丛生，卵形或长圆状卵形，长3~10厘米，宽2~4厘米，无毛，先端锐尖或钝，基部圆形，边缘有不整齐锯齿。花先叶开放。一至数朵，腋生，金黄色，长约2.5厘米。花萼合生，与花冠筒约等长，上部4深裂；花冠基部联合成管状，上部4裂，雄蕊2枚，着生花冠基部，不超出花冠，子房卵圆形，花柱细长，柱头2裂。蒴果狭卵形，稍扁，木质，长约1.5厘米，成熟时2瓣裂。种子多数，棕色、扁平，一侧有薄翅。果实呈

卵形至长卵形，稍扁，长1~2.5厘米，老翘果瓣形似鸟嘴，尖端略向外反曲，基部有柄或果柄残基，外表面黄棕色，有不规则的纵皱纹及多数凸起的小斑点，中央有一纵沟；内表面淡黄棕色，平滑，有一纵隔壁，种子多已脱落；果皮硬脆，断面平坦。青翘多不开裂，绿褐色或污绿色，突起的灰白色小斑点较少或无，内有多数种子，黄绿色，呈披针形，微弯曲，一侧有翅。主产于山西、陕西、河南等省，甘肃、河北、山东、湖北等省亦产。苦，微寒。归肺、心、小肠经。清热解毒，消痈散结，疏散风热。生用。内服：煎汤，5~15克，重症可用至30克；连翘心5~8克。本品苦寒，脾胃虚寒、疮疡阴证禁服用。

小茴香

又名谷香、谷茴香、茴香、小香。为伞形科植物茴香的干燥成熟果实。多年生草本，高1~2米，全株有香气。茎直立，有纵棱。叶互生，3~4回羽状全裂，裂片丝状线形，叶柄基部鞘状抱茎。复伞形态序顶生；花小、黄色。双悬果，每分果有5纵棱。呈小圆柱形，两端稍尖，长3~5毫米，径2毫米左右，基部有时带细长的小果柄，顶端有黄褐色柱头残基，新品黄绿色至棕色，陈品为棕黄色。分果容易分离，背面有5条略相等的果棱，腹面稍平；横切面略呈五角形。中央的种子略呈肾形，灰白色，有油性。主产于内蒙古苦托县、柱锦后旗、敖汉旗，山西太原、榆次、阳泉、吉林大安、乾安、怀德，辽宁朝阳、彰武、昌图，黑龙江泰来、安达等地。辛，温。归肝、肾、脾、胃经。散寒止痛，理气和胃。3~9克。生用和胃力强，多用于呕吐、食少、呃逆；炒用散寒温阳力强，用于寒疝腹痛等痛症。内服：煎汤，或入丸、散。外用：适量，研末调敷，或炒热温熨。阴虚有热者禁服。

栀子

又名黄栀子、木丹、枝子、越桃、山枝。为茜草科植物栀子的干燥成熟果实。常绿灌木。叶对生或3叶轮生;托叶膜质,联合成筒状。叶片革质,椭圆形、倒卵形至广倒披针形,全缘,表面深绿色,有光泽、花单生于枝顶或叶腋、白色、香气浓郁;花萼绿色。圆筒形,有棱,花瓣卷旋,下部联合呈圆柱形,上部5~6裂;雄蕊通常6枚;子房下位,1室。浆果,壶状,倒卵形或椭圆形,长1.5~3厘米,直径1.5~2厘米,肉质或革质,表面深红色或红黄色,有翅状纵棱5~8条。顶端残留萼片,另一端稍尖,有果柄痕。果皮薄而脆,内表面呈红黄色,有光泽,具2~3条隆起的假隔膜,内有多数种子,黏结成团。种子扁圆形,深红色或棕红色,表面有细而密的凹点,胚乳角质,胚长形,具心形,子叶2片。主产于湖南、浙江、江西、湖北、福建等南方诸省。苦,寒。归心、肺、三焦经。泻火除烦,清热利湿,凉血解毒。6~12克。内服:煎汤,外用:适量。本品性寒滑肠,脾虚便溏者不宜用。

山菜萸

又名枣肉、蜀枣、枣皮、肉枣、鼠矢、实枣儿、鸡足、药枣、山萸肉等。为山茱萸科植物山茱萸的干燥成熟果肉。落叶小乔木,高约5米。叶对生,叶片卵圆形,先端渐尖、全缘,下面密被白色绒毛。花先叶开放;伞形花序簇生于枝端;花小,花瓣4片,黄色,雄蕊4,子房下位。核果椭圆形,熟时红色,光滑无毛。呈不规则的扁圆形,常破裂成片状或皱缩的饼状。长约1.5厘米,宽约0.5厘米。基部有时可见果柄,顶端有圆点状柱基痕。主产于浙江淳安、昌化，河南南召、嵩县、西峡、内乡、济源，安徽歙县、石埭。此外，陕西、山西、四川亦产。酸，微温。归肝、肾经。补益肝肾，收敛固涩。6~15克，亦可用至30克。生用，敛阴止汗作用强；蒸熟用，补肾涩精，固精缩尿为好；酒制则补益肝肾而兼和血强筋之功，多用于腰酸痛，胁肋痛。内服：煎汤或入丸、散。小便湿热而淋涩者慎服。

川楝子

又名仁枣、楝实、金铃子、练实、苦楝子。为楝科植物川楝的干燥成熟果实。核果呈类球形或椭圆形，长1.9~3厘米，直径1.8~3.2厘米。表面棕黄色或棕色，有光泽，具深棕色小点，微有凹陷和皱缩，顶端有点状花柱残痕，基部凹陷处有果柄痕。我国南方各地均产，主产于四川云阳、邛崃、大邑、华阳、金堂，贵州安顺、平坝、镇宁，云南楚雄、元谋、宜良等地，以四川产量最大。苦，寒；有小毒。归肝、小肠、膀胱经。舒肝行水止痛，驱虫。用于胸胁、脘腹胀痛、疝痛、虫积腹痛等症。3~10克。煎服，外用适量。炒用寒性减小。本品有毒，不宜过量或持续服用，以免中毒。又因性寒，脾胃虚寒者慎用。

马兜铃

又名都淋藤、三百两、土青木香。为马兜铃科多年生落叶藤本植物北马兜铃和马兜铃的干燥成熟果实。北马兜铃：蒴果长圆形或椭圆状倒卵形，长3~4.5厘米，宽2~3厘米，上端平截，中央微凹，具花柱残痕。果柄细，长2~6厘米。表面黄绿、灰绿或棕褐色，有平直纵棱6条为腹缝线，果实成熟时由此开裂成6果瓣，果柄亦分裂为6条，每1条与1果瓣相连，每果瓣中央有一条波状弯曲的

马兜铃

背缝线,从此处分出多数横向平行的波状细脉。果实6室,中隔灰白色,有棕色横向脉纹。每室内有多数平叠排列的种子,呈倒三角形,四面延伸成翅,果瓣上部种子长略大于宽,中部种子的种仁呈横向椭圆形,果皮质较脆。气微、味淡或略苦。南马兜铃:蒴果长圆形或球形,基部钝圆,长2~3.5厘米,宽2.3~3厘米。果瓣上、中部种子均宽略大于长,种仁心形。北马兜铃主产于黑龙江、吉林、河北等地。马兜铃主产于江苏、安徽、浙江等地。苦、微辛,寒。归肺、大肠经。清肺化痰,止咳平喘,清肠消痔。用于肺热咳喘、痔疮肿痛等症。3~10克。内服:煎汤。虚寒咳嗽、脾弱便溏者禁服。大剂量可致恶心呕吐,故应严格掌握剂量。

乌梅

又名酸梅、梅实、合汉梅、熏梅、千枝梅、桔梅实、黄仔、桔梅肉、红梅等。为蔷薇科植物梅的干燥近成熟果实。落叶小乔木或灌木,高达10米。小枝绿色,细长,枝端尖刺状。叶互生;托叶1对,线形,边缘有不整齐细齿,早落。叶柄长1~1.5厘米,近顶端有2腺体。叶片阔卵形或卵形,长5~8厘米,宽3~5厘米,

乌梅

先端尾状渐尖,基部阔楔形或圆形,边缘有细锯齿,嫩时两面均被柔毛,后期脱落。花1~3朵簇生于二年生侧枝叶腋,先叶开放,白色或粉红色,芳香;花梗短,萼筒杯状,花萼5,有短柔毛;花冠直径约2厘米,花瓣5;雄蕊多数;雌蕊1,子房密被柔毛。核果球形,直长2~3厘米,一侧有明显浅槽,绿色,熟时变黄,果肉味酸,果核坚硬,表面有凹点;种子1枚。主产于四川江津、邛崃、岳池,重庆綦江,福建永泰、上杭、崇安、莆田、清流,贵州修文、息峰、威宁,湖南常德、郴县、衡阳,浙江长兴、萧山,湖北襄阳、房县,广东番禺、增城等地。酸、平。归、脾、肺、大肠经。敛肺,涩肠,生津,安蛔。用于肺虚久咳、久泻久痢、虚热消渴、蛔厥腹痛、崩漏下血等症。5~15克。内服:煎汤,或入丸、散。外用:适量,研末调敷。本品味酸涩收敛,凡外有表邪或内有实热积滞者慎服。

五味子

又名香苏、玄及、山花椒、会及、辽五味、五梅子,红铃子等。为木兰科植物五味子的干燥成熟果实。落叶木质藤本,长可达8米,小枝灰褐色,稍有棱。叶互生,叶片薄纸质,宽椭圆形、倒卵形或卵形,长5~10厘米,宽2~5厘米,顶尖,基部楔形,边缘疏生细齿。花单性,雌雄异株,单生或簇生于叶腋;花梗细长,花被6~9片,乳白色或带粉红色,雄花具5枚雄蕊;雌蕊椭圆形,心皮约15~40个,花后花托伸长,果熟时成穗状聚合浆果,浆果肉质球形,深红色。果实为多角形或扁球形,有时数个相互黏连。表面紫红色或紫黑色,皱缩,油润微有光泽,剥去果皮,有种子1~2粒,种子肾形,种皮黄橙包光亮、硬而脆,种仁油润。主产于辽宁、吉林、黑龙江、河北等地。酸,温。归肺、肾、心经。敛肺滋肾,生津敛汗,涩精止泻,宁心安神。用于久咳虚喘、津伤口渴、自汗盗汗、肾虚遗精、脾肾虚泻、心悸失眠等症。3~10克;研末服,1~3克。蒸熟用,生津止渴,敛汗养心力强;酒制敛肺益肾,涩精止泻力胜。内服:煎汤,外用:适量,煎水洗,或研末敷。表邪未解,内有实热及胃酸过多者慎服。

巴豆

又名八百力、巴菽、贡仔、刚子、銮豆、江子、豆贡毒鱼子、老阳子、红子仁、双眼、双眼虾、猛子仁、巴米、巴果、毒点子。为大戟科植物巴豆的干燥成熟果实。常绿小乔木。叶互生,卵形至矩圆状卵形,顶端渐尖,两面被稀疏的星状毛,近叶柄处有2腺性。花小,成顶生的总状花序,雄花在上,雌花在下;蒴果类圆形,3室,每室内含1粒种子。果实呈卵圆形或类圆形。长1.5~2厘米,直径1.4~1.9厘米。表面黄白色,有6条凹陷的纵棱线。去掉果壳有3室,每室有1枚种子。种子呈略扁的椭圆形或卵形,长约1~1.5厘米,径约6~9毫米,表面灰棕色或暗棕色,平滑;种阜在种脐的一端,易脱落;另一端具合点,在腹面合点与种脐间有一条略隆起的纵棱线即种脊;种皮薄而坚脆,剥去后可见种仁,外包银白色的薄膜,内胚乳肥厚,淡黄白色,油质;将种仁纵剖两半可见中央有菲薄的子叶两片,具网状脉;胚根细小。主产于四川宜宾、江安、长宁、兴文、合川、江津、万县,福建莆田、诏安、南安,广东从化、增城,广西横县等地。辛,热。有大毒。

归胃、大肠、肺经。泻下冷积，逐水退肿，祛痰利咽。用于胃肠寒积、心腹冷痛、腹水膨胀、二便不利、喉痹痰阻、痈肿不溃等症。0.1~0.3 克。本品大多制成巴豆霜用，以缓和药性，减低毒性。制霜用于急下；炒去烟令紫黑用于缓下；炒炭用于寒凝泄泻。内服：多入丸散或装入胶囊服。外用：适量，研如泥调涂。服巴豆时不宜同时食热粥、开水等热物及饮酒，以免加剧泻下。若服巴豆后泻下不止者，可用黄连、黄柏等煎汤冷服，或食冷粥以缓解。若服后欲泻不泻者，可服热粥以助药力。体虚、肝肾功能不良及妇女怀孕、月经期禁服。

木瓜

又名宜木瓜、木瓜实、木桃、铁脚梨。为蔷薇科植物贴梗海浆的干燥成熟果实。灌木，高 2~3 米。枝有刺。叶互生，叶片卵形至卵状披针形，边缘有尖锐细锯齿，托叶存在或脱落。花数朵簇生，绯红色。花梗极短。花瓣 5 片。梨果卵形或球形。果实因对半剖开，而呈卵状半球形。外表红棕色至紫红色，常因干缩而有不规则深纵纹，边缘向内卷曲，有时可见子房室隔壁和略呈三角形的种子。主产于四川、安徽、浙江、湖北等地。酸，温。归肝、脾经。舒筋活络，化湿和胃。用于风湿痹痛、筋脉拘挛、脚气肿痛、吐泻转筋等症。5~10 克。内服：煎汤。多食损齿；伤食积滞吐泻慎服。

火麻仁

又名麻仁、麻子、火麻子、麻子仁、冬麻子、大麻子、白麻子、大麻仁、线麻子等。为大麻科植物大麻的干燥成熟果实。果实呈卵圆形，长 4~5.5 米，直径 2.5~4 毫米。表面光滑，灰绿色或灰黄色，有微细的白色网状花纹，两侧边有浅色

火麻仁

棱线,顶端略尖,基部有一微凹的果梗痕。果皮薄而脆,易破碎。种皮绿色,内有乳白色子叶2枚,富油性。主产于山东莱芜、声安,浙江嘉兴,河北、江苏及东北等地亦产,均为栽培。甘,平。归脾、胃、大肠经。润肠通便。10~15克。入汤剂应打碎先煎。内服:煎汤,或人丸、散。外用:适量,研末调涂。过量易致中毒。孕妇慎服。

牛蒡子

又名弯巴钩子、恶实、鼠尖子、鼠粘子、毛锥子、黍粘子、黑风子、大力子、牛子、蝙蝠刺、万把钩、大牛子。为菊科植物牛蒡的果实。二年生大型草本,高1~2米,上部多分枝,带紫褐色,有纵条棱。根粗壮,肉质,圆锥形。基生叶大形,丛生,有长柄。茎生叶互生,有柄,叶片广卵形或心形,长30~50厘米,宽20~40厘米,边缘微波状或有细齿,基部心形,下面密布白色短柔毛。茎上部的叶逐渐变小。头状花序簇生于茎顶或排列成伞房状,花序梗长3~7厘米,表面有浅沟,密生细毛;总苞球形,苞片多数,覆瓦状排列,披针形或线状披针形,先端延长成尖状,末端钩曲。花小,淡红色或红紫色,全为管状花,两性,聚药雄蕊5;

子房下位,顶端圆盘状,着生短刚毛状冠毛,花柱细长,柱头2裂。瘦果长圆形,具纵棱,灰褐色,冠毛短刺状,淡黄棕色。果实呈倒长卵形,稍弯曲,两端平截,略扁,长5~7毫米,直径2~3毫米,表面灰褐色或灰棕色,具多数细小紫黑色斑点,并有明显的纵棱线5~8条。顶端较宽,有一圆环,中心有点状凸起的花柱残基;基部狭窄,有圆形凹窝状果柄痕。果皮坚硬,种皮淡黄白色,子叶2枚。主产于吉林桦甸、蛟河、敦化、延吉,辽宁本溪、清源、凤城、桓仁,黑龙江五常、尚志、富锦、阿城,浙江桐乡、嘉兴。辛、苦、寒。归肺、胃经。发散风热,解毒透疹,利咽。用于外感风热、咽喉肿痛、麻疹不透、风热发疹、热毒疮疡、痄腮肿痛等症。生用,5~10克,捣碎;炒用,6~12克。内服:煎汤。本品性寒滑利,脾虚便溏及痘疹虚寒、气血虚弱者均禁服。

丝瓜络

又名瓜络、丝瓜网、丝瓜瓤、丝瓜筋、絮瓜瓤。为葫芦科植物丝瓜的干燥成熟果实的维管束。为中果皮的维管束纵横交织而成的多层细密而坚韧的网络状物。全体呈压扁的圆柱状纺锤形或长梭形,两端细,略弯曲,长约2.5~7厘米,直径5~10厘米,表面黄白色,极粗糙。体轻、质韧,富弹性,横切面可见子房3室形成的3个孔腔,偶有残留种子。全国各地都有栽培。甘,平。归肺、胃、肝经。祛风,通络,活血。3~12克。水煎服。

冬虫夏草

又名夏草冬虫、冬虫、草虫草。为麦角菌科植物冬虫夏草菌寄生在鳞翅目蝙蝠蛾科昆虫蝙蝠蛾幼虫上的干燥子座和虫体的复合体。子座出自寄生幼虫

冬虫夏草

的头部,单生,稀2~3个,细长如棒球棍状,长4~11厘米。上部为子座头部,稍膨大,呈圆柱形,长1.5~4厘米,褐色,密生多数子囊壳。子囊壳大部陷入子座中,先端突出于子座之外,每一子囊壳内有多数细长的子囊,每一子囊内具2~4个有横隔的子囊孢子。冬虫夏草的形成:夏季,子囊孢子从子囊内射出后,产生芽管(或从分生孢子产生芽管)穿入寄主幼虫体内生长,染病幼虫钻入土中,冬季形成菌核,菌核破坏了幼虫的内部器官,但虫体的角皮仍完整无损。翌年夏季,从幼虫尸体的前端生出子座。本品由虫体及从虫头部长出的真菌子座相连而成。虫体形如蚕,长3~5厘米,粗约3~8毫米。外表深黄至黄棕色,粗糙,环纹明显,近头部环纹较细,共有20~30条环纹;胸部有胸足3对,腹部有腹中5对,中部4对,近尾部1对,以中部4对最明显。头部一般不甚明显,红棕色或黄红色。尾如蚕尾。质脆,易折断,断面略平坦,白色略发黄。子座深棕色至棕褐色,细长,圆柱形,一般比虫体长,长4~8厘米,粗约3毫米,表面有细小纵向皱纹,顶部稍膨大。质柔韧,折断面纤维状,黄白色。气微腥,味微苦。主产于四川、青海、西藏等省区,甘肃、云南、贵州等省亦产。甘,平。归肺、肾经。益肾补肺,止血化痰,止嗽定喘。煎服6~15克,也可用于15~30克。研末服,每次1.5~3克。

白豆蔻

又名白叩、多骨、豆蔻、白蔻。为姜科多年生草本植物白豆蔻或爪哇白豆蔻的干燥成熟果实。白豆蔻果实类球形，直径1.2~1.7厘米；表面乳白色至淡黄色，具浅纵槽纹3条及不显著的钝棱线3条，纵槽纹间有纵的隆起线（维管束）5条，顶端有凸起的柱基，中央呈空洞状，基部有稍凸起的圆形果柄痕，柱基及果柄痕的周围均有棕色绒毛。果皮木质而脆，易裂开，内表面色淡有光泽，可见凹入的维管束纹理。果实3室，中轴胎座，每室有种子7~10粒，纵向排列于中轴胎座上。种子呈不规则多面形，背面稍隆起，直径3~4毫米，外被类白色膜状假种皮。种皮灰棕色，表面有细致的波纹；种脐呈圆形的凹点，位于腹面的一端。气芳香，味辛凉，略似樟脑。爪哇自豆蔻；蒴果类球形，具三钝棱，直径0.8~1.2厘米；每一棱上的隆起线（维管束）较白豆蔻明显；果皮木质，无光泽；果实3室，每室有种子2~4枚。种子形状与白豆蔻同。白豆蔻主要从柬埔寨及泰国进口；海南岛和云南有少量栽培。爪哇白豆蔻从印度尼西亚进口；海南岛及云南南部地区有栽培。辛，温。归肺、脾、胃经。化湿，行气，温中，止呕。用于脘腹胀满、湿温胸闷、胃逆呕吐等症。3~10克。散剂2~5克。本品以入散剂为宜。若入煎剂宜后下。

石榴皮

又名酸榴皮、石榴壳、酸实壳、酸石榴皮、西榴皮、安石榴等。为石榴科落叶灌木或小乔木石榴的果皮。呈不规则的片状，大小不一，厚1.5~3毫米。外表面红棕色、棕黄色或暗棕色，略有光泽，粗糙，有麻点。有的有突起的筒状宿萼，

石榴皮

粗短果梗或果梗痕。内面果瓤黄色或红棕色，有种子脱落后的小凹窝及隔瓤残迹。质硬而脆，断面黄色，略显颗粒状。气无，味苦涩。主产于江苏、湖南、山东、四川、湖北及云南；其他各地亦产少量（除东北外）。酸、涩，温。归胃、大肠经。涩肠止泻，杀虫。用于久泻、久痢、脱肛、虫积腹痛等症。3~10克。内服：煎汤，或入丸、散。外用：适量，研末敷或煎水洗。

龙眼肉

又名龙眼干、益智、桂圆肉、蜜脾。为无患子科常绿乔木植物龙眼的假种皮。为由顶端纵向裂开的不规则块片，长约1.5厘米，宽1.5~2.5厘米，厚不足1毫米。表面黄棕色，半透明；靠近果皮的一面皱缩不平，粗糙；靠近种皮的一面光亮而有纵皱纹。质柔韧而微有黏性，常黏结呈块状。主产广西、福建、广东、四川及台湾；云南及贵州亦有分布。甘，温。归心、脾经。补心脾，益气血。用于惊悸失眠、面色萎黄、少气乏力等症。10~15克，大剂量30克。

合欢皮

又名马樱花、合昏皮、芙蓉花树、夜合皮、青裳衣、合欢木皮、绒花树皮、萌葛。为豆科落叶乔木植物合欢的干燥树皮。呈卷曲筒状或半筒状，长 35~85 厘米，厚 1~3 毫米。外表皮灰褐色至灰棕色，显粗糙，稍有纵皱纹，有的呈浅裂纹，密生明显棕红色或棕色的椭圆形横向皮孔，偶有突起的横棱或较大的圆形枝痕，常附有地衣斑；内表面淡黄色或淡棕色，平滑，有细密纵纹。质硬而脆，易折断，断面呈纤维性片状，淡黄棕色。全国大部分地区都有分布，主产于长江流域，如江苏、浙江、安徽等地。甘，平。归心、肝经。安神解郁，活血消肿。用于忧郁失眠、虚烦不眠、跌打骨折、痈肿疮毒等症。10~15 克。内服：煎汤。外用：适量。本品药性平和，气缓力微，必多服久服始可取效。

地肤子

又名鸭舌草、地葵、白地草、地麦、涎衣草、落帚子、益明、王帚、扫帚。为藜科一年生草本植物地肤的果实。胞果扁球状五角形，直径 1~3 毫米，厚约 1 毫米，外面包有宿存花被。表面浅棕色或灰绿色，周围有三角形膜质小翅 5 枚，先端具缺刻状浅裂，背面中心有微突起的点状果柄痕及放射状脉纹 5~10 条；剥离花被，可见半透明的膜质果皮，质脆易剥离。种子褐棕色，扁卵圆形，长约 1.5 毫米，边缘稍隆起，中部稍下凹，表面有网状皱纹，内有马蹄形胚，绿黄色，油质，胚乳白色。主产于河北、山西、山东、河南、江苏等地。苦、寒。归膀胱经。清热利湿，利水通淋，祛风止痒。用于小便不利、淋沥涩痛、湿疮瘙痒等症。10~15 克。内服：煎汤，外用：适量。

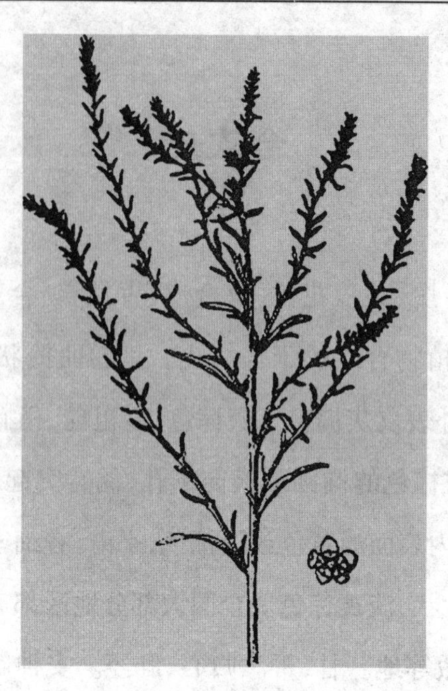

地肤子

地骨皮

又名白葛针、杞根、红耳坠根、地骨、红榴根皮、枸杞根、山杞子根、枸杞根皮、狗奶子裸根。为茄科植物枸杞或宁夏枸杞的干燥根皮。枸杞:灌木,高1~2米。枝细长,常弯曲下垂,有棘刺。叶互生或簇生于短枝上,叶片长卵形或卵状披针形,长2~5厘米,宽0.5~1.7厘米,全缘,叶柄长2~10毫米。花1~4朵簇生于叶腋,花梗细,花萼钟状,3~5裂;花冠漏斗状,淡紫色,5裂,裂片与筒部几等长,裂片有缘毛;雄蕊5,子房2室。浆果卵形或椭圆状卵形,长0.5~1.5厘米,红色,内有多数种子,肾形,黄色。宁夏枸杞:灌木或小乔木状,高达2.5厘米。叶长椭圆状披针形;花萼杯状,2~3裂,稀4~5裂;花冠粉红色或紫红色,筒部较裂片稍长,裂片无缘毛。浆果宽椭圆形,长1~2厘米。根皮呈筒状、槽状,少数为卷片状。长3~10厘米,直径0.5~1.5厘米,厚1~3毫米。外表面灰黄色或土棕黄色，粗糙，具不规则裂纹，易成鳞片状剥落。内表面黄白色或灰黄色，有细纵纹。体轻，质松脆，易折断，断面分内外两层，外层黄棕色，内层灰白色。全国大部分地区均产，以山西、河南产量最大，以江苏、浙江产品质量最优。甘、淡，寒。归肺、肝、肾经。清热退蒸，凉血。用于阴虚发热、肺热咳嗽、血热出血、消渴等症。10~15 克。生用。内服：煎汤，或入丸、散。外用：适量。脾虚便溏者慎服。

百合

又名卷丹、重箱、白百合、摩罗、白花百合、强瞿、夜合花、中逢花、中庭、重迈、山丹。为百合科三种植物的干燥肉质鳞片。卷丹鳞叶呈长椭圆形，顶端较尖，基部较宽，边缘薄，微波状，常向内卷曲，长 2~3.5 厘米，宽 1~1.5 厘米，厚 1~3 毫米。表面淡黄棕色或乳白色，光滑；半透明，有纵直的脉纹 3~8 条。质硬脆，易折断，断面较平坦，角质样。无臭，味微苦。百合鳞叶长 1.5~3 厘米，宽 0.5~1 厘米，厚约达 4 毫米，有脉纹 3~5 条，有的不明显。山丹鳞叶长约 5.5 厘米，宽约 2.5 厘米，厚约 3.5 毫米，色较黯，脉纹大多不明显。主产于湖南黔阳、邵阳、湘西苗族自治州，浙江吴兴、长兴、龙游，以及江苏、陕西、四川、安徽、河南等地。甘，微寒。归肺、心经。润肺止咳，清心安神。用于燥热咳嗽、劳嗽咯血、虚烦惊悸、失眠多梦等症。10~30 克，内服，为煎剂或煮粥及伴蜜蒸食。脾肾虚寒便溏者忌用。

杜仲

又名乱银丝、思仙、玉丝皮、木棉、棉花、思仲、丝棉皮、扯丝皮、石思仙、丝楝

树皮、丝连皮、鬼仙木。为杜仲科植物杜仲的干燥树皮。为落叶乔木，高可达

杜仲

20米，单叶互生，具短柄，叶片椭圆形或椭圆状卵形，边缘有锯齿；无托叶。花单性，雌雄异株，无花被，常先叶开放，生于小枝基部；雄花具短梗，基部有一苞片，雄蕊6～10枚，雌花亦具短梗，基部有一苞片，子房1室狭长，顶端2裂，翅果狭椭圆形，长约3厘米，翅革质。种子1枚。本品为扁平的板片状，少数两边稍向内卷曲；大小厚薄不一，一般厚0.3～0.7毫米。表面灰棕色，有纵裂槽纹及斜方形横裂皮孔；削去糙皮者，表面淡棕色，较平滑；有时可见淡灰色地衣斑，内表面光滑，呈暗紫褐色。质脆，易折断，断面有紧密的银白色橡胶丝相连。主产贵州、四川、湖北、云南、陕西。甘，温。归肝、肾经。补肝肾，强筋骨，安胎。用于腰膝酸痛、筋骨无力、胎动不安、头晕目眩等症。6～15克。生用或盐水炒用。内服：煎汤或入丸，散。

牡丹皮

又名丹根、牡丹、丹皮、牡丹根皮、粉丹皮。为毛茛科植物牡丹的干燥根皮。

落叶小灌木,高1~2米,主根粗长。叶为2回3出复叶,小叶卵形或广卵形,顶生小叶片通常3裂。花大形,单生枝顶;萼片5;花瓣5至多数,白色、红色或浅紫色;雄蕊多数;心皮3~5枚,离生。聚合蓇葖果,表面密被黄褐色短毛。根皮呈圆筒状或槽状,外表灰棕色或紫褐色,有横长皮孔及支根痕。去栓皮的外表面粉红色,内表面深棕色,并有多数光亮细小结晶(牡丹酚)附着。质硬脆,易折断。主产于安徽、河南、四川、湖南、陕西、山东等地。苦、辛,微寒。归心、肝、胃经。清热凉血,活血散瘀,退蒸。用于血热吐衄、发斑、阴虚内热、无汗骨蒸、经闭痛经、跌打损伤、疮疡肿痛、肠痈腹痛等症。5~10克。内服:煎汤,或入丸、散。脾胃虚寒泄泻者禁服。孕妇忌服。

皂荚

又名天丁、皂角、小皂荚、猪牙皂角、眉皂、牙皂、小皂、乌犀、角针。豆科,落叶乔木。自生于山野,枝有锐刺。叶为羽状复叶,小叶全边,卵圆形或长椭圆

皂荚

形。夏日开淡黄色蝶形花,如长穗状。果实为褐色扁平之荚果,内有种子约10颗。荚果及核和木刺,都供药用。主产于山东、四川、云南、贵州、湖北、河南等地。辛,温。有小毒。归肺、大肠经。祛痰止咳,通窍开闭。用于咳喘胸闷、中风口噤、癫痫、喉痹等症。研末服,1~1.5克;亦可入汤剂,1.5~5克。外用适量。内服剂量不宜过大,大则引起呕吐、腹泻。孕妇、气虚阴亏及有出血倾向者忌用。

芜荑

又名火果榆糊、黄榆、白芜荑、无夷、山榆仁、芜荑仁、臭芜荑、山榆子。为榆科落叶小乔木或灌木植物大果榆果实的加工品。呈方块状,表面褐黄色,有多数小孔。体轻质松脆。断面黄黑色,易成鳞片状剥离。主产于黑龙江、吉林、辽宁、河北、山西等地。辛、苦,温。归脾、胃经。杀虫消积。用于虫积腹痛、小儿疳积、疥癣、皮肤瘙痒等症。煎服,3~10克。入丸散,每次2~3克。外用适量,研末调敷。脾胃虚弱者及肺及脾燥热者忌服。

苍耳子

又名苍耳蒺藜、葈耳实、苍棘子、牛虱子、饿虱子、胡寝子、胡苍子、苍郎种、苍子、棉螳螂、刺儿棵。为菊科一年生草本植物苍耳的果实。果实包在总苞内,呈纺锤形,长1~1.5厘米,直径4~7毫米。表面黄棕色或黄绿色,全体有钩刺,顶端有较粗的刺2枚,分离或相连,基部有果柄痕。质硬而韧,横切面可见中间有一纵向隔膜,分成2室,内各具一瘦果。瘦果纺锤形,一面较平坦,先端具突起的花柱基。主产于山东荣成、文登,江西宜春,湖北黄冈、孝感,江苏苏州。

辛、苦,温。有小毒。归肺经。散风通窍,祛风湿。用于鼻渊头痛、风湿痹痛等症。生用。内服:煎汤,3~10克。外用:适量,多用鲜品或干燥后生用,均应打碎。本品有毒,服用不可过量。本品性偏燥,血虚患者禁服。

苏合香

又名帝油流、苏合油。为金缕梅科植物苏合香树的香树脂。苏合香树为乔木,高10~15米。叶互生,具长柄,叶片掌伏,多为3~5裂,裂片卵形或长方卵形,边缘有锯齿;花单性,雌雄花序常并生于叶腋,小花多数集成圆头状花序,黄绿色;雄花的圆头状花序成总状排列,花有小苞片,无花被,雄蕊多数,花丝短;雌花序单生,总花梗下垂,花被细小,雌蕊由2心皮合成,子房半下位,2室。果实球形,直径约2.5厘米,由多数蒴果聚生,蒴果先端喙状,熟时顶端开裂,种子1粒或2粒。香树脂呈半流动极黏稠液体,挑起时则呈胶样,连绵不断;灰棕色,半透明;质细腻,较水为重。气芳香,味苦、辣,嚼之黏牙。精制苏合香为黄棕色半透明黏稠状香脂。产于索马里、土耳其、叙利亚、埃及、印度等地。现我国广西、云南有引种。辛,温。归心、脾经。开窍醒神,辟秽,止痛。多入丸、散用。内服:研末,0.3~1克,大剂量可用至3克。凡气虚及阴虚火旺者慎服。

补骨脂

又名破胡纸、胡韭子、破故芷、婆固脂、反古纸、破故纸、夭豆、补骨鸱和兰苋、黑故子、吉固子、胡故子、婆固纸。为豆科植物补骨脂的干燥成熟果实。一年生草本,全体被黄白色毛及黑褐色腺点。叶互生,叶片阔卵形或三角状卵形,长4~9厘米,宽3~6厘米,边缘具粗锯齿,具柄。花密集成头状的总状花序,腋生;花淡紫色或白色。荚果卵圆形,果皮黑色,与种子粘贴,呈肾形,略扁,长 3.5 厘米,宽 1.5~3 毫米,厚约 1 毫米。表面黑色或黑褐色,具细微网状皱纹。种子 1 枚,黄棕色,光滑,种脐位于凹侧的一端,呈突起的点状;另一端有果柄痕。质坚硬,子叶黄白色,富油质。主产于四川、河南。安徽、陕西等地多有栽培。苦、辛,大温。归肾、脾经。补肾壮阳,固精缩尿,温脾止泻。用于肾虚阳痿、腰膝冷痛、肾虚遗精、尿频遗尿、五更泄泻等症。6~15 克,煎汤或入丸、散;外用适量。阴虚火动、梦遗、尿血、小便短涩、目赤口苦舌干、大便燥结、内热作渴、火升目赤、易饥嘈杂、湿热成痿以致骨乏无力者,皆不宜服用。

诃子

又名随风子、诃黎勒、涩翁、诃黎等。为使君子科植物诃子及绒毛诃子的干燥成熟果实。果实为卵圆形或长圆形,长 2~4 厘米,直径 2~2.5 厘米。表面黄

诃子

棕色或暗棕色,略具光泽,有隆起的 5~6 条纵棱线及不规则皱纹,基部有圆形

果梗痕，质坚实。果肉厚2~4毫米，黄棕色或黄褐色，不附着果核易剥离。果核长纺锤形，长1.5~2.5厘米，直径1~1.5厘米，浅黄色，粗糙，坚硬，核壳厚3~4毫米；击破后可见膜质的内种皮，子叶2片，白色，重叠卷旋。主产于云南镇康、保山、龙陵、昌宁、滕冲，广东番昌、博罗、增城，广西邕宁等地。苦、酸、涩，平。归肺、大肠经。涩肠止泻，涩肠固脱。3~8克。煎服。本品性收敛，凡外有表邪、内有湿热积滞者不宜用。

刺蒺藜

又名白蒺藜、蒺藜、即藜、蒺藜子、升推、旁通、屈人、豺羽、止行、杜蒺藜。为蒺藜科一年生或多年生草本植物的果实。本品完整的果实由5个分果瓣组成，

刺蒺藜

放射状排列呈五棱状球形，直径0.7~1.2厘米。小分果斧状或橘瓣状，长0.3~0.6厘米，黄白色或淡黄绿色，背面呈弓形隆起，中间有纵棱及多数疙瘩状突起；上部两侧各有一粗硬刺，长0.4~0.6厘米，成八字分开，基部的两个粗硬刺稍短，亦成八字分开两侧面较薄，有网状花纹或数条斜向棱线。果皮木质，极坚

硬。分果1室,靠腹面生有3~4粒种子,种子长卵圆形稍扁,有油性。主产于河南、河北、山东、安徽、江苏、四川、山西、陕西等地。苦、辛,平。归肝经。平抑肝阳。用于肝阳上亢、头痛眩晕,常与钩藤、珍珠母、菊花等同用。用于风疹瘙痒,常与蝉蜕、荆芥、防风等同用。6~15克。煎服,或入丸、散剂;外用适量。本品辛散,血虚气弱及孕妇慎用。

金樱子

又名蜂糖罐、刺榆子、黄刺果、刺梨子、糖果、金罂子、糖罐、山石榴、棠球、山鸡头子、槟榔糖莺子。为蔷薇科植物金樱子的干燥成熟假果。常绿攀援灌木。茎红褐色,有倒钩状皮刺和刺毛。叶互生,通常为3出复叶,有时5片小叶组成羽状复叶;叶柄具棕色腺点及细刺;托叶条形,早落;小叶片椭圆状卵形,长2~7厘米,宽1.5~4.5厘米,顶端小叶较大,先端尖,边缘有细齿,表面有光泽,革质。花单生于侧枝顶端,直径5~9厘米;萼片5,卵状披针形;花瓣5,倒广卵形,白色;雄蕊多数;雌蕊多数,被绒毛,藏于萼筒内。蔷薇果梨形或倒卵形,熟时黄红色至红色,外有直刺,顶端有长萼片宿存;内有多数骨质瘦果。果实呈倒卵形,略呈花瓶状,长2~3.5厘米,直径1~2厘米。外表黄红色到棕红色,略具光泽,全身被有棕色突起小点(毛刺残基)。顶端宿存花萼呈盘状或喇叭口形,中央略隆起;基部渐细,间有残留果柄,中部膨大。质坚硬,切开后可见花萼筒壁厚1~2毫米,内壁呈淡红黄色,内有30~40粒淡黄色的小瘦果,木质坚硬,外包裹有淡黄色的绒毛。主产于江苏、安徽、浙江、广东、江西、福建等省。酸、涩、平。归肾、膀胱、大肠经。酸涩收敛,功专固涩。用于肾虚不固所致的遗精、滑精,可单用熬膏服;用于遗精、遗尿、尿频、白浊、白带过多,可与芡实同用,即水陆二仙丹。5~15克。生用。内服:煎汤,或熬膏,或为丸服。有实火邪热者禁服。

厚朴

又名重皮、淡白、赤朴、烈朴、厚皮、川朴。为木兰科植物厚朴或凹叶厚朴的干燥干皮、根皮及枝皮。干皮呈卷筒状或双卷筒状，长30～35厘米，厚0.2～0.7厘米，习称“筒朴”。近根部的干皮一端展开如喇叭口，长13～25厘米，厚0.3～0.8厘米，习称“靴筒朴”。表面灰棕色或灰褐色，粗糙，有时呈鳞片状，较易剥落，有明显椭圆形皮孔和纵皱纹，刮去粗皮者显黄棕色；内表面紫棕色或深褐色。较平滑，具细密纵纹，划之显油痕。质坚硬，不易折断。断面呈颗粒性，外皮灰棕色，内层紫褐色或棕色，有油性，有的可见多数小亮星。气香，味辛辣，微苦。根朴（根皮）：呈单筒状或不规则块片；有的弯曲似鸡肠，习称“鸡肠朴”。质硬，较易折断，断面呈纤维性。枝朴（朴皮）：呈单筒状长10～20厘米，厚0.1～0.2厘米，质脆，易折断，断面呈纤维性。主产于四川、湖北、浙江、江西等省。苦、辛，温。归脾、胃、肺、大肠经。厚朴苦温辛香，既可苦燥湿浊，又可芳香化湿，又有较好的行气、消积作用。3～10克。内服：煎汤，或入丸、散。气虚津枯者及孕妇慎服。

益智仁

又名益智子、英华库、益智、益智粽。为姜科植物益智的干燥成熟果实。多年生草本，高1.5～3毫米，根茎横走，互相密结；茎丛生。叶2列，叶柄短；叶舌膜质，棕色，2裂，长1.5～3厘米，被柔毛；叶片披针形或狭披针形，长17～33厘米，宽3～6厘米，先端渐尖，基部阔楔形，叶缘具细锯齿，两面均无毛；花两性，总状花序顶生，在花蕾时包藏于鞘状的苞片内；花序柄在开花时稍弯曲，棕色，

益智仁

被短毛;花梗长1~2毫米;苞片膜质,棕色;花萼管状,萼筒外被短毛,先端3裂:花冠管长约1厘米,裂片3,长圆形;上方1片稍宽,先端略呈兜状;唇瓣倒卵形,先端3裂,粉白色,具淡红条纹;发育雄蕊1枚,花丝扁平线形,长约1.2厘米,药隔先端具圆形鸡冠状附属物;子房下位,3室。蒴果椭圆形或纺锤形,不开裂,直径1~1.5厘米,果皮上有明显的纵向维管束条纹,果熟时黄绿色。种子多数,多角形。成熟果实呈纺锤形或椭圆形,两端稍尖,长1~2厘米,径约1~1.2厘米。表面棕色或灰棕色,有维管束13~20条,形成纵向断续状棱线。花被残留痕短,果柄仅留痕迹。果皮薄而韧,与种子紧贴。种子团分3瓣,中有薄膜,每瓣有种子6~11粒,2~3行纵向排列于轴中胎座上。种子略呈扁圆形不规则块状,略有钝棱,长约3毫米,厚约2毫米,棕色至棕黑色。具淡黄色膜质假种皮。腹面中央有凹陷的种脐,合点位于背面中央,沟状的种脊经侧面而转向背面终于合点。主产于海南岛山区、广东雷州半岛,此外广西、云南等地亦产。辛,温。归脾、肾经。能暖肾助阳、固精缩尿,温脾,散寒,止泻。3~10克。入汤剂捣碎用,多生用,亦可炒用。内服:煎汤,或入丸、散。阴虚火旺或湿热所致遗精、尿频、崩漏等症患者禁服。

黄柏

又名关柏、檗木、黄檗、檗皮、川柏。为芸香料植物黄皮树及黄柏除去栓皮的干燥树皮。前者习称“川黄柏”,后者习称“关黄柏”。黄皮树:落叶乔木,高10~12米。单数羽状复叶,对生;小叶7~15,矩圆状披针形及矩圆状卵形,长9~15厘米,宽3~15厘米,顶端长渐尖,基部宽楔形或圆形,不对称,上面仅中脉密被短毛,下面密被长柔毛,花单性,雌雄异株,排成顶生圆锥花序,花序轴密被短毛;果轴及果枝粗大,常密被短毛;浆果状核果球形,熟时黑色,有核5~6。黄柏:与上种类似,但树皮的木栓层厚,小叶5~13片,下表面仅中脉基部有长柔毛。川黄柏:为板片状或浅槽状,厚3~7毫米。外表面鲜黄色或黄棕色,有不规则裂纹,偶有残留灰棕色木栓。内表面暗黄色或棕黄色,有细密纵线纹,质坚,断面深黄色,层状,纤维性。气微、味苦,黏液性,使唾液染成黄色。关黄柏:较上略薄。厚2~4毫米,表面较上色浅,为棕黄色或灰黄色,栓皮厚,往往残留于外表面。黄皮树主产于四川、贵州等省,陕西、湖北、云南、湖南、甘肃、广西等省区亦产。黄柏主产于吉林、辽宁等省。内蒙古、河北、黑龙江等省区亦产。苦,寒。归肾、膀胱、大肠经。5~10克。煎服,外用适量。脾胃虚寒者忌用。

棕榈

又名棕皮、棕良树、棕骨、棕树、陈棕。为棕榈科植物棕榈的干燥叶鞘纤维(棕榈皮)。宗榈皮的陈久者,名“陈棕皮”。商品中有用叶柄部分或废棕绳。将叶柄削去外面纤维,晒干,名为“棕骨”;废棕绳多取自破旧的棕床,名为“陈棕”。陈棕皮:为粗长的纤维,成束状或片状,长20~40厘米,大小不等。棕褐

棕榈

色,质韧,不易撕断。气无,味淡。棕骨(棕板):呈长条形,长短不一,红棕色,基部较宽而扁平,或略向内弯曲,向上则渐窄而厚,背面中央隆起成三角形,背面两侧平坦,上有厚密的红棕色毛茸,腹面平坦,或略向内凹,有左右交叉的纹理。撕去表皮后,可见坚韧的纤维。陈棕:呈破碎的网状。深棕色,粗糙。长江流域以南各省区均产。味苦、涩,性平。归肺、肝、大肠经。收涩止血。治吐血、衄血、便血、血淋、尿血,崩漏、带下等症。内服:煎汤,3~10 克;或入丸、散;研末服,每次 1.5~3 克。外用:适量,研末吹鼻,或敷创面。

楮实子

又名角树子、楮实米、柘树子、构树子、野杨梅、楮实、谷实。为桑科植物构树的干燥成熟果实。果实呈扁圆形或扁卵圆形,长 2~2.5 毫米,直径 1.5~2 毫米,厚至 1 毫米。表面红棕色或棕色,有网状皱纹或颗粒状突起,一侧有纵棱脊隆起,另侧略平或有凹槽,有的具果梗,偶有未除净的灰白膜质花被。果皮坚脆,易压碎,膜质种皮紧贴于果皮内面;胚乳类白色,富油质;胚弯曲。产于黄河、长江和珠江流域各省区。甘、寒。归肝、肾经。能清热,清肝明目。6~9克。煎服或入丸、散。外用:捣敷。虚寒证患者慎用。

蔓荆子

又名万荆子、蔓荆实、蔓青子、荆子。为马鞭草科牡荆属两种植物的干燥带宿萼的果实。果实圆球形,径4~6毫米。表面灰黑色或棕褐色,被灰白色粉霜,有细纵沟4条。用放大镜观察可见密布淡黄色小点,顶端微凹,有脱落花柱痕,下部有薄膜状宿萼及短果柄,宿萼包被果实的1/3~2/3,先端5齿裂,常在一侧撕裂成两瓣,灰白色,密生细绒毛。体轻,质坚实,不易破碎,横断面果皮为灰黄色,有棕褐色油点排列成环,分为4室,每室有种子1枚或不育。种仁黄白色,有油性。气特异而芳香,味淡,微辛,略苦。主产于山东牟平、文登、蓬莱、荣成、威海,江西都昌、新建、永修,浙江青田、象山,福建莆田、晋江、漳浦、长东,河南南阳、新乡等地,以山东产量最大。辛、苦,微寒。归膀胱、肝、胃经。蔓荆子辛能散风,微寒清热,轻浮上行,主散头面风热而能止痛。4.5~9克。生药入煎时须打碎。内服:煎汤。青光眼患者禁服。

千金子

又名联步、千两金、续随子、菩萨豆、滩板救。为大戟科植物续随子的干燥成熟种子。二年生草木;高达1米,全株表面微被白粉,含白色乳汁;茎直立,粗壮,无毛,多分枝。单叶对生,茎下部叶较密而狭小,线状披针形,无柄;往上逐渐增大,茎上部叶具短柄,叶片广披针形,长5~15厘米,基部略呈心形而多少抱茎,全缘。花单性,成圆球形杯状聚伞花序,再排成聚伞花序,各小聚伞花序

千金子

有卵状披针形苞片2枚，总苞杯状，4~5裂：裂片三角状披针形，腺体4，黄绿色，肉质，略成新月形；雄花多数，无花被，每花有雄蕊1枚，略长于总苞，药黄白色；雌花1朵，子房三角形，3室，每室具一胚珠，花柱3裂。蒴果近球形。种子呈椭圆形或倒卵形，长5~6毫米，直径约4毫米。表面灰褐色或灰棕色，有不规则网状皱纹及褐色斑点，一侧有纵沟状种脐，上端有圆形突起的合点，基部偏向种脊处有类白色突起的种阜，常已脱落，留下圆形点状疤痕。质坚脆，皮薄，内有白色油质的胚乳及2片子叶。主产于河南、浙江、河北、四川、辽宁、吉林等省亦产。辛、温；有毒。归肝、肾、大肠经。泻下逐水，破血消癥。制霜用。本品不入汤剂。内服：入丸、散；或研末，每次0.3~0.45克。外用：适量，研末涂或捣烂敷。体质虚弱、孕妇及有严重消化性溃疡、心脏病患者均禁服。

马钱子

又名马前、番木鳖、苦实、苦实把豆儿、牛银、火失刻把都。为马钱科植物马钱的干燥成熟种子。乔木,高10~13米。叶对生,革质,广卵形或近于圆形,长6~15厘米,宽3~8.5厘米,全缘、主脉5条,罕3条,有柄。聚伞花序顶生;总苞片及小苞片均小;花萼先端5裂;花冠筒状,白色、先端5裂;雄蕊5枚,无花丝。

马钱子

浆果球形,成熟时橙色,表面光滑;种子呈圆盘形。种子扁圆纽扣状。通常一面微凹,另一面微隆起,直径1~3厘米,厚3~5毫米,表面灰黄色或灰绿色,密生匍匐的丝状毛,自中央向四周射出。底面中心有圆点状突起的种脐,边缘有微尖凸的珠孔,有时种脐与珠孔间隐约可见一条隆起的线条。质坚硬,难破碎,沿边缘削开,胚乳肥厚,淡黄白色,角质,近珠孔处小凹窝内有细小菲薄子叶两片,有叶脉5~7条,及短小的胚根。主产于印度、越南、缅甸、泰国等地,及我国云南、广东、海南。苦,寒。有毒。归肝、脾经。通络散结,消肿止痛。0.3~1克。外用适量,研末调涂。内服或作丸散服。孕妇忌服。

木蝴蝶

又名云故纸、千张纸、白玉纸、玉蝴蝶。为紫葳科植物木蝴蝶的干燥成熟种子。种子呈蝶形薄片状,种皮三面延长成宽大菲薄的翅。长5~8厘米,宽3.5~

4.5 厘米。表面浅黄白色，翅半透明，薄膜状有绢丝样光泽，且有放射状纹理，边缘多破裂。体轻，剥去种皮后可见一层薄膜状的胚乳，紧缠裹于胚外。子叶 2 枚，蝶形，浅黄色或黄绿色，长 1~1.5 厘米，胚根明显。种柄线形，黑棕色，位于基部。主产于云南、广西、贵州等省，福建、广东、四川也有分布。苦、甘，凉。归肺、肝、胃经。清肺利咽，疏肝和胃。用于肺热咳嗽、喉痹音哑、肝胃气痛等症。用于肺热咳嗽或小儿百日咳，常与桔梗、桑白皮、款冬花等同用，每次 1.5~3 克。

第十二章　弥足珍贵的珍稀植物

紫荆

紫荆又称箩筐树。豆科紫荆属中的一种。乔木,高达 15 米,北方栽培为灌木状。单叶互生,近圆形,先端急尖,基部心形,两面无毛。花先于叶开放,4~10 朵簇生于老枝上,玫瑰红色,1.5~1.8 厘米,花瓣 5 枚,大小不等,雄蕊 10 枚,分离。荚果扁平,腹缝外有薄狭翅。种子数粒,扁平,花期 4~5 月。

紫荆的分布和药用价值

紫荆原产于中国,分布于华北、华东、西南、中南、甘肃、陕西、辽宁等省区。在南方是野生种,生于山坡、溪沟旁或灌丛中,乔木状。在北方常栽培于庭园和公园,花先于叶开放或老干生花,为春天观赏花木之一。树皮、木材、根可入药,有行气、活血、消肿止痛、祛淤解毒的功效。树皮(中药称“紫荆皮”)、花梗为外科治疗疮疡的重要药物。

长白松

长白松是常绿乔木,高 25~32 米,胸径 25~100 厘米;下部树皮淡黄褐色至暗灰褐色，裂成不规则鳞片，中上部树皮淡褐黄色到金黄色，裂成薄鳞片状脱长白松落；冬芽卵圆形，有树脂，芽鳞红褐色；一年生枝浅褐绿色或淡黄褐色，无毛，3 年生枝灰褐色。针叶 2 针一束，较粗硬，稍扭曲，微扁，长 4~9 厘米，宽 1~1.2(-2)毫米，边缘有细锯齿，两面有气孔线，树脂道 4~8 个，边生，稀 1~2 个中生，基部有宿存的叶鞘。雌球花暗紫红色，幼果淡褐色，有梗，下垂。球果锥状卵圆形，长 4~5 厘米，直径 3~4.5 厘米，成熟时淡褐灰色；鳞盾多少隆起，鳞脐突起，具短刺；种子长卵圆形或倒卵圆形，微扁，灰褐色至灰黑色，种翅有关节，长 1.5~2 厘米。

长白松

美人松是长白山特产树种。自然生长的美人松，主要分布于针阔混交林中，在长白山二道白河两岸的条形地带至火山锥体附近，有少量分布，因而显得更加珍贵，备受人们的珍爱和保护。美人松虽说天姿国色，形态脱俗超群，但却丝毫没有“美人”那种弱不禁风的娇气，在火山灰形成的瘠薄土地上，它能茁壮成长，抵抗病虫害的能力也较强。有人把它的后代迁移到吉林省西部轻度盐碱地带，开始人们还担心它适应不了那里的严酷环境，结果却出人意料，它在那里扎根落户，已顺利地度过了数个春秋。

长白松是欧洲赤松分布最东的一个地理变种，仅分布于长白山北坡，对研究松属地理分布，种的变异与演化有一定的意义。是该地区针叶树中较好的造林树种，树态美观，又适作城市绿化树。渐危种。又名美人松，仅零散分布于长白山北坡。由于未严加保护，在二道白河沿岸野生的小片纯林，逐年遭到破坏，分布区日益减小。

长白松分布区的气候温凉，湿度大，积雪时间长。年平均温度4.4℃，1月份平均温度-15~-18℃，7月份平均温度20~22℃以上，极端最高温37.5℃，极端最低温-40℃左右；年降水量600~1340毫米，相对湿度70%以上，无霜期90~100天。土壤为发育在火山灰土上的山地暗棕色森林土及山地棕色针叶森林土，二氧化硅粉末含量大，腐殖质含量少，保水性能低而透水性能强，pH为4.7~6.2。长白松为阳性树种，根系深长，可耐一定干旱，在海拔较低的地带常组成小块纯林，在海拔1300米以上常与红松、红皮云杉、长白鱼鳞云杉、臭冷杉、黄花落叶松等树种组成混交林。花期5月下旬至6月上旬，球果翌年8月中旬成熟，结实间隔期3~5年。

美人松的真正名字应该叫长白赤松。

原来，这种松树在长白山发现得比较晚，人们不知道它到底是松树里哪个家庭的成员。为了弄清它的身世，植物学家们进行了深入细致的研究，动了不少脑筋，还展开了热烈的争论。后来，经中国林业科学院院长郑万钧教授鉴定，认为它是欧洲赤松的一个变种，并且定名为“长白赤松”，至此，这场争论才告结束。“美人松”是人们对它的一种爱称。

美人松不仅是闻名遐迩的观赏树木，而且是优良的建筑用材，材质好，易加工，耐腐蚀，不扭不裂。它又是一种很有价值的药用植物，花粉、茎干皆可入药。美人松分布地域狭窄，数量不多，现已列入国家三级保护植物，所以我们现在对它应大力加以保护，让它茁壮成长。

冬虫夏草

冬虫夏草,是麦角菌科真菌冬虫夏草寄生在蝙蝠蛾科昆虫幼虫上的子座及幼虫尸体的复合体,是一种传统的名贵滋补中药材,有调节免疫系统功能、抗肿瘤、抗疲劳等多种功效。

冬虫夏草(学名:Cordycepssinensis),又名中华虫草,又称为夏草冬虫,简称虫草。是中国传统的名贵中药材,它是由肉座菌目麦角菌科虫草属的冬虫夏草菌寄生于高山草甸土中的蝠蛾幼虫,使幼虫僵化,在适宜条件下,夏季由僵虫头端抽生出长棒状的子座而形成(即冬虫夏草菌的子实体与僵虫菌核〈幼虫尸体〉构成的复合体)。它主要产于中国青海、西藏、新疆、四川、云南、甘肃、贵州等省及自治区的高寒地带和雪山草原。

真正的冬虫夏草均为野生,生长在海拔3000米至5000米的高山草地灌木带上面的雪线附近的草坡上,对自然环境要求高。夏季,虫子卵产于地面,经过一个月左右孵化变成幼虫后钻入潮湿松软的土层。土里的一种霉菌侵袭了幼虫,在幼虫体内生长。经过一个冬天,到第二年春天来临,霉菌菌丝开始生长,到夏天时长出地面,外观像一根小草。这样,幼虫的躯壳与霉菌菌丝共同组成了一个完整的“冬虫夏草”。菌孢把虫体作为养料,生长迅速,虫体一般为四至五厘米,菌孢一天之内即可长至虫体的长度,这时的虫草称为“头草”,质量最好;第二天菌孢长至虫体的两倍左右,称为“二草”,质量次之。因为僵化后会长出根须,所以被称作“冬虫夏草”。

药理学现代研究结果中,青海冬虫夏草含有虫草酸约7%,碳水化合物28.9%,脂肪约8.4%,蛋白质约25%,脂肪中82.2%为不饱和脂肪酸,此外,尚含有维生素B_{12}、麦角脂醇、六碳糖醇、生物碱等。

由于野生冬虫夏草分布地区狭窄、自然寄生率低、对生活环境条件要求苛刻,所以本身资源比较有限。近年来又由于冬虫夏草主产地生态环境遭到人为严重破坏,大量盲目不合理采挖致使资源日趋减少,产量逐年下降。

冬虫夏草的处境

考察队对西藏、青海、四川、甘肃和云南等省区的冬虫夏草主要产区进行了考察,发现冬虫夏草正被人为快速灭绝并且大部分地区冬虫夏草的产量不到25年前的10%,原分布密集区40%地块已经多年未发现生长冬虫夏草。其核心分布地带处于长江、黄河、澜沧江、雅鲁藏布江等大江源头的高寒地带。这是大量不法采挖者滥采乱挖造成的结果。

连香树

连香树在我国残遗分布于暖温带及亚热带地区,落叶乔木,高达20~40

连香树

米,胸径达1米;树皮灰色,纵裂,呈薄片剥落;小枝无毛,有长枝和距状短枝,短枝在长枝上对生;无顶芽,侧芽卵圆形,芽鳞2片。叶在长枝上对生,在短枝上单生,近圆形或宽卵形,长4~7厘米,宽3.5~6厘米,先端圆或锐尖,基部心形、圆形或宽楔形,边缘具圆钝锯齿,齿端具腺体,上面深绿色,下面粉绿色,具5~7条掌状脉;叶柄长1~2.5厘米。花雌雄异株,先叶开放或与叶同放,腋生;每花有1苞片,花萼4裂,膜质,无花瓣;雄花常4朵簇生,近无梗,雄蕊15~20枚,花丝纤细,花药红色,2室,纵裂;雌花具梗,心皮2~6片,分离,胚珠多数,排成2列。蓇荚果2~6枚,长8~18毫米,直径2~3毫米,微弯曲,熟时紫褐色,上部碌状,花柱宿存;种子卵圆形,顶端有长圆形透明翅。

由于结实率低,幼苗易受暴雨、病虫等危害,故天然更新极困难,林下幼树极少。加之近年来乱砍、乱伐森林,环境遭到严重破坏,致使连香树分布区逐渐缩小,日益萎缩,成片植株更为罕见。如不及时保护,连香树资源要陷入灭绝的境地。目前已有不少植物园引种栽培连香树。

连香树星散分布于皖、浙、赣、鄂、川、陕、甘、豫及晋东南地区,数量不多。不耐阴,喜湿,多生于海拔400~2700米的向阳山谷、沟旁低湿地或杂木林中。中性、酸性土壤中都能生长。分布区气候冬寒夏凉,多数地区雨水较多,湿度大。年平均气温10~20℃,年降水量50~2000毫米,平均相对湿度80%。冬芽3月初萌动,10月中旬后叶开始变色,11月中旬落叶。花期4~5月,果熟期9~10月。

崖柏

我国特有的“国宝”植物崖柏已被宣布消失了100多年,崖柏生长于700米至2100米的山上,是世界“活化石”物种之一,生长速度极慢,一年才长0.01毫米,是稀有植物。1892年法国传教士在重庆市首次采集到崖柏标本。此后100多年,尽管人们多次找寻,不仅没发现活的植株,就连标本和文字也再没有新的纪录。9年前,世界保护联盟将它列为已经灭绝的3种中国特有植物之一,1998

年，作为中国特有植物之一，崖柏被世界自然保护联盟公布为世界受威胁植物红录，被宣告灭绝。1999年，崖柏在中国又被零星发现。崖柏属于柏科，崖柏属，原产北美和东亚，可供观赏及生产用材和树脂。与罗汉柏近缘。崖柏为乔木或灌木，常成金字塔状，具薄的鳞片状外树皮和纤维状内树皮，水平或上升分枝，形成特有的扁平、浪花状小枝系，每小枝有4行细小的鳞片状叶。幼叶较长呈针状，在某些种可与成熟叶并存。雌雄同株异枝，球花着生于枝端，雄球花圆形，淡红或淡黄色；雌球花很小，绿色或带紫色。成熟球果单生，卵形或长圆形，长8~16厘米（约1/2寸），有4~6对（或3对，多至10对）薄而易弯的鳞片，顶端成厚脊或突起。崖柏属于阳性树，稍耐阴，耐瘠薄干燥土壤，忌积水，喜空气湿润和钙质土壤，不耐酸性土和盐土；要求气温适中，超过32℃生长停滞，在-10℃低温下持续10天即受冻害。

蒜头果

蒜头果属常绿乔木，高达20米，胸径可达40厘米；树皮浅黄色或灰褐色，

蒜头果

稍纵裂，小枝棕褐色至暗褐色，有不明显纵纹，具长圆形或圆形皮孔；芽裸露，初

时有灰棕色绒毛、后渐脱落。叶互生，薄革质或厚纸质，长椭圆形、长圆形或长圆状披针形，长7~15厘米，宽2.5~6厘米，先端急尖、短渐尖至渐尖，基部圆形或楔形，有时两侧稍不对称，边缘略背卷，叶两面初时有微柔毛，后脱落；中脉在上面凹下，背面突起，侧脉每边3~5条，在上面稍明显，背面明显，网脉不明显；叶柄半圆筒形，长1~2厘米，基部具关节。花10~15朵，排成伞形花序状、复伞形花序状或短总状花序状的蝎尾状聚伞花序，花序长2~3厘米，花梗细，长0.5~0.7厘米，总花梗长1~2.5厘米；花萼筒小，上端具4~5裂齿，裂齿三角状卵形，长约1毫米；花瓣4~5枚，宽卵形，长约3毫米，外面有微毛，内面下部有绵毛，先端尖，内曲；雄蕊2轮，8~10枚，其中4枚与花瓣对生，另4枚与花瓣互生；子房上位，长圆锥形，长约1毫米，初时有微柔毛，花柱单一，顶端微二裂。核果扁球形或近梨形，直径3~4.5厘米；种子1枚，球形或扁球形，直径约1.8厘米。花期4~9月，果期5~10月。

蒜头果一般生长在石灰岩石山或土山。分布区地跨北热带和南亚热带。在低平地带冬暖夏热，年平均气温20.9~22.1℃，1月平均气温12~14℃，7月平均气温27.2~28.1℃，极端最低气温-1~-3℃；在山原上（如云南广南）年平均温16.4℃，1月平均气温8.3℃，每年都出现零下低温，极值低达-5.2℃，年降水量840~1686毫米，干湿季交替鲜明。为中性、浅根性树种，幼树期喜阴，随着树龄增大而逐渐喜光。多生于石灰岩石山的下坡，喜肥沃较湿润的中性至微碱性石灰岩土。主要伴生树种，在北部有黄连木（Pistacia chinensis bunge）、青冈（Cyclobalanopsisglauca erst.）；在南部有蚬木（Burretiodendron hsienmu Chun etHow）、岩樟（Cinnamomum saxatile H.）等。

蒜头果为单种属植物，形态解剖特征既有原始性状，又有较进化特征，对于研究铁青树科的分类系统有一定意义。种仁油脂可作为合成麝香酮（muscone）的理想原料。为桂西和滇东南石山绿化树种。

目前，龙州已建立自然保护区，应加强保护，其他产区也应保护母树，严禁乱砍滥伐。有关林场，宜将蒜头果列为造林树种，积极采种育苗，推广种植。产区鼠害严重，应注意防除，并应保护其天敌，以减少鼠害。

冷杉

冷杉是松科的一属，常绿乔木，树干端直，枝条轮生；小枝对生，基部有宿存的芽鳞，叶脱落后枝上留有近圆形的叶痕；冬芽常具树脂，枝顶芽三个排成一平面。叶、芽鳞、雄蕊、苞鳞、珠鳞和种鳞均螺旋状排列。叶辐射伸展或基部扭转排成彼此重叠的两列，或小枝下面的叶成两列，上面的叶斜展，直伸或向后反曲，叶线形，扁平，先端尖、钝、凹缺或二裂，叶柄极短，柄端微膨大呈吸盘状；叶内具2个（稀4~12个）树脂道，位于维管束鞘两侧（中生），或靠近下面两端的皮下层细胞（边生）。雌雄同株，球花单生于去年生枝的叶腋，雄球花穗状圆柱形，雄蕊多数，花药2枚，药室横裂，花粉有气囊；雌球花直立，短圆柱形，苞鳞大于珠鳞，珠鳞的腹面基部有2枚倒生胚珠。球果当年成熟，直立，椭圆状圆柱形或短圆柱形，生于高海拔处的常呈黑色、紫黑色或蓝黑色，生于海拔较低和低纬度地区的初为绿色，成熟后变为黄褐色、褐色或红褐色；种鳞木质，排列紧密，常为扇状四边形或肾形；苞鳞较种鳞短，或长于种鳞而明显外露；种子具宽大的膜质种翅，种皮有树脂囊，种翅稍短于种鳞，下端边缘包卷种子。球果成熟干燥后，种鳞与种子一同从宿存的中轴上脱落。

在遂川县靠近湘赣边界的戴家埔乡南面一片海拔1850米的山区次原始森林中，发现了非常珍稀的国家一级重点保护野生植物“资源冷杉”群落。资源冷杉因在广西资源县发现而得名，在全国的分布区域很小，是一种稀有的植物。此次在一块面积约为15亩的森林里，一共发现了12株资源冷杉，有3株的胸径超过了30厘米，其中最大的1株胸径达48厘米，高约10米，树冠幅直径达8米。该物种对植物的演变以及古地理、古生态和第四纪冰川气候的研究，都有着十分重要的价值。

百山祖冷杉

百山祖冷杉属常绿乔木，具平展、轮生的枝条，高17米，胸径达80厘米；树皮灰黄色，不规则块状开裂；小枝对生，1年生枝淡黄色或灰黄色，无毛或凹槽中有疏毛；冬芽卵圆形，有树脂，芽鳞淡黄褐色，宿存。叶螺旋状排列，在小枝上面辐射伸展或不规则两列，中央的叶较短，小枝下面的叶梳状，线形，长1~4.2厘米，宽2.5~3.5毫米，先端有凹下，下面有两条白色气孔带，树脂道2条，边生或近边生。雌雄同株，球花单生于去年生枝叶腋；雄球花下垂；雌球花直立，有多数螺旋状排列的球鳞与苞鳞，苞鳞大，每一珠鳞的腹面基部有2枚胚珠。球果直立，圆柱形，有短梗，长7~12厘米，直径3.5~4厘米，成熟时淡褐色或淡褐黄色；种鳞扇状四边形，长1.8~2.5厘米，宽2.5~3厘米；苞鳞窄，长1.6~2.3厘米，中部收缩，上部圆，宽7~8毫米，先端露出，反曲，具突起的短刺状；成熟后种鳞、苞鳞从宿存的中轴上脱落；种子倒三角形，长约1厘米，具宽阔的膜质种翅，种翅倒三角形，长1.6~2.2厘米，宽9~12毫米。

百山祖冷杉为现状濒危物种。近年来百山祖冷杉系在我国东部中亚热带首次发现的冷杉属植物。由于当地群众有烧垦的习惯，自然植被多被烧毁，分布范围狭窄。加以本种开花结实的周期长，天然更新能力弱。目前在自然分布仅存五株，其中一株衰弱，一株生长不良。

百山祖冷杉现仅存五株，属松科常绿乔木，濒危种，国家一级保护植物，中国特有种。百山祖冷杉是我国特有的古老残遗植物，也是我国东南沿海唯一残存至今的冷杉属植物。1987年，国际物种生存保护委员会将百山祖冷杉公布为世界上最受严重威胁的12个濒危物种之一。

大王花

大王花是世界上最大的花，直径可达1.5米，花瓣厚约1.4厘米，一朵花有五个瓣,三十多斤重,花中心可装十多斤水,甚至可以藏一个人。奇怪的是这种花像粪便一样臭,比起"天下第一香"的兰花来,真是相差十万八千里。蝴蝶、蜜蜂都不愿理睬它,帮助它传粉的是一群闹哄哄的苍蝇。

大王花不但臭,而且"懒",专靠吸取别的植物的营养来生存,所以它没有叶子,也没有茎。它的种子很小,用肉眼几乎难以看清。它的种子传播也有点懒气,小种子带黏性,当大象或其他动物踩上它时,就会被带到别的地方生根、发芽,进行繁殖。大王花生长在马来西亚、印度尼西亚的爪哇和苏门答腊等热带森林中。

大王花生长在500~700公尺高度的热带雨林中,由于没有四季之分,所以不一定会在什么时候冒出来。不过根据当地人的说法,每年的5~10月,是它最主要的生长季。当它刚冒出地面时,大约只有乒乓球那么大,经过几个月的缓慢生长,花蕾由乒乓球般的体积,变成了甘蓝菜般的大小,接着5片肉质的花瓣缓缓张开,等花儿完全绽放需要经过两天两夜的时间。令人难以相信的是,大王花好不容易开出来的巨大花朵,居然只能维持4~5天,而且在这4~5天中,花朵会不断地释放出一种奇特的臭味,好让大型的动物自然回避,而让一些逐臭的昆虫来为它传粉做媒。不久,果实也成熟了,里头隐藏着许许多多细小的种子,随时准备掉入地中,找寻适当的发芽地点。花期过后,大王花逐渐凋谢,颜色慢慢变黑,最后会变成一摊黏糊糊的黑东西。

灿烂的花结出了"腐烂"的果实,这也算是植物界的一个奇观。

四合木

四合木(别名油柴、四翅),蒺藜科,落叶小灌木,是中国特有孑遗单种属植物,草原化荒漠的群种之一,为强旱生植物。它是最具代表性的古老残遗濒危珍稀植物,被誉为植物里的"活化石"和植物中的"大熊猫"。一般高30~50厘

四合木

米，多分枝，叶子圆润、绿色欲滴，根节上生有白色的毛根，有光泽或柔毛，叶片毛茸茸、圆乎乎，像它这样“熊猫般可爱”的长相在荒原上可算得上是植物中的“美人”了。1~2年生枝灰黄色或黄褐色，密被白色丁字毛。偶数羽状复叶，在长枝上对生，在短枝上簇生；小叶2，无柄，着生在极短的叶轴上，肉质，倒披针形或卵状披针形，两面具毛，长3~8毫米，先端具突尖，基部楔形，全缘；托叶膜质。花两性，单生叶腋或1~2朵生于短枝上；萼片4枚，长圆形，长约3毫米，被丁字毛，宿存；花瓣4枚，白色或淡黄白色，倒卵形，长约4毫米，基部具爪；雄蕊8枚，2轮排列，外轮4枚较短，内轮4枚较长，花丝基部有膜质附属物；具花盘；心皮4片，子房4深裂，被毛，花柱单一，丝状，着生于4深裂子房的基部。蒴果4深裂，每裂瓣微弯曲，长5~7毫米，宽2~3毫米，内具1粒种子，熟时黄色；种子无胚乳。

其分布范围非常狭窄，在世界范围内零星散见于俄罗斯、乌克兰部分地区，是国家一级保护植物、内蒙古一级保护植物。它的分布区甚小，由中国内蒙古杭锦旗西部至乌海市黄河两岸到宁夏石嘴山一带，以及贺兰山北部低山。为该区特有种。

四合木为一种较低矮、强烈分枝的小灌木。木质坚硬而脆，生长21年的枝条其半径只有4.4毫米粗。因它很耐烧，群众称它为“油柴”。叶为肉质，丰富，同枝条一起构成较紧密的株丛。4月萌发，6月开花，7~8月结果，9月种子成熟，9月末果落，叶始变黄。四合木为一种强旱生植物，只生于草原化荒漠区。从它的极狭小的分布区看，区内温度条件均高于其周围地区，分布区内≥10℃活动积温均在3000℃以上，接近于暖温型气候，而分布区周围则是中温气候。说明四合木在其进化过程中，除适应了冬季的严寒外，又保留了它的古地中海南岸热带成分孑遗种的趋温特性。它常生长于多石和多碎石的漠钙土上，生境的土壤干燥、瘠薄，据一个土样分析，0~24厘米土层中有机质含量只有0.34%左右。四合木是中国阿拉善草原化荒漠植被的建群种之一，也作为优势种或伴生种出现。四合木的开花期为每年的5至6月，7至9月结出果实，从而实现种群的繁殖与更新。

胡杨

胡杨又称胡桐、异叶杨。杨柳科杨属中的一种。胡杨是第三纪残余的古老树种，在6000多万年前就在地球上生存。在古地中海沿岸地区陆续出现，成为山地河谷小叶林的重要组成部分。在第四纪早、中期，胡杨逐渐演变成荒漠河岸林最主要的树种。据统计，世界上的胡杨绝大部分生长在中国，而中国90%以上的胡杨又生长在新疆的塔里木河流域。目前被誉为世界最古老、面积最大、保存最完整、最原始的胡杨林保护区则在轮台县境内。

珍贵的胡杨林

胡杨属杨柳科落叶乔木。高8~30米，树皮龟裂，嫩枝有毛。叶变异大，幼树或萌条上，窄长如柳叶，10~15厘米，多全缘；在老树枝上，呈广卵形、菱形或心形，长 6~10 厘米，叶缘有粗齿。4 月开花，雄花序长 1.5~2.5 厘米，雄蕊 23~27 个；雌花序长 3~5 厘米，柱头 6 裂，紫红色；果穗长 6~10 厘米。蒴果长椭圆形，长 1.5 厘米，2 瓣裂，有短柄。胡杨耐旱，耐高温，也较耐寒；能从根部萌生幼苗，能忍受荒漠中干旱，对盐碱有极强的忍耐力。胡杨的根可以扎到地下 10 米深处吸收水分，其细胞还有特殊的功能，不受碱水的伤害。胡杨是荒漠地区特有的珍贵森林资源。它对于稳定荒漠河流地带的生态平衡、防风固沙、调节绿洲气候和形成肥沃的森林土壤，具有十分重要的作用，是荒漠地区农牧业发展的天然屏障。胡杨对改造沙漠、防止风沙侵蚀以及改良小气候均有重要作用。被列为国家重点三级保护植物。

胡杨的药用价值

胡杨多生于水源附近和地下水位较高的荒漠。为西北河流两岸或靠近水源地的重要绿化造林树种。胡杨以树脂“胡桐泪”入药。在春天用刀将树皮割开，接取汁液，或在树皮裂开处，及树干基部土中，取其自然流出的树脂，有清热解毒、制酸止痛的功效。

夏蜡梅

夏蜡梅，叶灌木，高 1~3 米；大枝二歧状，小枝对生，嫩枝黄绿色，2 年生枝灰褐色；冬芽为叶柄基部所包被。叶对生，膜质，宽椭圆形或宽卵状椭圆形，长 13~29 厘米，宽 8~16 厘米，先端短尖，基部圆形或近耳形，边缘具不整齐微锯齿或近全缘；叶柄长 1.2~1.8 厘米。花单生嫩枝顶端，直径 4.5~7 厘米，无香气；花被片螺旋状着生，两型，外轮花被片常为 14 枚，倒卵状短圆形或倒卵状匙形，长 1.4~3.6 厘米，宽 1.2~2.6 米，不等长，白色，边淡紫红色，内轮花被片 9~12 枚，椭圆形，长 1.1~1.7 厘米，宽 0.9~1.3 厘米，肉质，半透明，中部较厚，向内

夏蜡梅

卷曲,上部淡黄色,下部带白色,腹面基部具淡紫红色细斑点;雄蕊 18~19 枚,花丝极短;心皮 11~12,花柱丝状,子房生于凹陷的花托内。聚合果托钟形或近顶端微收缩,长 3~4 厘米,径 1.5~3 厘米;瘦果扁平或有棱,椭圆形,长 1.2~1.5 厘米,直径 0.7 厘米,褐色。

夏蜡梅由中国郑万均和章绍尧两位先生于 1964 年命名并发表。它是古老的孑遗植物,为国家二级保护树种,原产于浙江西北部昌化和天台等地,分布在海拔 600~800 米的溪谷和山坡林间。中国武汉、杭州、南京合肥等城市,均有引种栽培,生长良好。1978 年以来引种到美国、荷兰、英国,已经正常开花结果。夏蜡梅于 60 年代初发现,分布区狭窄,仅见于我国东部中亚热带局部的常绿阔叶林或常绿、落叶阔叶混交林中。由于森林砍伐,生境渐趋恶化,面积日益缩小;虽然天然更新较易,但随时有被砍割当作薪柴的危险。因此必须加强保护,以免陷入濒危状态。

栓皮栎树

俗话说:“人怕打脸,树怕扒皮。”虽然在世界上不怕打脸的人不曾听说有过,但不怕扒皮的树倒确确实实存在。

树皮可是个大家族,有多少种树就有多少样的树皮。树皮有的光滑;有的粗糙;有的薄;有的厚;有红色;也有白色……真可谓形形色色,千奇百怪。树皮有长在树外面的那层表皮,有长在外表皮和木质中间的韧皮。外表皮像"忠诚的卫士",终日顶风冒雨,遮挡烈日霜雪,护卫着树的全身,保证树体内韧皮部上下运输线的畅通无阻。如果树皮遭到破坏,就会使运输线受阻,造成根部得不到营养而"饿死",树上的树叶得不到水分而无法进行光合作用,也就慢慢枯萎。可见,"树怕扒皮"的说法是有道理的。

然而,树中也有在扒皮之后,仍能死里逃生的"硬汉子"。栓皮栎树就是一个例子。栓皮栎树在一生中(寿命为100~150年),虽要经过几次扒皮,却不会"伤筋动骨",而且仍然生命不息,健壮地成长。这其中的奥秘在于栓皮栎树的皮下长有一层栓皮的"形成层",它可以向内分生出少量活细胞,称为"栓内层",向外侧分生出大量的栓皮细胞,称为"软木"。随着树木的生长,栓皮也逐年加厚,五六年就可以扒一次皮("处女皮"要等20岁以后才能剥去)。但在扒皮时要注意留下有生命的栓皮"形成层",只要它不受伤害,就仍然可以照常输送水分和营养,栓皮栎树也就能死里逃生。

栓皮栎树皮——软木,看上去很像鳄鱼皮,它的用处可大了。用于生活上可作桶盖、瓶塞等。用于工业、交通、国防建设方面,它是物品冷藏中最佳的隔热材料;它又是物理、化学试验中良好的保温材料,还是汽车汽缸中优良的密封材料。在人们追求"自然美"成为高雅时尚的今天,软木又在建筑装饰上获得了一席之地。

科学家对树木"形成层"的研究,正在应用于对杜仲、黄柏、厚朴等制作中药材的树木的取皮上,从而告别了过去那种"杀鸡取蛋""砍树取药"的笨办法。如果这方面的研究能应用于更多的树种,人们的生活中将会有更加丰富的树皮制品。

银杏

银杏又名白果,因为商店出售的银杏是白色的,故有此名,事实上,银杏成熟时的外种皮呈黄色或橙黄色,肉质厚,去掉外种皮才是白色的第二层种皮。银杏是裸子植物,为落叶乔木,树干端直,高可达 40 米,胸径可达 4 米,老树的树皮粗糙,灰褐色,有深的纵裂纹。叶的顶端有波状缺刻或浅裂,有长叶柄。

银杏叶子

"活化石"——银杏

银杏生长较慢,植后 20 年左右才开始开花结实,一般认为祖父种的树要到孙子那一代才能收获种子,故又有"公孙树"之称。银杏是现存种子植物中最古老的残遗植物,被称为"活化石"。它在中生代很繁盛,分布全球,至第四纪冰期后,世界上其他地区的银杏已经绝迹,只在中国保存下来,是国家二级保护植物。

四数木

四数木,落叶大乔木,高25~45米,枝下高20~35米,胸径60~120厘米,具明显而巨大的板状根;树皮粗糙,灰白色;着花的小枝粗壮,上面叶痕明显突起。叶互生,宽卵形或近圆形,长10~26厘米,宽9~20厘米,纸质,先端短尾尖至近渐尖,基部微心脏形或近圆形,边缘有锯齿,幼叶兼有角状齿裂,两面有稀疏短柔毛,下面脉上的毛较多;叶柄长3~20厘米。花单性,雌雄异株,4基数,无花瓣,开于叶前;雄花序圆锥状,长10~20厘米;雌花序通常穗状,长8~20厘米,着生清真小枝近顶部。蒴果球形或卵球形,坛状,膜质,长4~5毫米,成熟时黄褐色,外面具8~10脉,在顶端于花柱间开裂;种子细小,多数,微扁,长0.5毫米以下。

四数木分布区内年平均气温21℃,极端最低温2℃,全年中干(11~4月)、湿(5~10月)季交替分明,干季有雾,大气湿度可以补偿水分的不足,年降水量1200~1500毫米。产地的基质为二叠纪石灰岩,具喀斯特地形,林下岩石裸露,尖利的石牙一般高出0.5~1.0米,形成上有森林;下有石林的特殊景观。土壤仅见于岩缝石隙间,为多腐殖质的褐色石灰土或黑色石灰土,pH值6.8~7.5。四数木的根系穿插伸延面积较大,能更多地摄取土壤中的水分和养分;树冠明显突出于主林层之上。伴生乔木有多花嘉榄〈Garugafloribundavar. gamble(KingetSm.) kali〉、油朴(CeltiswightiiPlanch.)、轮叶戟〈Lasiococcacomberivar. pseudover-ticillata(kerr.) H. S. Qiu〉、绒毛紫薇(Lagerstroemisatomen-tosaPersl.)等。3月上旬开始抽出花序,4月上旬至中旬为盛花期,5月上旬至中旬为果熟期,同时开始萌芽展叶,11月中旬开始落叶。种子极多,但发育成熟者少。虽然天然繁殖能力差,一旦种子萌发,生长极为迅速。

在中国,主要分布于云南南部景洪、勐腊、金平,西南部耿马和西部盈江等地，散生于海拔500~700(1000)米的石灰岩山地雨林，亚洲热带其他地区也有分布。

凤凰木

凤凰木又名红花楹，原产马达加斯加和热带非洲，为美丽的观赏树木，现在广泛栽培于全世界的热带地区。花期5月间，开花时满树红花，火红似锦。凤凰木生长迅速，树冠广阔，枝叶茂密，小叶长椭圆形，长约8毫米。它的花大而美丽，鲜红色，直径7~10厘米。

美丽的观赏树木

凤凰木的果为荚果，长带状，长达50厘米，宽约5厘米，厚而且硬，成熟时深褐色，里面有黑褐色的种子。凤凰木开花时花多且大，满树红花，成片鲜红，像这样美丽的观赏树木，实不多见。但花无香味，秋冬季落叶满地，叶片细小，不易扫除，木材不坚实，是其缺点。虽然如此，但它生长迅速，繁殖容易，花色鲜红艳丽，为奇特的观赏树木，适于城市园林绿化建设。可用种子繁殖。

喜树

喜树属落叶乔木。高可达20余米，树干端直；枝条伸展，树皮灰色或浅灰色，有稀疏圆形或卵形皮孔。叶互生，纸质，卵状椭圆形或长圆形，长10~26厘米，宽6~10厘米，先端渐尖，基部圆形，上面亮绿色，嫩时叶脉上被短柔毛，其后无毛，下面淡绿色，被稀疏短柔毛，侧脉显著，10~12对，弧形平行，全缘，叶柄带红色，长1.5~3厘米，嫩时被柔毛，其后无毛。头状花序近于球形，顶生或腋

喜树

生,顶生的花序具雌花,腋生的花序具雄花,总花梗长4~6厘米;花杂性,同株,苞片3枚,三角状卵形;花萼杯状,5浅裂,裂片齿状;花瓣5枚,淡绿色,长圆形或长圆卵形,长2毫米,早落;花盘显著,微裂;雄蕊10枚,外轮5枚,较长,常伸出花冠外,内轮5枚较短,花丝细长,无毛,花药4室;子房在两性花中发育良好,下位,花柱无毛,长4毫米,顶端分2支。翅果长圆形,长2~2.5厘米,顶端具宿存的花盘,两侧具窄翅,着生于近球形的头状果序上。

花期7月,果熟期11月。暖地速生树种。喜光,不耐严寒干燥。需土层深厚,湿润而肥沃的土壤,在干旱瘠薄地种植,生长瘦长,发育不良。深根性,萌芽率强。较耐水湿,在酸性、中性、微碱性土壤均能生长,在石灰岩风化土及冲积土生长良好。

庭荫树、行道树,主干通直,树冠宽展,本种生长迅速,为优良的庭园树和行道树,可作为绿化城市和庭园的优良树种。

珙桐

珙桐是驰名世界的珍贵观赏树木，也是国家一级保护植物。它的花序头状，在花序下面有两枚白色的大苞片，好像一群展翅的白鸽在树上栖息，故有

珙桐

"中国鸽子树"之称。而且珙桐是第三纪古热带植物的残遗种，在研究种子植物系统进化方面也很有科学价值。珙桐为落叶乔木，高达20余米，胸高直径可达1米，树皮深灰色，常呈薄片状脱落，叶互生，广卵形或近圆形。

珙桐的主要产地

珙桐为我国特产，产于陕西东南部、湖北西部和西南部、湖南西北部、贵州东北部至西北部、四川、云南东北部等地。分布较广。繁殖方面可用种子繁殖和插条繁殖，但它的果核坚硬，不易透水，种子有后熟性，故在采种后必须在低温下层积。播种两年后才不整齐地发芽。苗期须搭荫棚。

华盖木

华盖木现仅存6株，木兰科常绿乔木，稀有种，国家一级保护植物。华盖木为单型属，仅1个，且成株过于稀少，虽开花结果正常，但每果成熟的种子很少，在原生母树周围一直未见幼苗，天然更新能力很低。

华盖木

华盖木属常绿大乔木，高可达40米，胸径达1.2米，全株各部无毛；树皮灰白色；当年生枝绿色。叶革质，长圆状倒卵形或长圆状椭圆形，长15~26厘米，宽5~8厘米，先端急尖，尖头钝，基部楔形，上面深绿色，侧脉13~16对；叶柄长1.5~2厘米，无托叶痕。花芳香，花被片肉质，9~11枚，外轮3片长圆形，外面深红色，内面白色，长8~10厘米，内2轮白色，渐狭小，基部具爪；雄蕊约65枚，花药内向纵裂；雌蕊群长卵圆形，具短柄，心皮13~16枚，每心皮具胚珠3~5枚。聚合果倒卵圆形或椭圆形，长5~8.5厘米，直径3.5~6.5厘米，具稀疏皮孔；蓇葖厚木质，长圆状椭圆形或长圆状倒卵圆形，长2.5~5厘米，顶端浅裂；种子每蓇荚内1~3粒，外种皮红色。

华盖木生长于山坡上部、向阳的沟谷、潮湿山地上的南亚热带季风常绿阔叶林中。产地夏季温暖，冬无严寒，四季不明显，干湿季分明，年平均气温16~18℃，年降雨量1200~1800毫米，年平均相对湿度在75%以上，最高达90%左右；雾期长，年平均霜期只有8.6天。土壤为砂岩和砂页岩发育而成的山地黄壤或黄棕壤，呈酸性反应，pH值4.8~5.7。地被物和枯枝落叶腐殖质层深厚达10~20厘米，有机质可达20%以上。华盖木为上层乔木，树冠宽广，根系发达，有板根。

华盖木为我国特有的单种属植物，是木兰科亚科顶生花木兰族Magnoliac中的原始类群，对木兰科分类系统和古植物学区系等研究有学术价值。树干挺拔通直，木材结构细致，有丝绢般的光泽，耐腐、抗虫，是滇东南珍稀的用材树种。花色艳丽而芳香，可选为庭园观赏树种。

天目铁木

天目铁木现仅存5株，桦木科落叶乔木，濒危种，国家一级保护植物，中国特有种。因其所处地归当地农村集体所有，生境受人为干扰频繁，处境危险。

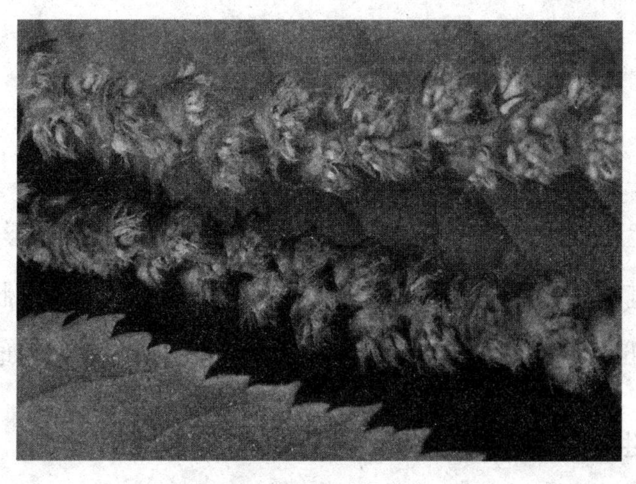

天目铁木

天目铁木属落叶乔木，高21米，胸径达1米；树皮深褐色，纵裂；一年生小枝灰褐色,具浅色皮孔,有毛。叶互生,椭圆形或椭圆状卵形,长4.5~10厘米,宽2.5~4厘米,先端长渐尖,基部宽楔形或圆钝,叶缘具不规则的锐齿,下面疏被硬毛至几无毛,脉上除短硬毛外间或有短柔毛,侧脉13~16对;叶柄长2~6毫米,密生短柔毛。花单性,雌雄同株;雄葇荑花序多3个簇生,长6~11厘米;雌花序单生,直立,长1.8~2厘米,有花7~2枚,果多数,聚生成稀疏的总状,果序长3.5厘米,总梗长1.5~2厘米,密披短硬毛;果苞膜质,囊状,长倒卵状,长2~2.5厘米,最宽处直径7~8毫米,顶端圆,具短尖,基部缢缩成柄状,上部无毛,基部具长硬毛,网脉显著。小坚果红褐色,有细纵肋。

分布于山麓林缘或林旁。分布区平均气温约15℃,1月平均气温3.3℃,7月平均气温28℃,全年降水量1471毫米,6月降水最多,年平均相对湿度为78%。土壤为红壤,pH值4.7~5.3。伴生植物主要有马尾松、青冈、苦槠、黄檀、大叶胡枝子等。雄花序7月显露至翌年4月开放;雌花序随当年生枝伸展而出,4月中旬叶全展,9月中旬果熟,11月中旬落叶。

天目铁木不仅是我国特有种,而且是该属分布于我国东部的唯一种类。对研究植物区系和铁木属系统分类,以及保存物种等,均具有一定意义。

天麻

天麻属兰科植物,多年生草本,块茎横生,肥厚肉质,长椭圆形,表面有均匀的环节。茎直立,黄褐色,节上具有鞘状鳞片。6~7月开花,为总状花序,顶生,花黄褐色,结倒卵状长圆形蒴果。分布于我国东北、西南、华东等地。

天麻的生态特点

天麻的生态与众不同。初夏,由地下块茎顶部抽生出直立的地上茎,很像一支出土的箭,所以在《神农本草》中称为“赤箭”。天麻无根无叶,没有叶绿素，不能进行光合作用制造有机物；也不能吸收水、无机盐。那么，它是怎样生存的呢？原来，在阴湿的杂木林下，寄生着一种真菌，它的菌盖呈蜜黄色，在菌柄上有个环，名叫"蜜环菌"。当它的菌丝体遇到天麻的地下块茎时，全面包裹并伸入其中，天麻的组织细胞会分泌溶菌液，靠消化蜜环菌的菌丝来营养自身。所以，天麻是一种靠密环菌生存的腐生植物。

天麻的药用

天麻原名赤箭，始载《本经》，宋代《开宝本草》始收载天麻之名。明代《本草纲目》中将二者合并称"天麻赤箭"。别名明天麻。可见我国很早就将天麻用于药用了。天麻的块茎内含香草醇、甙类和微量生物碱；药用有通络止痛、息风镇痉的作用。用以治疗高血压、头痛、眩晕、肢体麻木、神经衰弱及小儿惊风等。

珊瑚菜

珊瑚菜是渐危物种，多年生草本，高 5~25 厘米。主根细长，圆柱形，长可达 70 多厘米。基生叶具柄，叶柄长约 10 厘米，基部宽鞘状；叶片轮廓呈卵形或宽三角状卵形，长 5~12 厘米，三出式分裂或之回羽状分裂，裂片质厚，卵圆形或椭圆形，长 2~5 厘米，宽 1~3 厘米，先端圆钝或渐尖，边缘有粗锯齿，上面有光泽。复伞形花序顶生，总梗长 4~10 厘米，密生白色或灰褐色绒毛；无总苞；伞辐 10~14，不等长；小总苞片 8~12 枚，线状披针形；花白色；萼齿 5，细小；花瓣 5 枚，卵状披针形，先端内折；雄蕊 5，与花瓣互生，花药带紫褐色；花柱基扁圆锥形，花柱短。双悬果圆球形或椭圆形，果棱木质化，翅状，有棕色毛。其根入药，为中药材。生于我国沿海地区，尤以海滨沙滩上分布甚广。近年来，随着城市和港口建设，需要大量用沙，因而生长珊瑚菜的沙滩常被挖掘，生境遭到破坏,影响繁殖生长,加上药农连年挖根。因此资源逐渐减少,分布面积越来越窄。

珊瑚菜在不同的生长发育阶段对气温的要求不同,种子萌发必须通过低温阶段,营养生长期内在温和的气温条件下发育较快。气温过高,植株会出现短期休眠。高温季节一过,休眠即解除。开花结果期需要较高的气温。冬季植株地上部分枯萎,根部能露地越冬。

珊瑚菜广泛用作镇咳祛痰药,并可食用,经济价值较高,对于海岸固沙和盐碱土的改良也极为重要。在分类学上,有些学者,曾把本种产于北美地区的单独成立一种或把它作为地理亚种。对研究伞形科植物的系统发育,种群起源,以及东亚与北美植物区系,均有一定意义。

猪笼草

人们都知道,凶猛的动物往往具备吃人的本性,譬如狼、老虎等。可是你听说过植物“吃人”的说法吗?这听起来似乎让人觉得不可思议。然而在许多报刊上又确实有许多关于吃人植物的报道。目击者叙述得活灵活现,让人似乎身临其境。

地球上真的有吃人植物吗?它们是什么样子?是像动物那样突然张开血盆大口还是另有招数?它们又在哪儿?

1979年,毕生致力于研究食肉植物的英国权威艾得里安·斯莱克在他的专著《食肉植物》里写道:到目前为止,学术界尚未发现有关吃人植物的正式记载和报道,就连著名的植物学巨著——德国的恩格勒主编的《植物自然学科志》中,也没有任何关于吃人树的描写。与此同时,曾经走遍了南洋群岛的英国生物学家华莱士在他的《马来群岛游记》中,记述了许许多多罕见的南洋热带植物,却从来未提到过吃人植物。这些无异于一盆冷水,使得人们津津乐道的

猪笼草

吃人树在突然之间降了温。于是,绝大多数植物学家一致认为,世界上也许并不存在这类奇特的植物。

难道所有关于吃人树的报道都是捕风捉影?艾得里安·斯莱克和其他一些学者在仔细分析后认为,吃人树的说法或许是人们根据食肉植物捕捉昆虫的特性,经过想象和夸张而产生的;要么就是根据某些未经核实的传说以讹传讹。

在《食肉植物》一书中,艾得里安·斯莱克指出:地球上确确实实存在着一类行为独特的食肉植物(亦称食虫植物),它们分布在世界各国,共有500多种。其中包括瓶子草、猪笼草、茅蒿菜和捕捉水下昆虫的狸藻等。这些植物的叶子很奇特,有的像瓶子;有的像小口袋或蚌壳,有的叶子上甚至长满腺毛,能分泌出各种酶来消化虫体。它们大多生长在经常被雨水冲洗和缺少矿物质的地带。由于这些地区的土壤呈酸性,缺乏氮素养料,因此植物的根部吸收作用不大,以致逐渐退化,为了获得氮素营养,满足生存的需要,它们经历了漫长的演化过程,演变出一种能吃动物的特性。

猪笼草是著名的热带食虫植物,为多年生草本。叶互生,长椭圆形,全缘。中脉延长为卷须,末端有一小叶笼,叶笼小瓶状,瓶口边缘厚,上有上盖,成长时盖张开,不能再闭合,笼色以绿色为主,有褐色或红色的斑点和条纹。雌雄异株,总状花序。常见同属种类有瓶状猪笼草,叶笼短,黄绿色;二距猪笼草,叶披针形,笼面深绿色;绯红猪笼草,笼面黄绿色,具褐红色斑条;库氏猪笼草,叶笼短,黄绿色,具红褐色斑条;中间猪笼草,笼面绿色,具淡紫红斑点;劳氏猪笼草,笼面黄绿色,具褐色斑点;奇异猪笼草,笼面黄绿色,叶笼上口具红晕;拉弗尔斯猪笼草,笼面黄绿色,具淡紫褐色斑点;大猪笼草,叶笼大,长 30 厘米,笼面红褐色,具绿色条纹;血红猪笼草,笼面淡红色;狭叶猪笼草,笼面褐色绿,具红色斑点,叶笼长 15~18 厘米,宽 3~4 厘米;华丽猪笼草,笼面黄绿色,具深红色条纹斑;长柔猪笼草,笼面红褐色。

植物能捕食动物昆虫,这是一个饶有兴趣的现象,除茅蒿菜以外,猪笼草科植物是另一类具有捕食昆虫能力的草本植物。猪笼草属植物全世界约 67 种,中国广东地区仅产一种。猪笼草在自然界常常平卧生长,叶的构造复杂,分叶柄,叶身和卷须,卷须尾部扩大并反卷形成瓶状,可捕食昆虫。猪笼草具有总状花序,开绿色或紫色小花。猪笼草叶顶的瓶状体是捕食昆虫的工具。瓶状体开口边缘和瓶盖复面能分泌蜜汁,引诱昆虫。瓶口光滑,待昆虫滑落瓶内,被瓶底分泌的液体淹死,并分解虫体营养物质,逐渐消化吸收。

秃杉

秃杉是分布在中亚热带季风气候区的一种常绿乔木,高约 40 米,胸径达 2 米,树皮淡灰褐色,裂成不规则长条形,树冠成锥形,大枝平展或下垂,小枝下垂,大树之叶棱状钻形,排列紧密,长 2~5 毫米,两侧宽 1~1.5 毫米,直或上端微弯,先端尖或钝,幼树及萌芽枝之叶钻形,两侧扁平,直伸或稍向内弯曲,先端锐尖。球花单性同株,雄球花 2~7 个簇生于小枝顶端,雌球花单生于枝顶,无苞鳞。球果圆柱形或长椭圆形,长 1.5~2.5 厘米,直径约 1 厘米,熟时褐色,种鳞 12~39 枚,中部种鳞宽倒三角形,长约 7 毫米,每发育种鳞具 2 粒种子,种子长椭圆形或倒卵形，两侧边缘具翅，种子连翅长4~7毫米，宽3~4毫米。

为第三纪古热带植物区孑遗植物，属于国家一级保护植物，它的树皮淡灰褐色，裂成不规则长条形，树冠成锥形，为我国台湾的主要用材树种之一。

秃杉的分布区属中亚热带季风气候，其特点是夏热冬凉，雨量充沛、雨日及云雾较多，光照较少，相对湿度较大。据雷公山气候资料，年均气温14.3℃，7月份均温23.5℃，1月份均温3.6℃，大于等于10℃有效积温4110℃，≥10℃天数197天，凝冻约20天，年降雨量为1400毫米以上，雨量集中在4~9月，10~3月较少，约300毫米。

秃杉的主要分布区雷公山地质构造为江南古陆雪烽台凸，地处云贵高原东部边缘，由于雷公山台块上升，流水侵蚀，深切割的沟谷纵横交错，形成以高中山、中山为主，低山局部出现的地貌特征，基岩为前震旦纪板溪群变质岩系，以浅变质岩为主。土壤为山地黄壤类，酸性，pH值4.0~5.3，质地为壤土，土层较深厚。

秃杉寿命长，生长迅速，主干发达，浅根性，侧根和须根发达，多集中于80厘米的土层中，幼树梢耐阴，在全光照条件下生长也比较迅速，种子萌发率良好，为扩大其资源量奠定了良好的基础。

白鹭花

白鹭是一种长得像鹳似的鸟，在南欧和亚洲发现有一种花竟然也有同样的名字，因为它酷似飞行的白鹭。

白鹭花，原名狭穗鹭兰，是非洲南部的一种本土植物，这种花是在地下生长，除了像肉般的花朵裸露在地面上，释放出一种尸体恶臭吸引着蜣螂、食尸甲虫。美丽鲜红花朵的真实作用是一个陷阱，吸引甲虫们进入到花朵之中，然后将这些甲虫困起来直至死亡，它吸收甲虫尸体的营养成分。

白鹭花

白鹭花通常隐身于充当寄主的树丛中，人们很难发现它的踪影，只能通过其难闻的气味觅得其踪迹。非洲白鹭花，属于全球十六种“臭名昭著”的美丽植物，是一种大戟属植物。是非洲南部的一种本土植物，通常它生长在干旱贫瘠的沙漠地区，它在纳米比亚通常被称为草原型大戟属植物，是一种银灰色肉质灌木，最高可达两米，根茎如木头般坚硬，外形如蜂窝。豺和狒狒同南非科桑（Khoi-San）族人一样，会“泰然自若”地吃掉花上结出的果实，根据它的这一特性，当地人称其为“丛林人的色拉”。植物中理想的寄生关系是“中立寄生性”，按照这种寄生关系，寄生植物会对寄主造成极少损害，或者不造成任何损害。大戟属植物是幸运的，它散发着恶臭，具有“中立寄生性”的花不会对其造成一点伤害。

峨眉含笑

峨眉含笑为含笑花属，属内之植物近约50种，其性较不耐寒，故大都散布于亚洲的热带、亚热带和温带地理区，而中国原产者即多达三十余种，主产于南方各省诸如江西南部、广东、福建以及台湾一带之山坡地，野生形态者多半混生于南方的阔叶树林中。现台湾全省各地均有栽种，但多半集中于桃园、彰化、埔里与台南，以盆栽销售为主，庭园造景次之。在园艺用途上主要是栽植2~3公尺之小型含笑花灌木，作为庭园中备供观赏暨散发香气之植物，当花苞膨大而外苞行将裂解脱落时，所采摘下的含笑花气味最为香浓。

峨眉含笑为常绿乔木，高达20米，胸径达40厘米；树皮灰色或灰绿色，光滑。叶革质，倒卵形、倒披针形或长圆状倒披针形，长7~15厘米，宽3~5厘米，先端急尖或短渐尖，基部楔形或宽楔形，上面绿色，下面灰绿色，微被白霜，侧脉8~13对；叶柄长1.5~4厘米，具托叶痕。花单生叶腋，直径5~7.5厘米，淡黄色；花被片9~12枚，倒卵形或倒披针形，长3~5厘米，宽1~3厘米，先端圆或钝尖，愈向内者愈小；雄蕊多数，花药长1~1.2厘米，花丝淡绿色，长2~4毫米；心皮多数，淡绿色，密被短细毛，每心皮内有胚珠1~14枚，仅部分心皮发育。穗状果序下垂，长15~25厘米；成熟心皮紫红色，几无柄，倒卵圆形或长圆形，长1.5~3.5厘米，顶端有短成熟后两瓣开裂。峨眉含笑分布于四川盆地边缘岷江上游的灌县、什邡，青衣江流域的荥经、雅安、峨嵋、洪雅，大渡河下游的峨边、沐川，以及东南部的古蔺、南川与湖北西部利川等地。生于海拔700~1600米的森林中。

峨嵋含笑为中国特有种，分布范围狭窄，且呈零星散生。由于材质优良，常成为滥伐对象。现分布区植株已越来越少，又因其结实甚少，更新困难，将被其他阔叶树种更替，陷入灭绝的危险，为残遗树种。对于研究木兰科植物的系统发育、植物区系等有科学价值。木材为制车船、家具、乐器、图版、雕刻等良材；花、叶含芳香油，可提浸膏；树皮和花均可入药；种子油供工业用；树形美观，花美丽芳香，可供庭园观赏，也可作适生地区的主要造林树种。国家二级保护濒危品种。是城市绿化名贵树种，获世博会园林植物铜奖。

罗汉松

罗汉松是产于中国长江流域以南地区罗汉松科中较常见的种类，多栽培供观赏。罗汉松神奇有趣的是，在夏季雌树的叶腋内，会结出一个个小罗汉似的种子，种子上面的“光头”部分是一枚侧生胚珠，下面的种托好似罗汉的身体，种托处微微凸起的地方，又很像罗汉“合十”的双手。

罗汉松

罗汉松属常绿乔木，高达16米，胸径60厘米；树皮褐灰色或灰白色，鳞状开裂。叶螺旋状排列，辐射状散生，在小枝上端排列紧密，厚革质，线状披针形或线形，微弯，长4~10.5厘米，宽5~10毫米，先端圆或钝尖，基部窄成短柄，中脉两面隆起，上面绿色，有光泽，下面淡绿色。雌雄异株，雄球花穗状，单生或2~3簇生叶腋，长3~5厘米，几无梗，基部具数枚三角形苞片；雌球花单生叶腋；具梗。种子卵圆形，长8~10毫米，直径约6毫米；肉质种托与种子等长或近等长，成熟时红色或紫红色。松柏植物门罗汉松科的一属。叶线形、披针形、椭圆形或鳞形，螺旋状排列，近对生或对生，有时基部扭转排成两列。雌雄异株，雄球花穗状或分枝，单生或簇生叶腋，雌球花通常单生叶腋或苞腋，有数枚螺旋状着生或交互对生的苞片，最上部的苞腋有 1 套被生 1 枚倒生胚珠，套被与珠被合生，花后套被增厚成肉质假种皮，苞片发育成肥厚或稍肥厚的肉质种托。种子核果状，全部为肉质假种皮所包，生于肉质种托上或梗端。罗汉松科的化石出现于晚三叠世。现存的罗汉松科植物共 7 属约 130 余种，分布于热带、亚热带及南温带地区，在南半球分布最多。其中罗汉松属种类最多，次为陆均松属，约 20 种。中国产陆均松属 1 种，即陆均松（产海南岛）。罗汉松属植物的木材材质细致均匀，纹理直，有光泽，硬度适中，干后不裂，易加工，耐腐力强，供作乐器、文具、雕刻、农具、家具、建筑、桥梁、船舰等用。

人参

人参属五加科，多年生草本植物。茎高约 40～50 厘米，轮生掌状复叶。伞形花序单生茎顶，花淡黄绿色。果实扁圆如豆粒，秋天成熟时为红色。根为纺锤形肉质主根及分枝，形似小人。根含多种人参皂甙及少量挥发油。野生的山参，多生长于气温低、光照长、土壤肥沃的山坡地带，我国以长白山所产的人参最为著名，野生参生长缓慢，采集困难，现在我国进行人工栽培的人参已弥补了野生参这一缺憾。

人参的药用

人参为第三纪孑遗植物，也是珍贵的中药材，以“东北三宝”之首驰名中外，在我国药用历史悠久。人参有大补元气，治疗久病虚脱，并能健脾益肺、安神增智，是著名的补气强壮药。长期以来，由于过度采挖，资源枯竭，人参赖以生存的森林生态环境遭到严重破坏，因此古代的山西上党参早已绝灭，目前东北参也处于濒临绝灭的边缘。

孩儿参

孩儿参别名童参，多年生草本，高 10~20 厘米。块根纺锤形，淡灰黄色。茎细弱，直立，常单生。叶形多变，花期披针形，花后渐增大成卵形，或宽卵形，成轮状，两面无毛，叶柄长 1~10 毫米。花二型，普通花单生茎顶或腋生，萼片 5 枚，狭披针形，长约 5 毫米，边缘膜质，背面被柔毛；花瓣 5 枚，白色，狭矩圆形，长约 6 毫米；雄蕊 10 枚；子房卵形，花柱 3 枚；闭锁花生茎下部叶腋，萼片 4 枚，无花瓣。蒴果近球形，含数粒种子；种子肾形，黑褐色，表面具乳头状突起。花期 6~7 月，果期 7~8 月。生于山坡草地、林下阴湿处。分布于我国东北、华北、西北、华中、华东、朝鲜、日本。

羽叶点地梅

羽叶点地梅，国家二级重点保护野生植物。生于高山草甸、山坡草丛中、河滩砂地或山谷阴处。海拔 2800~4500 米。一年生或二年生草本，花葶高 3~9 厘米。叶基生，沿中脉疏被长柔毛，羽状深裂，裂片线形，全缘或具不整齐的疏齿；叶柄疏被长柔毛。伞形花序着生于花葶端；苞片线形，疏被柔毛，花梗长 2~12 毫米；花萼要杯状，5 裂，裂片三角形，内面被微柔毛；花冠稍短于花萼，白色，坛状，喉部收缩且具环状附属物，冠檐 5 裂，裂片长圆形；雄蕊 5 枚，着生于花冠管的中上部，与花冠裂片对生；花丝极短，花药卵形，先端纯；子房下位，扁球形，有胚珠数枚；花柱短于子房，宿存；柱头头状。蒴果近球形，在中部以下横裂成两半。种子 6~12 枚。花期 5~6 月，果期 6~8 月。单种属。

羽叶点地梅主要分布于甘肃：岷县、临泽、玛曲、夏河；青海：兴海、达日、玛多、泽库、贵德、湟源；四川：松潘、德格、石渠、若尔盖；西藏：比如（曲宗拉）。

樟树

樟树为亚热带常绿阔叶林的代表树种，为亚热带地区（西南地区）重要的材用和特种经济树种，学名 Cinnamomumcamphora。亦称“香樟”。樟科。常绿乔木。叶互生，卵形，上面光亮，下面稍灰白色，离基三出脉，脉腋有腺体。初夏开花，花小，黄绿色，圆锥花序。核果小球形，紫黑色，基部有杯状果托。广布于中国长江以南各地，以台湾为最多。植株整体均有樟脑香气，可提取樟脑和樟油。木材坚硬美观，宜制家具、箱子，又为绿化树、行道树。原产中国南部各省，台湾、越南、日本等地亦有分布。樟树亦是浙江省杭州市、宁波市、金华市、江苏省无锡市、江西省南昌市、上饶市、景德镇市、樟树市安徽省马鞍山、安庆市、湖南省长沙市、湖北省鄂州市、四川省绵阳市、自贡市、贵州省贵阳市的市树。另有江西省樟树市，地处江西省中部，赣江中游，鄱阳湖平原南缘。

樟树

樟树高可达 50 米，树龄成百上千年，可称为参天古木，为优秀的园林绿化林木。树皮幼时绿色,平滑;老时渐变为黄褐色或灰褐色纵裂。冬芽卵圆形。叶薄革质,卵形或椭圆状卵形,长5~10厘米,宽3.5~5.5厘米,顶端短尖或近尾尖,基部圆形,离基3出脉,近叶基的第一对或第二对侧脉长而显著,背面微被白粉,脉腋有腺点。花黄绿色,春天开,圆锥花序腋出,又小又多。球形的小果实成熟后为黑紫色,直径约零点五厘米;花期4~5月,果期8~11月。

灰褐色的树皮有细致的深沟纵裂纹。樟树全株具有樟脑般的清香,可驱虫,而且永远不会消失。叶互生,纸质或薄革质,树干有明显的纵向龟裂,极容易辨认。据说因为樟树木材上有许多纹路,像是大有文章的意思,所以就在"章"字旁加一个木字作为树名。樟树是常绿乔木,它的常绿不是不落叶,而是春天新叶长成后,去年的老叶才开始脱落,所以一年四季都呈现绿意盎然的景象。樟树的小花非常独特,外围不易分辨出花萼弥或花瓣的。花有6片,中心部位有9枚雄蕊,每3枚排成1轮。

七子花

七子花中国特有的忍冬科单种属植物,七子花是落叶小乔木,高达7米;树皮灰褐色,片状剥落;幼枝略呈四棱形,红褐色。叶对生,厚纸质,卵形至卵状长圆形,长7~16厘米,宽4~8.5厘米,先端尾状渐尖,基部圆形或微呈心形,近基三出脉,3脉近平行,全缘或微波状,下面脉上被柔毛;叶柄长5~15毫米。圆锥花序顶生,长达15厘米。由多数密集呈头状的穗状花序组成;穗状花序有12轮,每轮有7朵花,包括1对有3朵花的聚伞花序和1朵顶生的单花,外面包有10~12枚鳞片状苞片和小苞片,小苞片各对形状大小不等,最外一对有缺刻;萼筒长约2毫米,被白色刚毛,萼齿5枚,长圆形;花冠白色,稍芳香,筒状漏斗形,外面密生倒向短柔毛,裂片5枚,近唇形;雄蕊5枚,子房下位,3室,仅1室能育。果为瘦果状核果,长圆形,长1~1.5厘米,外具10条纵棱和疏生糙毛,冠以宿存而增大的5萼裂片,裂片紫红色。

七子花姿态优美,花期长;树干洁白、光滑,可与紫薇媲美;花形奇特,花色红白相间,繁花集于长花序,远望酷似群蜂采蜜,甚为奇观。七子花可作为优良的园林绿化观赏树种,具有较高的经济价值。七子花主要分布于湖北、安徽、浙江的大盘山、北山、天台山以及泾县、宣城等地区,在模式标本产地——湖北兴山已不存在七子花了。

七子花属国家二级重点保护植物,先后被列入中国被子植物关键类群中高度濒危种类和中国多样性保护行动计划中优先保护的物种。

灵芝

灵芝草别名赤芝、木灵芝、高砂。菌盖扁形或肾形,直径5~15厘米,厚0.5~2厘米;盖面黄褐色,变为红褐色,具有漆状光泽的皮壳,有同心环状棱纹和辐射状皱纹;边缘薄或平截,往往稍后卷。菌肉木栓质,近白色至淡褐色,厚可达1厘米。管口白色或淡褐色,每毫米4~5个,管孔圆形。菌管一层,长0.1~1厘米,近白色,后变为浅褐色。菌柄侧生,罕偏生,长可达19厘米或更长,粗1~4厘米,紫褐色,有漆状光泽。孢子卵圆形,顶端截形,双层壁,内壁褐色布有小疣,外壁无色,光滑。生于阔叶树树根和木桩旁,为高温型腐生真菌,喜高温、高湿、散射光的环境。分布于我国东北、华北、西北、西南、中南、华东,全世界广泛分布。

灵芝"仙草"

灵芝是一种坚硬、多孢子和微带苦涩的菌类植物。现在野生的灵芝已经很少见,大多数都是人工种植的。灵芝自古以来就被认为是吉祥、富贵、美好、长寿的象征,有"仙草""瑞草"之称,中华传统医学长期以来一直视为滋补强壮、固本扶正的珍贵中草药。民间传说灵芝有起死回生、长生不老之功效。

灵芝的药用价值

灵芝是我国中医药宝库中的珍品,素有"仙草"之誉。根据我国第一部药物专著《神农本草经》记载:灵芝有紫、赤、青、黄、白、黑六种,但现代文献及所见标本,多为多菌科植物紫芝或赤芝的全株。性味甘平。紫芝主要含麦角甾醇、有机酸、氨基葡萄糖、多糖类、树脂、甘露醇和多糖醇等。又含生物碱、内酯、香豆精、水溶性蛋白质和多种酶类。中药味甘,性温,有滋补强壮,健脑安神,利尿,解毒的功效。中药治虚劳,气喘,头晕,失眠,慢性气管炎,高血压病,冠心病,消化不良,肾盂肾炎,慢性肝炎,毒菌中毒。

跳舞草

跳舞草是一种快要绝迹的珍稀植物,又叫情人草,多情草,风流草。该草属多年生蝶形花科木本豆科植物,直立小叶灌木,野生于深山之中,株高 60 厘米,

跳舞草

苗高25厘米以上,叶柄上长出三片叶时,就可开始观赏。野生主要分布于四川、湖北、贵州、广西等地的深山老林之中。它树不像树,似草非草,地植高约100厘米,盆栽高约50厘米左右;茎呈圆柱状,光滑;各叶柄多为3枚叶片,顶生叶长6~12厘米,侧生一对小叶长3厘米左右。多年生小灌木株高60~150厘米,叶片随植株的生长而变化,初生真叶对生,以后转为单叶互生,叶长椭圆形或披针形,长5~10厘米,蝶形花,紫红色。叶片随温度变化或音乐伴奏会上下舞动,非常奇特。可用于栽培等。花期在8~10月,小花唇形、紫红色;荚果在10~11月成熟;种子呈黑绿色或灰色,种皮光滑具蜡质。该植物对外界环境变化的反应能力令人惊叹不已。如对它播放一首优美的抒情乐曲,它便宛如玉立的女子,舒展衫袖情意绵绵地舞动;如果你对它播放杂乱无章、怪腔怪调的歌曲或大声吵闹,它便"罢舞",不动也不转,似乎显现出极为反感的"情绪"。

据科学家研究认为,跳舞草实际上是对一定频率和强度的声波极富感应性的植物,与温度和阳光有着直接的关系。当气温达到24℃以上,且在风和日丽的晴天,它的对对小叶便会自行交叉转动、亲吻和弹跳,两叶转动幅度可达180度以上,然后又弹回原处,再重复转动。当气温在28~34℃之间,或在闷热的阴天,或在雨过天晴时,纵观全株,数十双叶片时而如情人双双缠绵般紧紧拥抱,时而又像蜻蜓翩翩飞舞,使人眼花缭乱,给人以清新、美妙、神秘的感受。当夜幕降临时,它又将叶片竖贴于枝干,紧紧依偎着,真是植物界罕见的"风流草"。此外,跳舞草还具有药用保健价值,全株均可入药,具有祛瘀生新、舒筋活络之功效,其叶可治骨折;枝茎泡酒服,能强壮筋骨,治疗风湿骨疼。

瓣鳞花

瓣鳞花出汗是为了避免体内盐分过多而伤害自身。当"汗滴"从叶片表面蒸发掉时,叶片上留下一层洁白的盐霜,大风一刮,全部抖落地上。

瓣鳞花，一年生矮小草本，高5~16厘米。叶小，常4枚轮生。花小，粉红色。瓣鳞花科有4属90种，中国仅产1属1种。古地中海植物区系成分的典型代表。分布于新疆、甘肃、内蒙古，多生于海拔1200~1450米处的盐化草甸中。

瓣鳞花的无性繁殖主要有两种方式：一种为劈裂式生长，是瓣鳞花自然更新的主要方式；另一种方式是由茎部向地表发生弯曲，被地表浮沙覆盖后由茎尖处长出不定根和不定芽，形成新的植株。一般在资源较贫乏、随机干扰程度高的条件下瓣鳞花以劈裂生长形成的环状集群为主；反之，以枝条下垂形成新植株为主。调查中发现瓣鳞花的劈裂生长也有两种类型，一种是当植株生长到一定阶段时，首先茎从基部到根部发生多次劈裂，使主根形成多条，以后地上的茎部也相应发生分裂而形成多个独立的植株；另一种是茎基部以上的部位先发生纵裂，而根部后发生分离，分裂形成的几个部分由于遇到的小环境不同，有的枯死了，有的存活下来，继续生长，最后形成几个独立的植株，因此，瓣鳞花往往形成环状的集群。对采于不同地段的即将劈裂的过渡状态的植株观察时发现，前一种类型的瓣鳞花多生长在地势相对较高的地段，而后一种类型的瓣鳞花多生长在坡底或地势相对低洼等土壤水分条件相对较好的环境中，这一现象说明水分条件会在一定程度上影响劈裂生长的发生过程，而在土壤水分条件相对较好的情况下，风力和温度等外部条件对地上部分的劈裂起着相当大的作用。瓣鳞花对雨水的依赖性和敏感性很强，常以“假死”的方式度过不良环境，并保持春、秋两次开花的习性，其种群的繁衍以营养繁殖类型为主，劈裂生长又占有较大的比重，这很可能是其远祖逐渐适应现代荒漠干旱气候条件的结果。

此外，劈裂生长是该地区一些强旱生小灌木对干旱环境的一种特殊适应方式，植物体通过对不同的环境条件采用不同的繁殖方式去延续后代、传递基因，这是植物对环境长期适应的最大保证。虽然劈裂生长的机理问题还在研究之中，但其可能具有重要的生态适应意义，它不仅是一种无性繁殖方式，而且对植物扩展空间、扩大种群、增加繁殖途径、分摊风险、提高适合度等方面具有重要作用,是植物在干旱环境中生存的一种积极的适应。

含羞草

含羞草是豆科的多年生草本植物,茎淡红色,有短的利刺,它的叶为羽状复叶再作指状排列;小叶对生,长条形,长约 1 厘米,宽约 2 毫米。如果我们用手

含羞草

指轻轻触动含羞草叶的上部,就可见一对对的小叶片,顺着叶轴,很有规律地向上靠拢闭合,依次合拢,逐渐传递。如果你用较大的力去打它,就可见全部小叶顷刻闭合,长的总叶柄也立即下垂,过了一段时间,它又逐渐恢复原来的状态。

含羞草为何会“含羞”

含羞草的叶受到震动或人用手触及的时候会合拢,甚至导致整个叶柄下垂的现象。这是由于刺激在普通细胞中激发了某种电信号,有些学者认为这个电信号沿着输导组织的木质部和韧皮部传递到数厘米至数十厘米远的叶柄和中片的缘故。含羞草所独有的伸长的韧皮部细胞像高速公路一样,保证了电信号

传递畅通无阻,其速度可达每秒14毫米。

云南石梓

云南石梓,又名大叶石梓、甑子树、酸树、埋索(傣语)、甲梭扑(哈尼语)、勒咩(基诺语),为马鞭草科半落叶乔木,高25~30米,胸径30~80厘米。叶片阔卵形。顶生圆锥花序,花黄色,二唇形,花萼钟状。核果倒卵状椭圆形,黄色。主要分布于东南亚。中国仅分布于云南,生于海拔1400米以下的山坡、山脊或平地季雨林。材质与世界著名的柚木近似。国家二级保护稀有物种。

云南石梓属于热带亚洲成分,多分布于南向河谷,中国滇南和滇西南是它分布区的北缘,属偏干性气候,年平均气温为17.8~19.3℃,但年变幅较小,最冷月平均气温在12℃左右,没有冬季,极端最低温偶尔可达-1.7℃及0.6℃,年降水量较多,约123.4~166.6毫米。

石梓性喜光,稍耐旱,低温是云南石梓的限制因素。比较瘠薄的山地也能生长,但长势衰弱,而以高温、高湿、静风环境及深厚肥沃土壤生长最优。初期生长很快,旺盛生长期可延续60年以上。立地条件好时,10年生树高、胸径年平均生长量可分别达到1米和1.5厘米以上。

土壤为赤红壤、淋溶石炭岩土。它对水热及土壤、地形条件生态幅较广,山坡、山脊、平坝均能生长。为阳性树种,在季节性雨林中常构成上层成分,伴生的主要树种有合果木、绒毛紫薇、印度锥等。

栽培技术简单。花期3~4月,果期5~6月。种子千粒重400~900克,发芽率高达80%以上。播种前沙藏催芽。植苗造林或直播造林均可。害虫有石梓龟甲、石梓大斑丫毛虫、石梓沟胸龟甲、石梓跳甲、石梓蓑天牛等。

云南石梓已被列为稀有物种,在我国的分布仅限于云南南部和西南部。其材质优良,心材耐腐,抗虫,防湿性能特强,是当地群众所喜用的建筑、家具用材。由于长年不合理的采伐和近年来毁林开荒，破坏十分严重，现存的天然植株已明显减少，若不加强保护，促进自然更新，进行人工栽培，将陷入濒危状态。

鹤望兰

鹤望兰是旅人蕉科鹤望兰属植物，为多年生常绿草本植物，高可达 1 米。根肉质，粗壮，茎不明显，叶片从极短的地上茎生出，折叠状，对生，叶片椭圆形，长约 40 厘米，宽约 15 厘米，蓝绿色，叶柄长 30~75 厘米。花大，左右对称，常 6~8 朵排成蝎尾状聚伞花序，生于一船形佛焰苞中。佛焰苞长约 15 厘米，具长的总花梗，萼片 3 枚，橙黄色，花瓣 3 片，紫蓝色，中央的一枚花瓣小，船状，侧生的两枚花瓣靠拢成箭头状，内藏 5 枚雄蕊，花形美丽且奇特，可作盆栽或切花用。

鹤望兰

鹤望兰的生长特点

鹤望兰是一种美丽的花卉，又称极乐鸟花，原产南非。它在原产地靠一种很小的蜂鸟传粉才能结实。广州有栽培。由于华南地区没有那种蜂鸟，故必须靠人工授粉才能结实。鹤望兰喜光照充足和温暖湿润的气候，怕霜冻，华南可露地栽培,靠分株繁殖。把植株基部生出的萌蘖株切开分出,在切口处涂上草木灰以防腐烂就可移植,种植时不宜种得过深,以免影响新芽生长。

百岁兰

百岁兰,是生长于沙漠地区的一种裸子植物,以其能适应极端气候和防沙固土的特点而闻名。其一生只长两片叶子,但每一片叶子都可以活百年甚至千年时间,所以叫百岁兰,又称为“活化石”,其不愧为植物界的老寿星。

百岁兰是奥地利植物学家 FriedrichWelwitsch 在 1860 年发现于安哥拉南部纳米比沙漠中。它是一种十分奇妙怪异的植物,生长于条件非常恶劣,年降雨量少于 25 毫米,加上来自海边的雾气也只能相当于 50 毫米。最老的百岁兰年龄估计在 1500 至 2000 年。这些植株能够忍耐极为恶劣的环境。大部分百岁兰生长于距离海岸 80 公里的多雾区域,据此估计雾气是它们水分的主要来源。

百岁兰跟其他植物的亲缘关系还有待研究。它仅仅分布在纳米比沙漠。纳米比沙漠是世界上最古老的沙漠,而百岁兰分布在这个沙漠从纳米比亚西部沿海到安哥拉西南部一个狭长的,极其干燥的地段。这个植物像一个木质化的胡萝卜,茎纤维质,具有粗大显著多皱褶的表皮。不均匀的生长使其茎部怪异地扭曲,而从茎部可以进行光合作用的组织长出两片带状的叶。大的植株距离地面最高的部位可达 1.5 米。生长于 Pforte 的植株高达 1.2 米,基部叶子盘绕成堆周长达 8.7 米。这些植株的根可深达 30 米。

百岁兰的树干非常短矮而粗壮,呈倒圆锥状,高很少超过 50 厘米,而直径可达 1.2 米,具有极长而粗壮、深达地下水位的主根;树干上端或多或少成二浅裂,沿裂边各具一枚巨大的革质叶片,叶片长带状,具多数平行脉,长达 2~3.5 米,宽约 60 厘米,叶之基部可继续生长,叶的顶部则逐渐枯萎,常破裂至基部而形成多条窄长带状,其寿命可达百年以上,故有百岁叶之称。球花形成复杂分枝的总序，单性，异株，生于茎顶叶腋凹陷处，由多数交互对生、排列整齐而紧密的苞片所组成，苞片的腋部生一球花；雄球花有两对假花被，具6枚基部合生的雄蕊，中央有一个不发育的胚珠；雌球花有两枚假花被成管状，胚珠的珠被伸长成珠孔管。种子具内胚乳和外胚乳，子叶2枚，萌发后可保存2~3年。百岁叶的叶具明显的旱生结构，气孔为复唇形，是沙漠中难能生成的矮壮木本植物，能固沙保土。其次生木质部除管胞外，还有导管。

百岁兰是雌雄异株的，雌株有大的雌球果，雄株有雄花，每一雄花有6枚雄蕊。花粉传递靠风，不过还有一种很小的昆虫也有传粉作用。一般的雌株可以结60到100个雌球果，种子可以达到10000粒。种子有纸状翼，散播靠强风。这些种子大部分不会发芽，因为假设有50%是有活性的，这其中还会有80%被真菌感染。估计不到万分之一的种子会发芽并且长大成株。过分潮湿会使种子不发芽并散发出恶臭。

百岁兰的分布范围极其狭窄，只分布于安哥拉及非洲热带东南部，生于气候炎热和极为干旱的多石沙漠、枯竭的河床或沿海岸的沙漠上。它也是远古时代留下来的一种植物“活化石”，非常珍贵。

香果树

香果树特产我国。起源于距今约1亿年的中生代白垩纪。最初发现于湖北西部的宜昌地区海拔670~1340米的森林中。英国植物学家威尔逊在他的“华西植物志”中，把香果树誉为“中国森林中最美丽动人的树”。中国已把它列为国家二级重点保护植物。茜草科落叶大乔木，古老孑遗植物，中国特有单种属珍稀树种，分布于我国很多地方。

香果树是落叶乔木。叶对生有柄，厚纸质，高可达30米；树皮呈小片状剥落；小枝有皮孔和托叶环；叶片宽椭圆形或宽卵状椭圆形，全缘；托叶三角状卵

香果树

形,早落。聚伞花序排成项生的圆锥花序状;花大,淡黄色,有柄;花萼小,5裂,裂片三角状卵形,脱落性,在一花序中,有些花的萼裂片的1片扩大成叶状,白色而显著,结实后仍宿存;花冠漏斗状,有绒毛,顶端5裂,裂片覆瓦状排列;雄蕊5,与花冠裂片互生;于房2室,花柱线形,柱头全缘或2裂,胚珠多数。蒴果长椭圆形,两端稍尖,成熟后裂成2瓣;种子极多,细小,周围有不规则的膜质网状翅。

香果树是古老孑遗植物,中国特有单种属珍稀树种,分布于江苏南部、安徽东南部和西南部、浙江东南部和西部、福建北部和中部、江西东部和西部、湖南西南部和西北部、湖北西部和西南部、四川东部和中南部、河南南部、陕西南部、甘肃东南部、广西东北部和西北部、贵州东北部和西南部、云南东南部和西北部。在神农架林区主产于南部海拔600~1400米的山坡或山沟边林中。板仑电站后山腰海拔1050米处有一株香果树,高约28米,胸径186厘米,树龄约300年,是神农架山地和湖北省目前发现的最大香果树。香果树姿态优美,花色艳丽,也是很好的观赏植物。香果树喜温和或凉爽的气候和湿润肥沃的土壤。分布区内年平均气温18~22℃,在庐山能耐极端最低温-15℃,年降水量为1000~2000毫米,一般集中于5~8月,相对湿度为70~85%。土壤为山地黄壤或沙质黄棕壤,pH值5~6。通常散生在以壳斗科Fagaceae为主的常绿阔叶林中,或生于常绿、落叶阔叶混交林内。香果树为偏阳性树种,但幼苗和10龄以内的幼树能耐荫蔽，10 龄以上多不耐阴，一般在 30 龄以上的壮龄树才能开花结实。7~9 月开花，果实 10~11 月成熟；种子有翅，借风力传播。

箭毒树

箭毒木属乔木，高达 30 米；具乳白色树液，树皮灰色，具泡沫状凸起。叶互生，长椭圆形，长 9~19 厘米，宽 4~6 厘米，基部圆或心形，不对称；叶背和小枝常有毛，边缘有时有锯齿状裂片。雄花序头状，花黄色。果肉质，梨形，紫黑色；味极苦，直径 3~5 厘米。花期春夏季，果期秋季。箭毒木为桑科常绿大乔木，又名加独树、加布、剪刀树等，树干基部粗大，具有板根。

箭毒树

毒木之王——箭毒木，云南旅游景点西双版纳傣语称为“埋广”，是桑科见血封喉属乔木。树型高大，枝叶四季常青，树汁有剧毒，是自然界中毒性最大的乔木，有“林中毒王”之称。生长在西双版纳海拔 1000 米以下的常绿林中，是一种剧毒植物和药用植物。当地少数民族在历史上曾将见血封喉的枝叶、树皮等捣烂取其汁液涂在箭头，射猎野兽。据说，凡被射中的野兽，上坡的跑七步，下坡的跑八步，平路的跑九步就必死无疑，当地人称为“七上八下九不活”。据分析，见血封喉植物的主要成分具有强心、加速心律、增加血液输出量的功能，是一种有较好开发前景的药用植物。

箭毒木的乳白色汁液含有剧毒，一经接触人畜伤口，即可使中毒者心脏麻痹（心律失常导致），血管封闭，血液凝固，以至窒息死亡，所以人们又称它为“见血封喉”。现为濒临灭绝的稀有树种，国家二级保护植物。

半日花

半日花是半日花科的一种半灌木或灌木，稀为一年生或多年生草本孑遗植物。全世界约有 8 属 200 种，多分布于地中海沿岸。中国内蒙古、新疆有 2 种分布，分别是新疆半日花和内蒙古半日花，被国家列为二级保护植物。

半日花为矮小灌木，高 5~12 厘米，丛幅约 20 厘米，常呈垫状并形成结构紧密的灰绿色团状植丛，根系发达，根冠比大于 415。随降雨时间而定，若降雨及时，则可从 4 月底至 9 月初整个生长季开花，果实不断成熟脱落，无固定的果期，在生态生物学特性方面对干旱环境的适应特点是通过减少叶面积、降低蒸腾、减缓新陈代谢等活动来抵御干旱、高温的自然环境。半日花虽为直根系植物，主根粗壮，但侧根很发达，且数量多。种子萌发后，地下生长速度为地上生长速度的 10~14 倍。根外的树皮较厚，可保证在土壤干旱时不失水，同时可防止土壤表层沙粒高温灼伤根部。

半日花多分布于荒漠区强烈的石砾质山麓和剥蚀残丘的干燥阳坡上，具有强石质化生境特点，呈岛状残遗分布，作为一种适应于严酷生境的特殊观赏植物，具有一定的园艺价值，也可作为干燥石质荒山的绿化植物种。李新荣认为其最适宜气候生态引种区在鄂尔多斯高原及周边地区的乌海、伊克乌素、陶乐、杭锦旗、鄂托克旗、石嘴山和吉拉乡，这些地区的气候条件和半日花的天然分布区较为相似，是半日花引种栽培较易成功的地区，即半日花迁地保护最理想的地区、是最可能的潜在分布区。李爱得、刘生龙等从乌海引入种子于4月中旬在甘肃民勤沙生植物园试种成功。野生半日花种子饱满，干粒重为118~128g，无休眠期，春、夏季均可播种，直接干播或用35~40℃水浸种24~36小时。两种方法对发芽均无明显影响。

半日花是亚洲中部荒漠的特有种，对研究亚洲中部，特别是研究中国荒漠植物区系的起源以及与地中海植物区系的联系有重要的科学价值。所以加强对珍稀濒危植物半日花的研究和保护具有重要意义。

黄山梅

黄山梅为多年生草本，高约1米；茎无毛，带紫色。单叶对生，圆心形，长宽各10~20厘米，掌状分裂，边缘具粗锯齿，两面有伏毛；叶柄较长，在茎上部的

黄山梅

较短或无柄。聚伞花序生于上部叶腋及茎端，常具3花；花两性，黄色，直径4~5厘米，花梗稍弯曲而多少俯垂；萼筒半球形，裂片5枚，三角形；花瓣5枚，长圆状倒卵形或近狭倒卵形，长约3厘米；雄蕊15枚，排成3轮，不等长；子房半下位，通常3~4室，每室胚珠多数，花柱3~4枚，丝状，长约2厘米。蒴果宽椭圆形或近球形，直径约1.3厘米，花柱宿存；种子扁平，周围具斜翅。

黄山梅为阴性草木，不耐强光照射，喜温凉、湿润、富含有机质的酸性黄棕壤的生境，常在落叶阔叶林下阴湿之地呈小片生长。分布区年平均气温约7.7℃，1月平均气温~3.4℃，7月平均气温17.8℃，年降水量约2000毫米，相对湿度约90%。

黄山梅为单种属植物，是黄山梅亚科（Kirengeshomoideae）唯一的代表种，也是中国、日本间断分布的典型种类。黄山梅为稀有物种，仅见于安徽、浙江两省毗邻山区。由于森林砍伐，生境破坏以及挖根入药等原因，致使植株日益减少，已处于濒临状态。对于阐明虎耳草科的种系演化以及中国和日本植物区系的关系，均有科研价值。

光叶蕨

光叶蕨，国家一级重点保护野生植物。光叶蕨叶基部为禾秆色，光滑，上面有一条纵沟直达叶轴；叶片长30~35厘米，宽5~8厘米，披针形，向两端渐变狭，二回羽裂；羽片30对左右，近对生，平展，无柄，下部多对向下逐渐缩短，基部一对最小，长6~12柄，三角状犷，钝头；中部羽片长2.5~4厘米，宽8~10毫米，披针形，渐尖头，基部不对称，上侧较下侧为宽，截形，与叶并行，下侧楔形，羽状深裂达羽轴两侧的狭翅；裂片10对左右，长圆形，钝头，顶缘有疏圆齿，或两侧略反卷而为全缘；叶脉在裂片上羽状，3~5对，上先出，斜向上；叶坚纸质，干时褐绿色，光滑。孢子囊群圆形，仅生于裂片基部的上侧小脉，每裂片一枚，沿羽两侧各1行，靠近羽轴，通常羽轴下侧下部的裂片不育；囊群盖扁圆形，灰绿色，薄膜质，半下位，老明消失；孢子卵圆形，不透明，表面被刺状纹饰。

光叶蕨属于蹄盖蕨科，拉丁学名Cystoathyriumchinense。多年生草木，植株高约40厘米。分布区属四川盆地西缘，“华西雨屋”的中心地带，气候终年潮湿多雾，主要植被类型为亚热带山地常绿与落叶阔叶混交林。土壤为山地黄壤及山地黄棕壤,年降水量是1800~2000毫米,pH值4.5~5.5。多生长于阴坡林下,晚春发叶,7~8月形成孢子囊,9月成熟。

光叶蕨现状濒危。由于过去盘山路的修建而破坏了其种群,可能已野外灭绝。该种仅极少数存于灌丛下,陷于绝灭境地。

雪莲

人们常常用苍劲的青松和冰山上的雪莲来形容不畏强暴的坚强气质。雪莲,这种生长在高寒地带的草本植物确有不怕冰雪的特性,它在海拔3000~4000米的岩石峭壁中,面对着皑皑白雪,仍然倔强地生长,开放出紫红色的花朵。雪莲在高山严酷的条件下,生长缓慢,至少4~5年后才能开花结果。雪莲是一种高山稀有的名贵药用植物,因此保护雪莲资源,无论在科学上或医药学上都有重要意义。

高山上的雪莲

雪莲生于我国新疆天山、昆仑山、阿尔泰山和帕米尔高原,海拔2400~4000米的高山上。俄罗斯、蒙古也有分布。它是菊科的多年生草本植物,通常高15~25厘米,叶长圆形或卵状长圆形。密集生长,长约14厘米,叶缘有小齿。雪莲生长的地方位于高山雪线以下,在那里,气候严寒多变,雨雪交加,冷热无常,最高月平均气温才3~5℃,最低月平均气温为-19~-21℃,一年的无霜期只有50天左右。而且由于生长期短,它只能在气温较暖时迅速发芽、生叶、开花和结果,7月开花,8月果熟,生存周期很短,靠保留在地下的根状茎和种子度过寒冷的季节。它的种子很轻,顶端有毛,被风一吹像降落伞一样把种子散布到远处。

银杉

银杉,是三百万年前第四纪冰川后残留下来的植物,中国特有的世界珍稀物种,和水杉、银杏一起被誉为植物界的“国宝”,国家一级保护植物。银杉雌雄同株,雄球花通常单生于2年生枝叶腋;雌球花单生于当年生枝叶腋。球果两年成熟,呈卵圆形。

远在地质时期的新生代第三纪时,银杉曾广泛分布于北半球的亚欧大陆,在德国、波兰、法国及苏联曾发现过它的化石,但是,距今200万~300万年前,地球覆盖着大量冰川,几乎席卷整个欧洲和北美,但欧亚的大陆冰川势力并不大,有些地理环境独特的地区,没有受到冰川的袭击,而成为某些生物的避风港。银杉、水杉和银杏等珍稀植物就这样被保存了下来,成为历史的见证者。

银杉是我国特有的珍贵树种。但由于第四纪冰川的浩劫,许多植物遭到浩劫,相继死亡,银杉也濒于绝迹。由于中国南部的低纬度区,地形复杂,阻挡着冰川的袭击,中国的冰川比较零星,大多是山麓冰川,加上河谷地区受到温暖湿润的夏季风影响,冰川活动被限制在局部地区,这种得天独厚的自然环境,成了一些古老植物的避难所,它们得以保存下来。

银杉是松科的常绿乔木,主干高大通直,挺拔秀丽,枝叶茂密,尤其是在其碧绿的线形叶背面有两条银白色的气孔带,每当微风吹拂,便银光闪闪,更加诱人。银杉的美称便由此而来!

膝柄木

膝柄木是半常绿乔木,高13米,胸径60厘米;树皮黄褐色,有发达的板状根;小枝粗壮;芽圆锥形,芽鳞2~3,三角状卵形,长5~8毫米。叶薄革质,长圆形或长圆状披针形,长9~17厘米,宽3~6厘米,先端渐尖,基部近圆形,侧脉11~14对,脉细密成格状;叶柄长1.5~3厘米;脱叶早落。总状花序生于枝梢叶腋,长2~3厘米;花淡白色,花梗长2毫米;萼片5,披针形,长1.5毫米;花瓣5枚,长圆形,长2毫米,着生于花盘外围;花盘环形,具密而细小乳状突起;雄蕊5枚,长2毫米;子房球形,顶端具有一丛长毛,花柱2裂,长0.8毫米。蒴果长卵圆形,长2.5~2.8厘米,先端略尖,果瓣薄革质;种子1枚,长约2厘米,种皮黑褐色,有光泽,假种皮红色,肉质,全部或近全部包着种子,干后黄褐色。

膝柄木现仅存10株,卫矛科半常绿乔木,濒危种,国家一级保护植物。我国仅此一种。广西西南部发现的膝柄木是该属分布最北的种类。对研究我国种子植物区系地理及其热带亲缘具有重要的科学价值。

金花茶

20世纪60年代初期,我国科学工作者在我国广西的深山幽谷中首次发现一种金黄色的茶花,它带有芳香气味,真可谓色香兼备,被命名为“金花茶”。

金花茶

山茶花是我国特产的传统名花,也是世界名贵观赏植物。据说世界上已知的茶花有220种,就其色彩而言,有乳白、嫣红、浅绿和紫色等等,就是没有黄色的。国外育种学家曾千方百计用人工方法培育黄色品种的茶花,都没有成功。金花茶的发现,轰动了全球园艺界、新闻界,受到国内外园艺学家们的高度重视,专家认为它是培育金黄色山茶花的优良品种。此品种山茶花极其珍贵。金花茶喜欢温暖湿润的气候环境,生长在土壤疏松、排水良好的阴坡溪沟附近。由于它的自然分布范围极其狭窄,只能生长在广西南宁邕宁区海拔100~200米的低山丘陵地区,数量也很有限,现已被列为国家一级保护植物。

金花茶的生长习性

金花茶为山茶科常绿灌木,高2~5米。树皮浅灰黄色,枝条生长较为稀疏。叶色深绿,叶片质地如皮革,长圆形,先端有尖,叶缘微有反卷和细锯齿。隆冬11月,正是金花茶开花的时节,它的花期很长,可延续至第二年的2月份。盛开时,只见金黄色的花朵在绿叶掩映下,显得亮丽非凡,片片蜡质的花瓣晶莹润泽,仿佛刚被晨露洗过一样。花苞未开时亭亭玉立,盛开时含羞俯垂,好似一位待嫁的新娘,娇艳多姿。金花茶的果实为蒴果,内有黑褐色的种子。在我国广西南宁山区发现了金花茶后,近年又发现了十几种金花茶,如平果金花茶、东兴金花茶、显脉金花茶等,都是稀有的黄色茶花品种,均被列为国家级保护植物。

金花茶的经济价值

金花茶的木材质地坚硬,结构致密,是做雕刻及工艺品的极好材料。其花除观赏外,还能入药,治疗便血和妇女月经过多。并能提制天然的食用染料。叶子除泡茶做饮料外,还能治疗痢疾和烂疮。此外,其种子还可榨油、食用或做工业润滑油及其他溶剂的原料。为了使金花茶这一国宝繁衍生息,我国园艺工作者正通力合作,进行杂交选育实验,以培育出更加优良的品种。近年来,在我国昆明、杭州、上海等地已有引种栽培,具有较高的经济价值。

星叶草

一年生小草本,茎细弱,高 3~10 厘米,根直伸,支根纤细。子叶线形或披针状线形,无毛,叶纸质,菱状倒卵形、匙形或楔形,边缘上部有小齿,花小,两性,单生于叶腋,种子含丰富胚乳。花期 5~6 月,果期 7~9 月。零星分布于陕西南部、甘肃中部、青海南部、云南、四川、西藏等地。

星叶草

星叶草具有独特的性状,其叶脉为开放式的二叉状分枝脉序,特别是远轴盲脉末端的形态结构特征,使其明显地有别于毛茛科的其他属,故有人主张将其另立为星叶草科。因此,保护好星叶草,对进一步研究被子植物系统演化问题具有一定的科学价值。星叶草喜阴湿,要求散射光和潮湿的生境,凡阳光直接照射处,不见其分布,这种特殊生境一旦被破坏,即难生长。因它分泌一种特殊气味,影响其周围植物的生长,故在林下或局部小环境中往往形成单优群落。有时,一些湿生植物,如黄水枝、细弱荨麻,和槖吾等也可与其伴生。

星叶草零星分布于陕西南部太白山、佛坪、周至,甘肃中部肃南至东南部榆中、天水、夏河、临潭、岷县、康县、舟曲、文县,青海南部班玛、玉树、囊谦、杂多,四川北部南坪、色达、德格、金川、道孚、康定、泸定、稻城、乡城、木里，云南西北部德钦、贰山、中甸、丽江、东北部绥江、大关、昭通及中部景东，西藏东部类乌齐、察隅、波密、林芝、工布江达、郎县和新疆拜城托木尔峰等地。

铁锤兰

铁锤兰是一种兰科植物。其颜色和味道均像是生肉。由雄性胡蜂授粉。铁锤兰是兰科植物中一种濒临灭绝的物种，土生土长于澳大利亚。通常又被称为“铁锤兰”。该名称是指铁锤兰的形状以及它所移动的方式，就像锤子一样。

铁锤兰

铁锤兰的授粉方式十分独特，仅靠雄性胡蜂授粉。雌性胡蜂不会飞，它们在茎干上守株待兔，恭候雄性胡蜂大驾光临，带自己远走高飞。它们随后会在飞行途中交配。诡计多端的铁锤兰会装作雌性胡蜂的样子，因为铁锤兰的唇瓣在颜色和结构上类似于雌性胡蜂的腹部。另外，铁锤兰还可以产生一种信息素，同雌性胡蜂生成的信息素极为相似。雌性胡蜂生成信息素的目的是吸引雄性胡蜂。当雄性胡蜂被铁锤兰释放的信息素及其形状所吸引时，它将尽力采集铁锤兰的唇瓣后飞走，这种做法会使擎着唇瓣的茎干向后方移动，上述行为反之又会使雄性胡蜂的胸部同黏黏的花粉包产生接触。雄性胡蜂会厌倦于这种飞来飞去的生活。为了使铁锤兰成功授粉,雄性胡蜂必须被另一株铁锤兰蒙蔽,后者将经历一番相同的程序。

不过,这一次,铁锤兰的花粉储存在它的柱头里,这种共生现象并非互惠互利,因为胡蜂虽为铁锤兰授粉,却从后者那儿一无所获。这种方式,或者被当成傻子骗来骗去的做法,在铁锤兰授粉过程中并非屡试不爽,因为雄性胡蜂有时并不会被上述小伎俩所迷惑。

莼菜

莼菜,属睡莲科的一种水草,国家一级重点保护野生植物(国务院 1999 年 8 月 4 日批准)。中国黄河以南、湖北西部利川及重庆市石柱县所有沼泽池塘都有生长,在江苏的太湖(还是"太湖八仙"之一),苏北的高宝湖,尤其以重庆市石柱县黄水镇、杭州的西湖和雷波县的马湖,湖北省利川等地生产的莼菜闻名于世。采其尚未透露出水面的嫩叶食用,是一种地方名菜,古人所谓"莼鲈风味"中的"莼",就是指的这个菜,亦作药用。

莼菜或作菁菜,又名尊菜、马蹄菜、湖菜等,多年生宿根水生草本植物。鲜美滑嫩,为珍贵蔬菜之一。莼菜含有丰富的胶质蛋白、碳水化合物,脂肪、多种维生素和矿物质,常食莼菜具有药食两用的保健作用,正合《黄帝内经》中药食同源的理念。主产于浙江、江苏两省太湖流域,湖北省西部利川市境内,4 月下旬至 10 月下旬采摘带有卷叶的嫩梢。

相传乾隆帝下江南,每到杭州都必以莼菜调羹进餐,并派人定期运回宫廷食用。它鲜嫩滑腻,用来调羹做汤,清香浓郁,被视为宴席上的珍贵食品。莼菜的黏液质含有多种营养物质及多缩戊糖,有较好的清热解毒作用,能抑制细菌的生长,食之清胃火,泻肠热,捣烂外敷可治痈疽疔疮。莼菜黏液中的多糖,对实验动物某些肿瘤有抑制作用,将加入癌瘤毒遗传基因的B淋巴细胞和致癌物一起培养后,再把莼菜中的成分掺入,结果发现其对癌瘤毒的活化性有较强的抑制作用。

楠木

楠木是我国的珍贵树种,国家三级保护植物,素以材质优良闻名国内外。楠木的主要产地在四川、贵州、湖南、广西等省区,广东也有栽培。它是耐阴树种,适生于气候温暖湿润、土壤肥沃的地方。楠木为樟科的常绿乔木,高达40米,胸高直径达1.5米,树干正直。树皮灰白色带褐色,有浅的不规则纵裂,小枝有毛。它的叶较硬,窄椭圆形、倒披针形或倒卵状椭圆形,它的花淡黄白色,排成腋生的圆锥花序。

楠木

珍贵的栋梁之材

楠木为深根性树木,主根入土很深,不易被风吹倒,它在幼年期,顶芽生长旺盛,顶端优势明显,主干笔直茁壮,侧枝较细而且较短,及至壮年期侧枝逐渐伸长扩展。楠木的木材黄褐色略带浅绿,有香气,木质结构细致,不太重,干后不变形,易加工,加工后纹理光滑美丽,为上等建筑用材,由于其树干平整正直,又经久耐用,可作良好的栋梁之材。也是做家具、雕刻、精密木模、漆器和胶合板面的良材。楠木生长较慢,如果任人砍伐,不加保护,则有绝种的危险,因此,大力营造人工林,是保存这个珍贵树种的必要措施。

菱

菱为菱科一年生浮叶水生植物,茎、叶、果实相当特殊。主根较弱,长约数尺伸入水底泥中,有固定植株、吸收养分的作用,茎蔓细长完全沉于水中,上有分枝及须也能起吸收作用。

它的果实为坚果。果皮革质,绿色或紫黑色,内含种子 1 粒,子叶一大一小,以小柄相连。发芽后初生真叶为狭长线形,先端 2~3 裂,程菊状叶;茎蔓达到水面时形成正常叶,呈菱形,叶柄长,中部有浮器,组织疏松,内贮空气,飘浮水上。胚根发芽后很早就停止发育;但次生根发达,其中近土壤茎节上着生的须根,是菱吸收养分的主要器官。茎各节上的叶状根,含叶绿素,可行光合作用,兼有吸收功能。菱茎出水后,节间缩短,叶近似轮生,形成盘状,直径约 33 厘米,生叶约 40~60 片。菱花自叶腋中由下而上依次发生。花单生,白色,萼片、花瓣、雄蕊各 4 枚,子房 2 室,仅 1 室发育成种子。等片发育成菱的硬角,按角的有无和数目分为无角菱、三角菱和四角菱。嫩果色泽为青、红或紫色,老熟后硬壳成黑色,果肉乳白色,食用部分为种子的肥厚子叶。

其性,甘、涩、平,无毒。果肉富含淀粉,此外含有丰富葡萄糖、蛋白质、维生素(B、C)等。有清暑解热、益气健胃、止消渴、解酒毒、利尿通乳、抗癌等功效。鲜菱角生食,能消暑热、止烦渴,凡暑热伤津、身热心烦、口渴自汗、食欲不振者,可做食疗果品;菱角熟食性温,能健脾胃、益中气,凡脾虚气弱、体倦神疲、不思饮食、四肢不仁者宜食。适用于胃溃疡、痢疾、食管癌、乳腺癌、子宫癌及其他癌症的防治。日本以菱角为主要成分,制造一种轰动医学界的抗癌药——WTTC(薏苡仁、紫藤、诃子各9克,菱角60克,水煎服)。

菱、菱壳、菱柄、菱叶等皆可入药,菱草茎可用于小儿头部疮毒,鲜菱柄捣烂敷并时时擦之,可使皮肤性疣赘脱落;老菱壳烧灰存性敷可治黄水疮、痔疮。但体虚内寒者不宜生食。

蛇头菌

蛇头菌,常被叫作狗蛇头菌可以称得上是最丑陋的菌类。蛇头菌菌柄呈圆柱形,菌盖呈鲜红色,菌盖顶端长有恶臭气味的黏稠状孢子。子实体较小,高6

蛇头菌

~8厘米。菌托白色,卵圆形或近椭圆形,高2~3厘米,粗1~1.5厘米。菌柄圆柱形,似海绵状,中空,粗0.8~1厘米,上部粉红色,向下部渐呈白色。菌盖鲜红色,与柄无明显界限,圆锥状,顶端具小孔,长1~2厘米,表面近平滑或有疣状突起，其上有暗绿色黏稠且腥臭气味的孢体。孢子无色，长椭圆形，3.5~4.5μm×1.5~2μm。

这是一种看上去非常奇特的植物，它的个头并不大，是生长于林地的一种像蛇头一样的真菌，顶端带有黑色尖头。它们通常生长于夏季和秋季的丛林落叶之中，主要分布在欧洲和北美洲东部。

滇桐

滇桐，椴树科滇桐属常绿大乔木，濒危种，高6~20米；嫩枝无毛，顶芽有灰白色毛。叶纸质，椭圆形，长10~20厘米，宽5~11厘米，先端急短尖，基部圆形，上面干后暗绿色，不发亮，无毛，下面同色，秃净，基出脉3条，两侧脉离边缘8~10毫米，上行不过半，中脉有侧脉5~7对，边缘有小齿突；叶柄长1.5~5厘米。

聚伞花序腋生，长约3厘米，有花2~5朵；花柄有节；萼片5片，长圆形，长约2厘米，外面被毛；花瓣缺少轮雄蕊退化，10枚，内轮能育雄蕊20枚，比萼片短；子房无毛，5室，每室有胚珠6颗，花柱5枚。具翅蒴果椭圆形，长3.5厘米，宽2.5~3厘米，翅薄，膜质，5棱；种子长约1厘米。

星散分布于云南及贵州局部地区海拔500~1000米以上山地林中。能适应石隙环境，主要生长在石灰岩季雨林或半常绿季雨林中，为偶见种，花期7月，果期10至11月。

滇桐现仅存6株，椴树科常绿大乔木，濒危种，国家二级保护植物。为我国西南特有种，也是滇桐属这一寡种属的主要树种之一，在区系地理研究和选育珍贵树种应用中均有重要价值。

王莲

要是有人说，有一种植物的叶子上可以载上一个人，你可能会摇头不相信。但是你只要到云南省的西双版纳，或是北京和广州植物园里亲眼看一看，就不由得会点头赞叹，啧啧称奇了。

王莲

这种植物名叫“王莲”，因为它确实大，人们亲切地称它为“大王莲”。它是一种水生植物，生长在水池里。每年8月，探出水面的花蕾就开放了。花的样子很像普通的荷花，可大小却非同寻常，单说那花托和花柄上长的刺毛，一根根都有钉子那么粗，看了简直叫人难以相信，世界上竟有这么大的花。

花的开放时间很短，一朵花只能开两天。第一天晚上初开时为白色，并散发出一种似白兰花的香气。到第二天上午，花瓣闭合，到傍晚重新开放，这时，花的颜色由白色逐渐变为淡红至深红色。

王莲的果实球形，每个果实中约有二三百粒种子，种子含有大量淀粉，可以食用。

最惊人的是它的叶子。一张叶子的直径一般在两米以上,有时足有3米多,浮在水面,就像一个翠绿色的大玉盘,又像一张圆圆的桌子。一株王莲有二三十片叶子,所以能占很大一片水面。这种叶子的载重力特别大,有人曾经做了一个试验:在一张叶子上铺沙子,一碗一碗地往上倒,一直倒了75千克沙子,那张叶子还没有下沉。难怪一个30来千克重的孩子坐在叶子上,就安稳得好像坐在一张桌子上似的,丝毫不会摇晃。

大王莲的叶子哪里来的这股力量呢?关键在它的叶背面。如果把它的叶子翻过来观察,就可见到一种特殊的构造:叶脉又粗又壮,并且排列成肋条状,很像大铁桥的梁架,所以承重力特别强,是一般植物无法比拟的。

大王莲的老家在南美洲的亚马孙河,1801年欧洲人第一次发现了它,到1846年欧洲各地的植物园学会了在温室里栽培大王莲。因为它原产热带,所以要求水暖、气温高、湿度大。在温室里必须创造这样的条件,我国北京植物园就专门安排了一间暖房给它居住,每年有许多人去参观。

东方杉

东方杉原产于墨西哥、危地马拉及美国西南部。主要分布在上海浦东新区的川沙林场、洋泾苗圃、川杨河沿岸,松江区的新桥镇新界苗圃、醉白池公园,金山区的海滨公园、荟萃园、金山石化总厂热电厂等地。此外,江苏、湖北等地也有零星分布。东方杉拥有很高的生态、景观和实用经济价值。它完全能够在我国中东部沿海地区和长江中下游的城乡广泛栽培,成为城市绿化与农村大地园林化的生力军,也可成为沿海地区抗击台风的新秀。

其中,川沙林场保存的东方杉林是当前世界上已知的、最大的该树种林地,具有极高的保护和开发利用价值,目前该林地已被列为“上海市种质资源保护林”。

东方杉

东方杉的落叶期在1月中旬至3月上旬，时间一个半月至2个月，景观效果优于水杉、池杉和落羽杉等杉科树种，特别是在11月以后，这些杉科树种均已落叶，但东方杉仍然郁郁葱葱，成为一道独特的风景线。东方杉枝条韧性强，树形优美，树冠有圆锥形、椭圆球形、梨形和圆柱形等多种类型，挡风、抗风效果明显优于水杉、池杉和落羽杉。东方杉具有速生性，生长量显著大于水杉、池杉和落羽杉。川沙林场单排种植的25年树龄的东方杉，平均胸径为43.28厘米，而同龄的水杉的平均胸径只有30厘米；在1984年浦东新区的川杨河畔同期种植的水杉和东方杉，对比更加明显，水杉的平均胸径是19.15厘米，而东方杉的平均胸径已达到30.44厘米。

1962年我国著名林木育种家南京林产工学院的叶培忠教授用柳杉花粉对南京工学院内的墨西哥落羽杉（1925年引种至我国）进行授粉杂交，得球果3个，播种后出苗12株。1967年从中选出5株，用于繁殖。到1972年经连年嫩枝扦插繁殖，共育苗6000余株，并开始在全国各地试种。因种种原因，除上海保存两千多棵之外，全国各地保存下来的东方杉可能总计不足三百株。上海在20世纪70年代引进东方杉以后，对该树种进行了长期的多方面的连续研究，包括繁殖、营林栽培、不同立地条件下的推广，种性特性及生态价值等方面，为东方杉的推广应用提供了技术支撑。

坡垒

坡垒属龙脑香科,坡垒属常绿乔木。又名海南柯比木。坡垒属约90余种,分布在印度、马来西亚和中南半岛等地。中国有6种,本种是海南岛特有珍贵用材树种。木材结构致密,纹理交错,质坚重,干后少开裂,不变形,材色棕褐,油润美观,特别耐浸渍,耐日晒,耐虫蛀,埋于地下可达40年而不朽。为极其珍贵的工业用材,可供造船、水工、码头、桥梁、家具、建筑等用。淡黄色树脂可供药用和做油漆原料。

坡垒

树高可达25~30米,胸径50~85厘米。树干通直。树皮暗褐色,纵裂块脱落。小枝被灰色腺状短毛。叶互生,革质暗绿色,椭圆形,叶柄有皱纹。圆锥花序顶生或腋生,花小,单侧着生。坚果卵形,宿存的萼翅5片,其中2片最大。分布于海南省山区,以昌江的霸王岭、乐东的尖峰岭林区较为集中。垂直分布在海拔400~800米的山谷及东南坡面,也沿山谷下延至海拔300米的沟旁。20世纪60年代北移引种至广东、广西、福建、云南南部,生长正常。坡垒为较耐阴树种。喜生于温暖、湿润、静风的山谷雨林环境。分布区年平均温度20~23℃,

最热月平均气温26℃,最冷月平均气温15.5~17.5℃,年平均雨量1500~2600毫米。对土壤要求不严,在花岗岩母质发育的黄红色砖红壤和山地砖红壤、黄壤以及土层浅薄而岩石裸露的地方均能正常生长。自然生长缓慢。8~9月开花,翌年3~4月果实成熟。种子易于脱落飞散,宜及时采种。每千克种子1600~1900粒。新鲜种子发芽率可达90%以上。但发芽力极易丧失,宜随采随播。2~3年生裸根苗(高50~100厘米)或1年生容器苗,即可出圃造林。株行距2×3米。侧方可栽植伴生豆科庇荫树,以促进幼林生长。

坡垒是海南岛特有的热带雨林树种,多呈零散分布。近20年来,由于森林被大面积的砍伐,现存大树只有数百余株。目前已列为禁伐树种进行保护,并有小面积试种,生长良好。

坡垒属濒危物种,已列为禁伐树种,它的集中分布区坝王岭和尖峰岭也建立了自然保护区,并开展了繁殖造林试验。真正的热带雨林在我国只在海南岛和云南南部少数地区存在,龙脑香科的树木成为判断是否热带雨林的指示植物。坡垒就是产于海南岛的龙脑香科植物,它是海南岛热带雨林的代表种。由于本种仅在海南岛少数地区有分布,且目前现有大树仅数百株。该树木材坚韧耐用属优质木材。为了保护好如此重要植物,它被定为国家一级保护植物。

普陀鹅耳枥

享有“海天佛国”盛名的普陀山,不仅以众多的古刹闻名于世,而且是古树名木的荟萃之地。在普陀山慧济寺西侧的山坡上生长着一株称作普陀鹅耳枥的树木。这种树木在整个地球上只生长在普陀山,而且目前只剩下一株,可见,它该有多么珍贵!因此被列为国家重点保护植物。

普陀鹅耳枥属落叶乔木,高达14米,胸径70厘米。雌雄同株。雄花序短于雌花序。1930年钟观光教授在浙江普陀山海拔240米处发现,1932年郑万钧教授鉴定并定名为普陀鹅耳枥。生长于海拔240米的陵上坡林缘。具有耐阴、耐旱、抗风等特性。雄、雌花于4月上旬开放,果实于9月底10月初成熟。为中国特有珍稀植物,现仅存一株,在保存物种和自然景观方面都有重要意义。是国家一级保护濒危种。

紫椴

紫椴,落叶乔木,高可达20~30米。树皮暗灰色,纵裂,成片状剥落;小枝黄褐色或红褐色。呈"之"字形,皮孔微凹起,明显。喜光也稍耐阴。

紫椴

幼苗幼树较耐庇荫;深根性树种;喜温凉、湿润气候,常单株散生于红松阔叶混交林内,垂直分布在海拔800米以下;对土壤要求比较严格,喜肥、喜排水良好的湿润土壤,多生长在山的中、下部,土壤为沙质壤土或壤土,尤其在土层深厚、排水良好的沙壤土上生长最好;不耐水湿和沼泽地;耐寒,萌蘖性强,抗烟、抗毒性强,虫害少。叶阔卵形或近圆形,长3.5~8厘米,宽3.5~7.5厘米,生于萌枝上者更大,基部心形,先端尾状尖,边缘具整齐的粗尖锯齿,齿先端向内弯曲，偶具1~3裂片，表面暗绿色，无毛，背面淡绿色，仅脉腋处簇生褐色毛；叶具柄，柄长2.5~4厘米，无毛。聚伞花序长4~8厘米，花序分枝无毛，苞片倒披针形或匙形，长4~5厘米，无毛具短柄；萼片5，两面被疏短毛，里面较密；花瓣5枚，黄白色，无毛；雄蕊多数，无退化雄蕊；子房球形，被淡黄色短绒毛，柱头5裂。果球形或椭圆形，直径0.5~0.7厘米，被褐色短毛，具1~3粒种子。种子褐色，倒卵形，长约0.5厘米。花期6~7月，果熟9月。

木材黄褐或黄红褐色，心边材区别多不明显。有光泽；微有油臭气味；无特殊滋味。生长轮略明显，轮间呈浅色细线；散孔材；宽度均匀。管孔数多；略小，在放大镜下略明显；大小一致，分布均匀；径列或斜列，间或散生；侵填体未见。薄壁组织通常不见。木射线稀至中；极细至中，在肉眼下可见，比管孔小；径切面上射线斑纹明显。波痕显著，无胞间道。木材纹理直；结构甚细而匀；干缩中；强度高；冲击韧性好。木材气干速度快，人工干燥少有缺陷产生，干后性质稳定；耐腐，抗虫蛀；切削等加工容易，纵切面颇光滑；油漆性能中，不发亮；握钉力好，不劈裂，耐磨。

海椰子

海椰子亦称复椰子、海底椰。是塞舌尔普拉兰岛及库瑞岛的一种特有棕榈，树高20~30米；树叶呈扇形，宽2米，长可达7米，最大的叶子面积可达27平方面，活像大象的两只大耳。由于整棵树庞大无比，所以也被称为“树中之象”。花着生于巨大的肉质穗状花序上，雌雄异株。果实被一肉质而多纤维的外皮，里面坚果状的部分通常2瓣，似两个椰子，可食但商业价值不高。是已知最大的果，约需10年才成熟。

海椰子树是一种富有神秘色彩的树种。这种树雌雄异株，一高一低相对而立，合抱或并排生长。有趣的是如果雌雄中一株被砍，另一株便会“殉情”枯死，因此塞舌尔居民称它们为“爱情之树”。更奇特的是，海椰子树不仅树分雌雄，果实也有雌雄之分。雄的果实呈微弯曲的长棒状，长1米多，粗约20厘米，近似男人的生殖器；雌的果实呈椭圆状，近似女人的臀部。

雄树高大，雌树娇小，生长速度都极为缓慢，从幼株到成年需要25年的时间。雄树每次只花开一朵，花长1米有余。雌株的花朵要在受粉两年后才能结出小果实，待果实成熟又得等上七八年时间。

一棵海椰子树的寿命长达千余年，可连续结果850多年。海椰子的坚果是一种复椰子，好像是合生在一起的两瓣椰子，因此，塞舌尔人将其誉为“爱情之果”。

海椰子坚果内的果汁稠浓至胶状，味道香醇，可食亦可酿酒，果肉熬汤服用，可治疗久咳不止，并有止血的功效。海椰子的椰壳经雕刻镶嵌，可作装饰品。海椰子果肉细白，美味可口，滋阴壮阳，还能治疗中风、精神烦躁等症。

猴面包树

猴面包树为木棉科的落叶乔木，叶为掌状复叶，有小叶3~7片，叶柄长10~12厘米，小叶长圆形，长7.5~12.5厘米，顶端渐尖，叶背有毛，花白色，单生于叶腋，直径12~15厘米，有花瓣5片，果木质，长圆形，长10~30厘米，外形与黄瓜相似，果肉多汁，可食用。每当猴面包树的果实成熟时，猴子就成群结队前来，爬上树去摘果吃，因此人们把它叫作猴面包树。

猴面包树的生长环境

猴面包树生长在干旱的热带地区，在这里，一年之中有八九个月是干旱季节。当旱季来临之时，全部落叶，以减少水分的散失，一到雨季，它靠发达的根系大量吸收水分，这时才出叶、开花。它把吸收到的水储存在树干里，维持长年

猴面包树

的生长发育。它的树干虽然很粗，却很疏松，便于储水。它的枝条较多，有广阔的树冠。

世界上最粗的树——猴面包树

在非洲东部的热带草原上，生长着一种很特别的植物，叫作猴面包树。它高不过20米，但树干很粗，最粗的树干的直径超过12米，要20个人手拉手才能把它围绕一周。估计这棵树的树龄达5150年以上，它是世界上最粗的树。

桫椤

桫椤树属蕨类植物。茎直立，高1~6米。胸径10~20厘米，上部有残存的叶柄，向下密被交织的不定根。叶螺旋状排列于茎顶端；茎端和拳卷叶以及叶柄的基部密被鳞片和糠秕状鳞毛，鳞片暗棕色，有光泽，狭披针形，先端呈褐棕色刚毛状，两侧具窄而色淡的啮蚀状薄边；叶柄长30~50厘米，通常棕色或上面较淡，边同时轴和羽轴具刺状突起，背面两侧各具一条不连续的皮孔线，向上延至叶；叶片大，长矩圆形，长1~2米，宽0.4~0.5米，三回羽状深裂；羽片17~

20 对，互生，基部一对缩短，长约 30 厘米，中部羽片长 40~50 厘米，宽 14~18 厘米，长矩圆形，二回羽状深裂；小羽片 18~20 对，基部小羽片稍缩短，中部的长 9~12 厘米，宽 1.2~1.6 厘米，披针形，先端渐尖而具长尾，基部宽楔形，无柄或具短柄，羽状深裂；裂片 18~20 对，斜展，基部裂片稍缩短，中部弧长约 7 毫米，宽约 4 毫米，镰状披针形，短尖头，边缘具钝齿；叶脉在裂片上羽状公叉，基部下小脉出自中脉的基部；叶纸质，干后绿色，羽轴、小羽轴和中脉上面被糙硬毛，下面被灰白色小鳞片。孢子囊群着生侧脉分叉处，造近中脉，有隔丝，囊托突起，囊群盖球形，膜质。是现存唯一的木本蕨类植物，极其珍贵，堪称国宝，被众多国家列为一级保护的濒危植物。隶属于较原始的维管束植物一蕨类植物门桫椤科。桫椤是古老蕨类家族的后裔，可制作成工艺品和中药，还是一种很好的庭园观赏树木。

桫椤喜生长在山沟的潮湿坡地和溪边的阳光充足的地方，常数十株或成百株构成优势群落，亦有散生在林缘灌丛之中。桫椤在我国分布很广，从北纬 18.5°至 30.5°。最北的记录为四川邻水县，该地处四川盆地东部，属亚热带湿润季风气候，受地形影响，气候较同纬度的长江中下游地区偏高约 2~4℃，具有冬暖、春旱、夏热、秋雨、湿度大、云雾多、日照少、干湿季节明显等特点。土壤多为酸性。

在距今约 1.8 亿万年前，桫椤曾是地球上最繁盛的植物，与恐龙一样，同属“爬行动物”时代的两大标志。但经过漫长的地质变迁，地球上的桫椤大都罹难，只有极少数在被称为“避难所”的地方才能追寻到它的踪影。闽南侨乡南靖县乐主村旁，有一片亚热带雨林。它是中国最小的森林生态系自然保护区。为“世界上稀有的多层次季风性亚热带原始雨林”。在那里有世上珍稀植物桫椤。桫椤名列中国国家一类 8 种保护植物之首。新西兰是桫椤产地之一，它也是新西兰的国花，被人们所保护着。

由于森林植被覆盖面积缩小，现存分布区内生境趋向干燥，致使配子体生殖环节受到严重妨碍，林下幼株稀少。加之茎干可作药用和用来栽培附生兰类,致常被人砍伐,植株日益减少,有的分布点已消失,垂直分布的下限也随植被的缩小而上升。若不进行保护,将会导致分布区缩小,以至于灭绝。

在绿色植物王国里,蕨类植物是高等植物中较为低级的一个类群。在远古的地质时期,蕨类植物大都为高大的树木,后来由于大陆的变迁,多数被深埋地下变为煤炭。现今生存在地球上的大部分是较矮小的草本植物,只有极少数一些木本种类幸免于难,生活至今,桫椤便是其中的一种。桫椤又名树蕨,高可达8米。由于它是现今仅存的木本蕨类植物,极其珍贵,所以被国家列为一类重点保护植物。从外观上看,桫椤有些像椰子树,其树干为圆柱形,直立而挺拔,树顶上丛生着许多大而长的羽状复叶,向四方飘垂,如果把它的叶片反转过来,背面可以看到许多星星点点的孢子堆。孢子囊中长着许多孢子。桫椤是没有花的,当然也不结果实,没有种子,它就是靠这些孢子来繁衍后代的。

报春苣苔

报春苣苔,聚伞花序伞状,有3~7朵花;苞片2枚,狭卵形,被腺毛。花萼5深裂,裂片披针形,被褐色腺毛;花冠紫色,高脚碟状,长约1.2厘米,被短毛和腺毛,檐部5裂,裂片圆卵形,稍不等大;能育雄蕊2枚,着生于花冠筒近基部处,分生,花丝短;花药连着,长圆形,2室极叉开,顶端汇合;退化雄蕊3;花盘由2近四方形腺体组成;子房狭卵形,被柔毛,侧膜胎座2,环珠多数,花柱短,柱头浅2裂。蒴果长椭圆球形。种子暗紫色,有密集小乳头状突起。它属多年生草本。叶均基生,有柄,叶片圆卵形,基部浅心形,边缘浅裂或浅波状,裂片三角形,两面被短柔毛,下面还被腺毛;叶柄两侧有波状翅。花葶与叶等长或稍短,被柔毛及腺毛。花期8~10月。单种属。花粉近球形,稍长或稍扁,极面观为三角形。大小为(12.2-)13.6(-15.7)×(11.3-)13.5(-15.7)微米。3孔沟,沟较长而狭,具沟膜,上有不规则颗粒状突起,边缘中部加厚;内孔小,界限常不明

报春苣苔

显。外壁厚度为1微米。分层不清楚（LM），细网状纹饰。网脊粗；网眼很小。生于林下。海拔约300米。

报春苣苔是苦苣苔科多年生喜Ca草本植物，因分布区极窄而被列为第一批国家一级重点保护野生植物。基于其生态生物学特征探讨报春苣苔的濒危机制及解濒措施。报春苣苔生于海拔约300米的石灰岩山洞口附近的植物群落中，群落主要由一些喜Ca及耐阴湿植物组成，其伴生植物为苔藓。从洞口向里，植物种类越来越少。报春苣苔的数量却越来越多，植株个体越来越小，开花的比例也越来越少，洞口的报春苣苔种群呈均匀分布，深处则呈集聚分布，洞穴的壁顶的报春苣苔群落为单一种且呈集聚分布，报春苣苔需要偏碱性的硬质水才能生长。其生存土壤太薄且营养贫乏，pH值为7.5，有机质、全N、全P和全K含量分别为1.8%、0.87%、0.16%和0.71%，因而植物的生长极为缓慢，一般一株的年生长量为30g左右。报春苣苔分布点CO2平均浓度为0.09%，高于洞外约2倍。其相对湿度终年保持在97%左右。报春苣苔仅生于相对弱的光环境下，且只在散射光线能到达的地方出现，大约只忍受正常光强的1/4以下。作为洞穴植物，其生态分布的限制因子是光源和特殊的大气环境。生境的特殊性导致其分布狭窄，3a的移栽实验表明迁地保护技术目前还不成功。

报春苣苔被国家列入一级濒危植物，从 2003 年开始，华南植物园开始尝试用生物克隆技术培育报春苣苔，舍弃传统的种子培育方式而选用叶片培育。试验中，首先要把报春苣苔的叶片进行生物切割，之后进行脱毒处理，运用生物技术诱导其发芽、生根。实验过程中的诱导发芽环节技术并不难，最难当属诱导生根。报春苣苔生长环境中要求温度、湿度相对恒定，在培育试管中很难生根。专家们只得一次次调整培育剂和湿度、温度，在历经 5000 多次试验后，一株株报春苣苔在培育箱里萌发出丝般粗细的根。现在，已经克隆出 1 万多株报春苣苔。

当前，温室效应已经成为全球关注的问题。报春苣苔生长的环境二氧化碳浓度相当于温室效应发展到 2050 年时空气中二氧化碳的浓度。因此，研究它的培育、生长和演化过程，对应当前温室效应及利用生物技术实现濒危植物解危有重要的现实意义。

蝴蝶树

在美洲有一种树，叶片五颜六色，形状很像蝴蝶，仿佛满树的蝴蝶翩翩欲飞，被人们称为“蝴蝶树”。

蝴蝶树为常绿乔木，高达 35 米，胸径近 1 米；树皮银灰色，内皮浅红色；嫩枝被锈色鳞披。叶革质，椭圆状披针形，长 6~8 厘米，宽 1.5~3 厘米，上面无毛，绿色，下面密被银白色或褐色鳞批。圆锥花序腋生；花小，白色，单性；花萼管状，长约 4 毫米，5~6 裂；无花瓣；雄花的雄蕊柄柔弱，长约 1 毫米，花盘厚，围绕在雄蕊柄基部，花药 8~10，排成环状；雌花的子房卵圆形，长约 2 毫米，被毛。果有长翅，连翅长 4~6 厘米，翅鱼尾状，翅长 2~4 厘米，密被银锈色鳞批，果皮革质；种子椭圆形。分布区年平均气温 24~28℃，年降水量 1200~2000 毫米，干湿季明显，雨量多集中在 5~10 月。土壤为砖红壤，腐殖质含量高，pH 值 5.0~

6.0。蝴蝶树幼龄生长缓慢,能耐阴,随着年龄的增长而渐喜光,成年的立木在一定的直射光作用下,才能生长发育。常与青皮、细子龙、野生荔枝、红花天料木等混生,有时成群聚生(如七指岭),更新良好,为群落中相对稳定的成分。4~6月开花,8~10月果熟。

翠柏

翠柏为常绿直立灌木,分枝硬直而开,小枝茂密短直。状刺形,长6~10毫米,3枚轮生,两面均显著被白粉,呈翠蓝色。果实卵圆形,长0.6厘米,初红褐色逐变为紫黑色;内具种子1粒。常绿乔木,高15~30米,胸径达1米;树皮灰

翠柏

褐色,呈不规则纵裂;小枝互生,幼时绿色,扁平,排成一平面,直展,叶鳞形,二型,交互对生,4片成一节,长3~4毫米,中央一对紧贴,先端急尖,侧面的一对折贴着中央之叶的侧边和下部,先端微急尖(幼树之叶呈尾状渐尖);小枝上面

的叶深绿色,下面的叶具气孔点,被白粉或淡绿色。雌雄同株,球花单生枝顶,着生雌球花的小枝圆或四棱形,长3~17毫米,弯曲或直。球果当年成熟,长圆形或椭圆状圆柱形,长1~2厘米,直径约5毫米,成熟时红褐色,具3~4对交互对生的种鳞,种鳞木质,扁平,先端有凸尖,下面1对小,微反曲,上面1对结合而生,仅中部的种鳞各生2(1稀粒种子)粒种子1个短翅和1个与种鳞近等大的翅,种翅膜质。

翠柏属渐危物种,主要分布于云南中部及西南部,间断分布于贵州、广西及海南的个别地区。生于交通方便及村镇附近山坡、山麓的翠柏,常被砍伐作材用或薪柴,森林面积已逐渐缩减。

望天树

望天树是我国近年才发现的植物新种,顾名思义,这种树很高大,一般高40~50米,亦有高达80米的,可以说它是我国最高大的乔木,产于云南南部和广西西南部的热带森林中。望天树为常绿乔木,胸径达1.5~3米,树干很直。基部有板状根。它的叶互生,椭圆形、卵状椭圆形或披针状椭圆形,长6~20厘米,宽3~8厘米。它的花序顶生或生于叶腋,排成穗状花序、总状花序或圆锥花序。花黄白色,花萼5裂,有毛,花瓣5片,椭圆形,每朵花有雄蕊12~15枚,雌蕊的柱头微3裂,果为坚果,质硬,卵状椭圆形,长2~3厘米,密被白色绢状毛,在结果时花萼的裂片增大成翅状。包围着果实的下部,有利于靠风力传播果实种子,三条长的果翅长约6~9厘米,两条短的果翅长3.5~5厘米,翅上有平行的纵脉和细密的横脉。

望天树的生长习性

望天树是国家一级保护植物,属龙脑香科,龙脑香科是亚洲热带雨林的代表科。望天树木材的材质优良，是优良的用材树种。但它的结实量少，落果很严重，树又高大，不易采种。它的种子不耐贮藏，容易丧失发芽力，应随采随播。且应加强人工繁殖，以保存这种稀有的珍贵植物。

独叶草

独叶草，多年生小草本，高3~10厘米。基生叶，叉指状分裂，叶脉开放二歧式。花单生，萼片花瓣状，花瓣缺。瘦果狭倒披针形。叶常1片基生，心状圆形，宽3.5~7厘米，5全裂，中、侧裂片断浅裂，下面的裂片不等2深裂，顶部边

独叶草

缘有小牙齿，下面粉绿色；脉序开放二叉分歧；叶柄长5~11厘米，单花，花葶高7~12.5厘米；花被片(4-)5~6(-7)，淡绿色，卵形，长5~7.5毫米，顶端渐尖，基部狭且具线状紫斑；退化雄蕊(-3)5~8；心皮3~7(-9)，长约1.4毫米，种子白色，扁椭圆形，长3~3.5毫米。在繁花似锦、枝繁叶茂的植物世界中，独叶草是最孤独的。论花，它只有一朵，数叶，仅有一片，真是“独花独叶一根草”。根据蜜汁在整个花期中的分泌情况，独叶草的花期可分为4个时期：分泌前期，为花开放后的第1~2日，花药均未开裂，不育雄蕊表面干燥；旺盛期，为花开放后的第3~8日，花药陆续开裂，蜜汁分泌旺盛，不育雄蕊腹面可见透明液滴；湿润

期,为花开放后的第9~15日,多数花药开裂后,蜜汁分泌量明显减少,不育雄蕊仅表面湿润;干涸期,为花开放后的15日以后,花期即将结束时,散粉完毕,蜜汁停止分泌,不育雄蕊表面干燥。当蜜汁充足时,昆虫访花频率最高可达每小时2.7次(包括所有访花昆虫),蜜汁分泌的各个时期,昆虫访花频率也不一样。

独叶草是中国特有单种属植物。分布于云南、四川、甘肃、陕西,生于海拔2750~3900米处的林下,对研究被子植物的进化和该科的系统发育有科学意义,国家一级保护稀有种。

紫杉

紫杉也叫"赤柏松",为红豆杉科的常绿乔木。它和我们经常见到的松树一样,属于裸子植物。高可达17米。最粗的树干直径达80厘米。倒卵形的树冠有如白杨树一般的矫健,红褐色的树皮又比白杨树更增添了几分风采。针形叶表面深绿色,背面黄绿色,有两条气孔带,叶中脉向两侧叶面突起。紫杉是极好的观赏树木,常在海拔500~1000米的以红松为主的针阔混交林内分散生长。我国黑龙江省东南部、吉林省东部山区和辽宁东部都有分布。

紫杉的生存现状

紫杉是雌雄异株的裸子植物,每年春暖花开的5月,淡黄绿色的雄球花成簇地挂满枝头,最有趣的是,它的每粒种子外边都有一个杯状、亮红色的假种皮,远远望去,犹如绿树间点缀着无数颗红玛瑙石,艳丽夺目。紫杉有如此鲜艳的种子,是红豆杉科独有的一大特征。但是,由于紫杉的生长习性为分散式生长,又是裸子植物,繁殖也很缓慢,再加上近年来人们的乱砍滥伐,现已濒临灭绝。保护这一珍贵的自然资源已迫在眉睫。

紫杉的药用价值

紫杉材质优良，适于作建筑、机械、乐器、雕刻等用材，也是造纸的好材料。同时，它的树皮和种皮均可提制天然食用色素，用于食品加工。它的叶子可制成中药，有通经利尿之功效。用于治疗糖尿病、心悸亢进和高血压等症。特别是近些年，科学家们成功地从紫杉的叶中提制出了一种有效的抗癌成分。经临床验证，此成分对治疗癌症普遍有效，并且对特定的几类癌症治疗效果尤为突出。在现代医学所攻克的癌症难关的道路上又迈进了一大步。

羊角槭

羊角槭属槭树科，落叶乔木，高 15 米，胸径 60 厘米，主干力带扭曲状；树皮灰褐色或深褐色，具发达的木栓；小枝圆柱形，嫩枝淡紫色或紫绿色，被褐色或

羊角槭

淡黄色短柔毛。叶具乳汁长 7~9 厘米，宽 6~7 厘米，基部近心形或近截形，5 裂。中裂片长于侧裂片，基部的裂片钝尖或不发育，裂片边缘波状，叶柄长 4~7 厘米。花序顶生，伞房圆锥状；花杂性；萼片 5，绿色，长 3.5~4 毫米；花瓣 5，淡

绿色,短于萼片;雄蕊8,着生于花盘上。果为小坚果,扁平,近于圆形,直径1~1.2厘米,翅长圆形,宽1~1.2厘米,两侧近于平行,连同小坚果长3~4厘米,近水平张开或稍反卷。分布于浙江西天目山,生于海拔750~900米的疏林内。

羊角槭分布区的气候多雾而潮湿,年平均温12℃左右,在初秋(9月份)多阴天,相对湿度可达94%,年降水量约1600毫米。土壤为红壤或黄壤,pH值4~5。为中性偏阳树种,常生于以紫楠、绵桐、香果树为优势种的常绿、落叶阔叶混交林内。叶芽3月下旬开始萌动,4月展叶,花于4月下旬开放,小坚果于9月下旬至10月成熟,10月下旬至12月中旬落叶。种子不孕率高,发芽率低。

用种子繁殖。种子采收后,在弱光下曝晒2~3天,脱翅后,即可播种。秋播种子可在翌年4~5月发芽。如春插,种子需沙藏或袋藏过冬,但常因引起次生休眠,发芽期要推尺2个月左右。一年生小苗平均高4~5厘米。也可采用嫁接和扦插法繁殖。

羊角槭现仅存4株,槭树科落叶乔木,濒危种,国家二级保护植物,中国特有种。与产于日本北海道的日本羊角槭亲缘关系极为密切,系古老的残遗种,具有重要的科学价值。

第十三章　令人畏惧的致命植物

夹竹桃

夹竹桃原产于印度、伊朗和阿富汗，在我国栽培历史悠久，遍及南北城乡各地，有红色和白色两种，夹竹桃喜欢充足的光照，温暖和湿润的气候条件。夹竹桃是最毒的植物之一，它含有多种毒素，有些甚至是致命的。它的毒性极高，曾有少量致命或差点儿致命的报告。根据美国毒物控制中心联合会毒物暴露监督系统的报告指出，美国于 2002 年就有 847 例夹竹桃中毒事件。在印度有多宗吃夹竹桃自杀的案例。中国香港曾有因用夹竹桃枝烹调食品或搅拌粥品而致死的案例。中国台湾曾经发生过以夹竹桃枝当筷子，吃下有毒汁液中毒的案例。

夹竹桃

识别常识

夹竹桃是常绿直立大灌木,高达5米,含乳白色汁液,无毛。叶3~4枚轮生,在枝条下部为对生,长11~15厘米,宽2~2.5厘米,下面为浅绿色;侧脉扁平,密生而平行。夹竹桃的果实为矩形。长10~23厘米,直径1.5~2厘米;其种子顶端具黄褐色种毛。夹竹桃的经济效益非常高,可以说它全身是宝;它的茎皮纤维为优良混纺原料,又可提制强心剂;根及树皮含有强心苷和酞类结晶物质及少量精油;茎叶可制杀虫剂。夹竹桃的茎、叶、花朵都有毒。它分泌出的乳白色汁液含有一种叫夹竹桃苷的有毒物质,误食会中毒。

海芒果

海芒果为常绿小乔木,由于叶片及果实外形貌似芒果,及主要生长地为热带沿海的沙地或近海的河流两岸而得名。海芒果全株含有白色有毒乳液,而种子的毒性最强。海芒果约有9种果属,原产于印度、缅甸、马来西亚、菲律宾、琉球、澳大利亚等地,在中国主要产于广东、海南以及台湾等省区。

电视上就曾出现青少年摘下海芒果的果实,将其剥开,几乎要一口吃下去的情景。若是果实下了肚,那麻烦就马上跟着来了!因为它的果实和果仁正是毒性最强的部分,大家可要小心地对待它哦!吃半个果仁即可致死。中毒症状表现为恶心、呕吐、腹痛、腹泻、手脚麻木、冒冷汗、血压下降、呼吸困难、心跳停止等。

识别常识

中国大陆称海芒果为海杜果,中国台湾称之为海檬果,又称山檨仔、猴欢喜、海檨仔、黄金茄、山杜果、牛金茄、牛心荔、黄金调、山杭果、香军树等。许多公园、校园、人行道边。都有海芒果树的身影。因其果实硕大状如芒果,不少孩童喜欢攀折采摘,但是海芒果带有剧毒,误食会引发严重的后果。

羊角拗

羊角拗是华南山坡常见的野生灌木,叶为长矩圆形,边缘平整,聚伞花序,顶生,花冠为漏斗状,裂片延伸成长线状,黄色。羊角拗全株有剧毒,有毒成分

羊角拗

为羊角拗苷、毒毛旋花苷等,误食后的中毒症状为心跳紊乱、呕吐腹泻、神经性失语、幻觉、神志迷乱等。羊角拗的茎枝为圆柱形,略弯曲,多截成 30~60 厘米的长段;表面棕褐色,有明显的纵沟及纵皱纹,粗枝皮孔为灰白色,横向凸起,嫩枝上密布有灰白色小圆点皮孔;其质硬脆,断面为黄绿色,木质,中央可见髓部。羊角拗叶对生,皱缩,展平后呈椭圆状长圆形,长 3~8 厘米,宽 2.5~3.5 厘米,中脉于下面突起。

黄蝉

黄蝉喜高温、多湿、阳光充足的气候，中国植物图谱数据库收录其为有毒植物。黄蝉全株都有毒，乳汁毒性最强，误食会有高烧、泻痢、呕吐、嘴唇红肿、心跳加快、循环系统和呼吸系统障碍等症状；皮肤触及汁液会出红疹；妊娠动物食之会流产。

黄蝉是常绿直立或半直立灌木，高约一米，也有高达两米的。黄蝉植株具乳汁，叶 3~5 枚轮生，椭圆形或倒披针状矩圆形，长 5~12 厘米，宽达 4 厘米，被短柔毛，叶脉在下面隆起。其花瓣为聚伞状，花冠颜色鲜黄，花冠基部为漏斗状，花瓣共有 5 个裂片，长 4~6 厘米，喉部被毛；5 枚雄蕊生喉部，花药与柱头分离。果实为球形，直径 2~3 厘米，具长刺。花期为 5~8 月，果期为 10~12 月。

黄蝉的栽培技术

黄蝉多用扦插培植。在 20℃ 条件下可进行。扦插苗长根后，软枝黄蝉移到盆里，每盆 3 株。及时摘心，培养矮化丰满株形。硬枝黄蝉，小苗时可先栽在地上，及时摘心，培养枝条，待枝条达到 5~6 个分枝后，移到盆里；修枝整形，培养矮化株形。在黄蝉的生长季节，常保持土壤湿润，每 20 天施肥一次，可加速其枝梢旺盛生长，花开不断，但在其休眠期需控制水分。

木本曼陀罗

木本曼陀罗，是植物王国中最有可能让人变成僵尸的可怕家伙，又称“天使的号角”，号称全球十大最危险植物之一。

根据2007年VBS电视台拍摄的纪录片《哥伦比亚恶魔的呼吸》中关于木本曼陀罗的介绍及其中所描述的提炼方法，哥伦比亚一名罪犯从“天使的号角”中提取东莨菪碱并制成了一种强效药，这种药会让人根本不知道自己在做什么，即使他们处于完全有意识的状态。

东莨菪碱能够穿过皮肤和黏膜被人体吸收，许多罪犯就利用这一点，通过将含有东莨菪碱的粉末吹到目标人物脸上的方法，便可达到杀人于无形的目的。《哥伦比亚恶魔的呼吸》为观众讲述了一系列与东莨菪碱有关的令人恐怖的真实事件。在其中一个故事中，一名男子曾主动将自己的所有财产转让给一名罪犯。可事后，他根本回想不起来自己曾经做了什么。

识别常识

木本曼陀罗是常绿半灌木，茎粗、叶大，叶呈卵状心形，顶端渐尖，长15~28厘米，宽8~15厘米，嫩枝和叶两面均被柔毛。木本曼陀罗还有一定的药用价值，它的花含较多的东莨菪碱，含量可达0.4%。此外，木本曼陀罗还含有莨菪碱，它的叶也含以上两种生物碱。根据《新华本草纲要》记载：本品有毒，中毒过量可用巴比妥或水合氯醛解毒。

颠茄

颠茄，植物分类学家林奈是根据它的毒性来为它命名的。颠茄又称Atropa，Atropa是希腊神话中的三个司命运的女神中最年长的那位，她能割断生命之线，主管人的生死，因此可见颠茄毒性之大。颠茄根的煎煮物能够放大眼睛的瞳孔，古代西班牙姑娘爱用颠茄滴眼，引起瞳孔放大而显得漂亮，因此而得到belladonna这个俗称。bel-ladonna源于意大利语的bella donna，意为“漂亮女人”。颠茄喜温暖湿润的气候，不耐寒，忌高温，在20~25℃的气温条件下生长快速，超过30℃则生长缓慢。在雨水多的季节，颠茄易罹根病。北京地区5月至6月之间颠茄植株生长较快，7月生长缓慢，冬季不能露地越冬，只作一年生栽培，长江以南产区可作多年生栽培。

颠茄会让你“发癫”

颠茄中含有致命毒素，如果吸入过多的剂量，将严重影响到人的中枢神经系统，这些毒素神不知鬼不觉地麻痹中毒者肌肉里的神经末梢，比如血管肌、心脏肌和胃肠道肌里的神经末梢。误食颠茄会引起瞳孔放大、对光敏感、视力模糊、头痛、思维混乱以及抽搐等症状。两个浆果的摄取量就可以使一个小孩丧命，10~20个浆果则足以毒死一个成年人。即使砍伐它，人们都要小心翼翼，稍不注意，就会引起过敏症状。

一品红

一品红，又名圣诞花（中国台湾称其为圣诞红），因为其鲜艳的红色充满了圣诞的气氛，所以在圣诞节多用来摆设装饰。一品红植株上那些被人认为是花

一品红

朵的红色部分其实是叶,而真正的花是在叶束中间的部分。一品红通常高0.6~3米,其深绿色的叶长7~16厘米。其最顶层的叶是火红色、红色或白色的,因此经常被误会为花朵。一品红原产于墨西哥塔斯科地区,在被引入欧洲之前,就一直被当地的阿芝特克人(美洲印第安人)用作颜料和药用植物。1825年,美国驻墨西哥首任大使约尔·波因塞特将一品红引入美国。目前,在我国两广和云南地区有露地栽培,植株可高达两米。

美丽的背后会有毒

有关专家指出,一品红的全身都有毒。茎秆中的白色乳汁含有多种有毒生物碱,皮肤接触后可致红肿、发热、奇痒和局部丘疹;如误食茎叶,轻者致肠道功能紊乱和神经紊乱,严重者会中毒身亡。不过,观看、摆放一品红不会对人体和环境造成危害,但一定要把它摆放在幼儿不容易够到的地方。

"坏女人"

"坏女人"是一种有毒的香草。"坏女人"的深绿色叶片呈齿状,长有5个形如耳垂般的白色花瓣,成年的"坏女人"植株可以高达1.2米,可用做庭院篱笆墙,是最理想的天然家居安全系统。这种植物更多的是让接触者陷入痛苦之中,而不是使其中毒。"坏女人"主要分布于墨西哥西南地区,身上长满尖刺,如果有需要,这些尖刺可以临时充当鱼钩。

"坏女人"的腐蚀性

"坏女人"这种植物的真正可怕之处是它向外渗出的一种具有腐蚀性的乳状液体。渗出乳状液体是大戟属植物家族很多成员的一个共同特征,这种液体能够引起令人痛苦的皮肤刺激症状。斯图尔特说:"一些人对我说,他们曾不小心将大戟属植物渗出的液体弄到眼睛里,令他们感到非常吃惊的是,这种液体居然对眼睛造成了长期的损伤。”

蓖麻子

蓖麻为一年或多年生草本植物。全株光滑,上被蜡粉,通常呈绿色、青灰色或紫红色;其茎呈圆形中空状,有分枝;其叶互生、较大,呈掌状分裂;圆锥花序,无花瓣,雌花着生在花序的上部,淡红色花柱,雄花在花序的下部,淡黄色;蓖麻果实有刺,种子为椭圆形,种皮硬,有光泽并有黑、白、棕色斑纹。这种植物喜高温,不耐霜,酸碱适应性强。

蓖麻子

蓖麻子中含蓖麻毒蛋白及蓖麻碱,蓖麻毒蛋白是一种蛋白分解酶,7 毫克即可致成人死亡。4~7 岁的小孩服蓖麻子 2~7 粒便可引起中毒,甚至死亡,成人 20 粒可致死。非洲所产的蓖麻子两粒可致成人死亡,小孩仅需一粒,但也有报告称有人服用 24 粒蓖麻子后仍能恢复健康。

麻风树中的致命汁液

麻风树是一种常见的药用植物，四季可采，多鲜用，多以树皮、树叶及果实（包括榨油后的渣饼）入药。麻风树树皮光滑，种子呈长圆形，种衣呈灰黑色。中医认为麻风树种子性寒，有散淤、止痛的作用，也可治跌打损伤及皮肤瘙痒，有的地方还用它治疗胃肠炎。麻风树全株有毒，茎、叶、树皮均有丰富的白色汁液，内含大量毒蛋白，是麻风树毒素的主要来源。麻风树种子的毒蛋白浓度最高，其毒蛋白的毒性与蓖麻毒蛋白类似。种子中还含有少量氰氢酸及川芎嗪。毒蛋白能引起强烈的胃肠道刺激症状，甚至会导致出血性胃肠炎。

有毒的麻风树

麻风树为中国植物图谱数据库收录的有毒植物，其种子的毒性最多，枝叶次之，种仁有腹泻和催吐作用；成人食2~3粒麻风树种子即引起头昏、呕吐、腹痛，多食症状加重，有呼吸困难、皮肤青紫、循环衰竭，并有尿少、血尿及明显溶血现象，最后虚脱死亡。曾有人对小白鼠腹腔注射22.2克树皮乙醇提取物，小白鼠出现活动减少、抖动、安静、闭眼、衰竭而死等一系列症状。

大茶药

大茶药即俗称的断肠草，是葫蔓藤科一年生的藤本植物，其主要的毒性物质是葫蔓藤碱。据记载，吃下它以后，人的肠子会变黑，并粘连在一起，人会腹痛不止而死。一般的解毒方法是洗胃，服炭灰，再用碱水和催吐剂，然后用绿豆、金银花和甘草煎后服用。在我国，大茶药主要分布在长江流域以南各地及西南地区,生长在丘陵、树林、灌丛中。大茶药的根为浅黄色,有甜味。它全身有毒,尤其是根、叶毒性最大。由于大茶药与金银花的外形相似,常有误食大茶药导致中毒的现象发生。

相思豆

相思豆是观果的园景树。著名诗人王维的诗句:“红豆生南国,春来发几枝。愿君多采撷,此物最相思。”描绘的就是相思豆。这首古诗流传至今,仍然被人们广为传诵,可谓千古绝唱。

相思豆

据悉,相思豆是一种致命的植物种子,其中包含蓖麻毒素,它是反恐怖主义法规定的受限制物质。仅仅吞下3微克这种毒素,就会丧命。相思豆的毒性比蓖麻毒素的毒性更大,它的毒性是这种化学制剂的两倍。中毒症状包括呕吐、腹泻、休克和潜在致命的肾功能衰竭以及急性肠胃炎。相思豆喜温暖湿润气候、喜光,稍耐荫,对土壤条件要求较严格,喜土层深厚、肥沃、排水良好的沙土。

大黄

大黄是多种蓼科大黄属的多年生植物的合称，也是中药材的名称。在中国的地区文献里，“大黄”指的往往是马蹄大黄。在中国，大黄主要做药用，但在欧洲及中东，大黄往往做食物。大黄的气味清香，味苦而微涩，嚼之黏牙，有砂粒感。大黄喜冷凉气候，耐寒，忌高温。野生大黄生长在我国西北及西南海拔 2000 米左右的高山区；家种的大黄多在海拔 1400 米以上的地区，那些地区冬季最低气温多在-10℃以下。大黄对土壤要求较严，一般以土层深厚，富含腐殖质，排水良好的土壤或砂质土壤最好，酸性土和低洼积水地区不宜栽种大黄。

大黄不能和叶子在一起食用

大黄本身无毒无害，甚至是有益健康的。但是，如果大黄和叶子不小心一起烹饪，会产生消化道刺激物，可能会引起胃痛、恶心、呕吐、出血、乏力、呼吸困难、口腔烧灼、肾脏疼痛和无尿症，这些症状都可能引起血液中钙含量急剧下降、心跳或呼吸停止。

狸藻

狸藻是浮游或沉水性水草，是狸藻属中最具代表性的水草。狸藻的植物体为翠绿或黄绿色，有长达 100 厘米的柔细主茎轴，茎轴两旁长出分枝，在分枝上又长出美丽的羽状针形裂叶。

狸藻为多年生草本植物（少数为一年生），可生于池塘、沟渠、湿地、热带雨林等地。

狸藻是植物世界最可怕的杀手之一。这种水生肉食植物依靠几个没入水中的囊状物捕获蝌蚪、小型甲壳类动物。没有疑心的“过路者”会触碰到一个外部刚毛触发器,导致囊状物打开,捕获“过路者”。被囊状物捕获后,猎物会因窒息或饥饿走向死亡,它们的尸体腐烂后变成液体并被囊状物壁上的细胞吸收。

博落回

博落回为罂粟科植物,多年生草本植物,高 1~2 米,全体带有白粉,折断后有黄汁流出。茎圆柱形,中空,绿色,有时带红紫色。博落回多生于山坡、路边及沟边,分布在我国长江流域中、下游各省。其单叶互生,叶为卵形,长 15~30 厘米,宽 12~25 厘米,叶柄长 5~12 厘米,基部巨大。博落回含多种生物碱,毒性颇大。新闻上已屡有口服或肌注后中毒乃至死亡的报道,主要是因为博落回的毒素能引起急性心源性脑缺血所导致的综合征。

八角枫

八角枫株丛宽阔,根部发达,适宜于山坡地段造林,对涵养水源、防止水土流失有良好的作用。八角枫的叶片形状较美,花期较长,可栽植在建筑物的四周,是绿化树种的较优选择。八角枫的须状根毒性很大,中毒轻者会出现头昏、无力的状况,重者会因呼吸不畅而致死。其根全年可采,挖出后,除去泥沙,斩取侧根和须状根,晒干即可入药。八角枫夏、秋采叶及花,晒干备用或鲜用。我国长江流域以南各地均有八角枫的分布。

曼珠沙华

曼珠沙华又名红花石蒜，是石蒜的一种，为血红色的彼岸花。曼珠沙华是多年生草本植物；地下有球形鳞茎，外包暗褐色膜质鳞被。其叶呈带状，较窄，

曼珠沙华

深绿色，自基部抽生，发于秋末，落于夏初，花期为夏末秋初，约从7月至9月。曼珠沙华茎长30~60厘米，通常4~6朵排成伞形，着生在花茎顶端，花瓣倒披针形，花被为红色（亦有白花品种），向后开展卷曲，边缘呈皱波状，主要分布区域在我国长江中下游、西南部分地区，越南、马来西亚及东亚各地。它的球根含有生物碱利克林毒，可引致呕吐、痉挛等症状，对中枢神经系统有明显影响，被日本人称为“地狱花”。但也有一定的药效，可用于镇静、抑制药物代谢及抗癌作用。

死亡之花

曼珠沙华的寓意包括悲伤的回忆、相互思念、优美、纯洁、分离、死亡之美、

永远无法相会的悲伤。其鳞茎可制酒精，可提取石蒜碱，也可做农药。其毒性为全株有毒，鳞茎毒性较大，食后会流涎、呕吐、下泻、舌硬直、惊厥、四肢发冷、休克、最后因呼吸麻痹而死。

水仙花

水仙花是多年生的草本植物，原产于我国江浙一带，在我国已有一千多年的历史，是我国的传统名花之一。现在主要分布在我国东南沿海地区、中欧、地中海沿岸和北非地区。水仙花多为水养，花香浓郁，植株亭亭玉立，故有“凌波仙子”的雅号。水仙花是中国植物图谱数据库收录的有毒植物，其毒性为全草有毒，鳞茎毒性较大，因其花瓣为白色，常被称为“雪毒”。误食水仙花会引发呕吐、腹痛、脉搏频微、出冷汗、下痢、呼吸不规律、体温上升、昏睡、虚脱等症状，严重者会因痉挛、麻痹而死。水仙的花、枝、叶都有毒，所以要防止小孩子无意间的吞食。

养植水仙花

家养水仙不需任何花肥，只用清水即可。为使水仙生长健壮，白天可以把它拿到阳台晒太阳。如果想推迟花期，可在傍晚时把盆水倒尽，次日清晨，再加清水。此外，如果生长多天仍看不到饱满的花苞，可采用给水加温的方法催花，水温以接近体温最适宜。

铃兰

铃兰又名君影草、山谷百合、风铃草，是铃兰属中唯一的植物。铃兰多生于

铃兰

深山幽谷及林缘草丛中，原种分布在亚洲、欧洲及北美洲，特别是纬度较高的地区，像我国东北林区和陕西秦岭都有野生的铃兰。

铃兰的毒性为6级，植株的各个部位都有毒，特别是叶子，甚至是保存鲜花的水也会有毒。中毒的症状表现有面部潮红、紧张、易怒、头疼、出现幻觉、瞳孔放大、呕吐、胃疼、恶心、心跳减慢、心力衰竭、昏迷，严重时可导致死亡。因其外表美丽，所以铃兰又被称为“蛇蝎美人”。

万年青

万年青是多年生常绿草本植物，又名蒀、千年蒀、开喉剑、九节莲、冬不凋、冬不凋草、铁扁担、乌木毒、白沙草、斩蛇剑等，原产于中国南方和日本，是很受欢迎的优良观赏植物。万年青在中国有悠久的栽培历史，其汉语名称“蒀”意为“性喜温暖的草本植物”。万年青的全株有毒，茎毒性最大，其次是叶。其枝叶中的液体内含有毒生物碱，触及人的皮肤会引起奇痒、皮炎。误食会引起口腔、咽喉、食道、胃肠肿痛，甚至伤害声带，使人变哑，因而民间称万年青为“哑棒”，并有“花好看、毒难挨”的说法。

识别常识

万年青喜在林下潮湿处或草地中生长。性喜半阴、温暖、湿润、通风良好的环境。不耐旱,稍耐寒;忌阳光直射、忌积水。一般园土均可栽培万年青,但以富含腐殖质、疏松透水性好的微酸性砂质壤土为最好。

山菅兰

山菅兰为多年生草本植物,株高0.3~0.6米,叶线形,两列基生,革质花序,顶生,花青紫色或绿白色。山菅兰的根可入药,用于拔毒消肿,外用治痈疮脓肿、淋巴结结核、淋巴结炎等。山菅兰生长喜半阴或光线充足的环境,喜高温多湿,越冬温度在5℃以上才可,不耐旱,对土壤条件要求不严。山菅兰生于向阳山坡地、裸岩旁及岩缝内。山菅,兰毒性大,误食很危险,会因引起呼吸困难而致死,但可以利用它的毒性来以毒攻毒。将山菅兰捣烂后可敷治毒蛇或毒虫咬伤。

识别常识

山菅兰为百合科、山菅兰属植物,别名桔梗兰、老鼠砒。从这个名字看,就知道它是有毒的。全草有毒,家畜中毒可致死。在我国,山菅兰仅生长在南方的少数几个省。

萱草

早在康乃馨成为母爱的象征之前,中国就存在一种母亲之花,它就是萱草花。萱草在中国有几千年栽培历史,萱草又名谖草,谖就是忘的意思。

萱草的别名众多,如"金针""黄花菜""忘忧草""宜男草""疗愁""鹿箭"等。新鲜萱草的花粉里含有一种叫秋水仙碱的化学成分,毒性很大。这种物质能强烈地刺激消化道,成年人如果一次食入0.1~0.2毫克的秋水仙碱(相当于鲜黄花菜50~100克),就会发生急性中毒,出现咽干、口渴、恶心、呕吐、腹痛、腹泻等症状,严重者还会出现血便、血尿或尿闭等症状,20毫克的秋水仙碱可致人死亡。

海芋

海芋喜高温、潮湿,耐阴,不宜强风吹,不宜强光照,适合大盆栽培。它的叶阔大,花序为肉穗状,外有大型绿色佛焰苞,开展成舟形,如同观音坐像。如果生长的环境过于湿润,海芋会从叶片上往下滴水,所以被称为滴水观音。因其有剧毒,又被称为滴水毒观音。

海芋

海芋的花瓣有毒,从花瓣上滴下的水也有毒,误碰或误食会引起咽部和口部不适,严重的还会引起中毒者窒息,导致人心脏停搏死亡。皮肤接触海芋会发生瘙痒或强烈刺激，眼睛接触其汁液可引起严重的结膜炎，甚至失明，故应尽量减少接触海芋，有小孩的家庭最好不要种植。

杜鹃花

杜鹃花别名映山红、尖叶杜鹃、兴安杜鹃，主要生于山坡、草地、灌木丛等处。杜鹃花叶可入中药，具有解毒、化痰、止咳、平喘之功效，可以治疗感冒、头痛、咳嗽、哮喘、支气管炎等症状。

杜鹃花有一种松软组织和看起来会随风飘走的花瓣，但如果这些花瓣被动物吃了，足以致命。黄色杜鹃的植株和花内均含有毒素，误食后会引起中毒；白色杜鹃的花中含有四环二萜类毒素。我国的杜鹃花属有毒植物，数量在60种以上，而且大都毒性很强，常引起人、畜的中毒。杜鹃花主要有毒品种包括羊踯躅、大白花杜鹃和牛皮茶等，人误食中毒的症状主要为恶心、呕吐、血压下降和呼吸不畅，一般因呼吸衰竭而死。

附子花

附子花为毛茛科植物，茎高100~130厘米，种子为黄色，多而细小。这种植物的根部含有剧毒。其有毒成分是二萜类生物碱，其中毒性最大的是乌头碱，只要几毫克就可以让人丧命，而且，它和河豚毒素一样，都是神经毒素，吃下去之后会导致人全身神经活动以及肌肉活动的紊乱，不痛的地方感到痛，痛的地方不感到痛，可引起中毒者肾功能衰竭，心脏紊乱，又流口水又拉肚子，最后的死因不是呼吸中枢麻痹，就是严重心律失常。

马利筋

马利筋为多年生宿根性亚灌木状草本植物,茎基部半木质化,直立性,高30~180厘米,具乳汁,全株有毒。马利筋植株为单叶对生,其叶为披针形或矩

马利筋

圆形披针形;伞形花序顶生或腋生,花冠轮状,红色,副花冠黄色。马利筋可作为观赏作物用于园林绿化,但马利筋有毒,使用时应加以注意,以免产生不良后果。另外,马利筋还可以作为引蝶植物加以使用。在深秋、早春或冬季播种马利筋后,遇到寒潮低温时,可以用塑料薄膜把花盆包起来,以保湿、保温。当幼苗出土后,要及时把薄膜揭开,并让幼苗接受光照。当幼苗长出3片叶子后,可以移栽至别处。

舟形乌头

舟形乌头是一种细长、竖直且有毒的多年生草本植物。有一次,有人问一

位植物学家，什么植物才是晚宴谋杀的最理想选择，植物学家认真思索之后，给出了舟形乌头这个答案。植物学家说："你只要将它们的根剁碎、然后炖，就能获得一个杀人利器，根本无需求助于化工厂。"舟形乌头开出紫色的花，通常栖身于后院花园内。它们含有有毒的乌头生物碱，能够使人窒息。虽然用炖舟形乌头"招待"客人是在开玩笑，但植物学家还是强烈建议人们，在花园内修剪这种植物时，一定要戴上手套，以免发生中毒的悲剧。

识别常识

舟行乌头的毒可以治病，人们利用它的这一特点作外敷，可治疗神经性疼痛。这种植物的毒性也被恶意地使用过，古时候的人把它的汁液涂在箭上制成毒箭射杀动物，有时也用其做处罚死刑犯的毒药，因此它的花语是"恶意"。

箭毒木

箭毒木的乳白色汁液含有剧毒，如果接触到人畜的伤口，即可使中毒者心脏麻痹（心律失常导致）、血管封闭、血液凝固，以致窒息死亡，因此这种树被当地人称为"见血封喉"。

原始箭毒木生长在古代印第安人生活的地方，当地人经常割开箭毒木的树干，让树脂流出来，再把树脂涂抹在箭头上来捕杀猎物。后来英国殖民者入侵此地，英军被带毒的弓箭射中后立即中毒身亡，受到惊吓的英国人立即从此地撤兵了。

箭毒木为我国三级保护树种，它的树高可达 40 米，在春夏之际开花，秋天结出像李子一样大的红色果实。现在在印度、斯里兰卡、缅甸、越南、柬埔寨、马来西亚、印度尼西亚等地均有分布。

尽管箭毒木的毒性很大，但它也有对人类有益的一面。箭毒木的树皮特别厚,富含细长柔韧的纤维,云南省西双版纳的少数民族常巧妙地利用它制作褥垫、衣服或筒裙。用它制作的床上褥垫,既舒适又耐用,睡上几十年仍旧还有很好的弹性:用它制作的衣服或筒裙,既轻柔又保暖,深受当地居民的喜爱。

水毒芹

水毒芹原产于北美,属于伞科植物,气味十分难闻,毒性很大,被美国农业部视为“北美地区毒性最强的植物”。

水毒芹含有巨毒的毒芹素,误食后不久便感觉口腔、咽喉等部烧灼刺痛;随即出现胸闷、头痛、恶心、呕吐、行动困难、全身痉挛、肌肉震颤、四肢麻痹、眼睑下垂、失声等症状,常因呼吸肌麻痹窒息而死。从中毒到死亡,最短者数分钟,最长 25 小时。即使有幸存者,也将面临长期的亚健康的困扰,比如患上失忆症等。

银杏

银杏为落叶乔木,5 月开花,10 月结果。银杏是现存种子植物中最古老的孑遗植物,与它同门的其他所有植物都已灭绝,虽然银杏很珍贵,但是它也是有毒植物,不可误食。

银杏的果实叫白果,可加热食用。因为白果内毒性很强的氢氰酸毒素,在遇热后毒性会减小,但如果生吃则会引发中毒。银杏叶内含有大量的银杏酸,而银杏酸是有毒的。由于银杏酸是水溶性的,银杏叶泡水冲饮会使有毒物质溶出,饮用后容易造成中毒。

凤眼莲

凤眼莲原产于南美，因受生物天敌的控制，零散分布于水体，1884 年，在美国新奥尔良举行的一次植物博览会上，参加会议的人送其“美化世界水域的蓝紫色花卉”的称号。

凤眼莲

凤眼莲的花朵为浅蓝色，每朵有 6 片花瓣，其中一个较大的花瓣中央有一鲜黄色斑点，看上去像凤眼，也像孔雀羽翎尾端的花点，十来朵花同时绽放，非常耀眼、靓丽。令人叹为观止的是，它的叶子发生了变态反应：根与叶之间有一支支长长的大气泡，形似大肚子的葫芦，犹如一个大大的救生圈，使凤眼莲植株的身体可以平稳地漂浮在水面上，自由地移动。

博览会结束后，凤眼莲成了红人，被栽养在美国东南部一些花园的池塘中，供人们游玩观赏。但是好景不长，它们就本性暴露，随水流漂到了周围的河湖之中，开始疯狂地繁衍生息了起来。

凤眼莲的无性繁殖能力极强,由腋芽长出的匍匐枝可以形成新植株。新的匍匐枝很脆嫩,离断后也能迅速生长发育成完整的个体。它们顺着风向和水流,飘到新的地方,开始疯狂地征战领地。在人们还没有醒悟的时候,凤眼莲已经泛滥成灾。约在 15 年后,凤眼莲已经在美国佛罗里达的圣约翰斯河上生成了一块长达 40 千米的厚厚的地毯,大大阻碍了河流的正常运输。这种危害迅速地危及美国南部水域,对美国的经济造成不可估量的损失。据观测,在一个生长季节里,生长较壮的母株一次可分蘖 4~5 株新苗,25 株在一个生命周期里,繁衍生息的植株就能覆盖 1 万平方米的水面。

虽然美国的南部水域已经出现凤眼莲灾害,但是在其他国家仍没有引起应有的关注,一些亚洲、非洲的国家又相继被引种。凤眼莲喜高温湿润的气候,尤其是温度在 25~35℃之间,生长发育速度最为迅猛,而亚洲和非洲正符合这些条件。被引种的凤眼莲兴高采烈地疯狂增殖,致使尼罗河流经苏丹和埃及的河道几乎完全被阻塞,鱼类和其他水生生物因缺乏养分和氧气,窒息而死,凤眼莲腐烂的根则滋生了很多蚊蝇,导致一些疾病流行,如疟疾、脑炎等。航船无法通行,农田灌溉也成为难题。当地居民恨透了自私自利而又霸道的凤眼莲,因此凤眼莲有"水上恶鬼"之称。

俗语说:请神容易送神难。当凤眼莲开拓新的领地成功后,再想将它赶出这个水域或消灭它是非常非常困难的。当年美国为了清理凤眼莲灾,使用了各种各样的现代化方法,甚至动用了许多工程兵投入消灭凤眼莲的"战争",收效甚微。他们用机械清除、炸药炸、毒药毒、火烧,结果目标凤眼莲没有消灭,水中的鱼类及饮用河水的牲畜却遭无妄之灾。最后,在大型水生哺乳动物海牛的帮助下,才算初步遏制住了凤眼莲疯狂繁殖的势头。一头海牛每天大约要消耗 45 千克凤眼莲,海牛成了"水上恶鬼"的克星。然而,在其他一些地区,如非洲、亚洲,"凤眼莲灾害"仍未得到有效控制。

当然,凤眼莲奇特的漂浮本领和顽强的无性生殖能力是物种生存繁衍的保证,并非是故意与人类为敌。相反,如果合理利用,凤眼莲完全可以改恶向善,服务于人类。在中国的武汉，专家提倡食用凤眼莲，减轻凤眼莲灾害。

白蛇根草

白蛇根草是一种原产于北美洲草原和牧场的有毒植物，学名：Eupatorium rugosum。

牛吃了白蛇根草，会引发“震颤病”，人如果喝了食用过白蛇根草的奶牛产下的牛奶会感染乳毒病的致命性疾病。美国总统林肯的母亲南希·希克斯就是因为喝了这种牛奶而失去性命的。

白蛇根草属于多年生有毒植物，它的根、茎、叶、花都含有佩兰毒素（又称“白蛇根毒素”）。佩兰毒素是一种不饱和醇，牲畜食用后，会出现肌肉震颤的症状，严重者死亡。

19世纪，许多牲畜因食用白蛇根草而死亡，当时人们发誓，要想尽一切办法查找毒死他们牲畜的元凶。直到19世纪末20世纪初，美国农业部才发现是牲畜食用了白蛇根草而死亡的，并将这一发现迅速通报全国。

现在，虽然我们可以在野外发现白蛇根草的踪影，但在农业生产区、畜牧区，这种有毒植物是不允许存在的，杜绝牛吃到这种植物的机会。

植物生物碱

虽然，植物毒蛋白的毒性比较大，但在自然界中含有这类毒素的植物很少。经过长时间的探索，人们发现，通常引起人类或动物中毒而死亡的是植物体所含有的生物碱，这种生物碱广泛存在于植物王国。

目前已发现6000多种生物碱，除极少数分布在低等植物中外，大多数分布在高等植物体内,尤其是双子叶植物中。一种植物体内多有数种或数十种生物碱共存,如毛茛科、罂粟科、茄科等。

虽然并不是所有含生物碱的植物都是有毒的,但只要这些植物中含有剧毒的生物碱,都会是大名鼎鼎的“杀手”。如:钩吻、曼陀罗、蓖麻、毒芹、天仙子、颠茄、雷公藤、乌头、飞燕草、商陆、藜芦等等。世界上有很多人就是因为这些剧毒植物而丧失性命的,尤其是一些知名人物的死亡,更使它们威名远扬。

公元前399年,苏格拉底因主张有神论和言论自由,被控告引诱青年、亵渎神圣,以藐视传统宗教、引进新神和反对民主等罪名判处死刑。当时,苏格拉底的亲友和弟子们都劝他逃亡国外,均遭到他的严正拒绝,当着弟子们的面从容服下掺有毒参(汁液)的毒酒自尽。

罗马帝国最后一任皇帝尼禄,是欧洲历史上有名的暴君,不满自己母亲的干涉朝政,用毒酒将她毒死,又以通奸的名义毒杀了自己的妻子,并在朝野上下大肆杀戮。公元68年他被元老院宣布为“公敌”,走投无路时,不愿被士兵侮辱,服用由天仙子、颠茄和毛地黄配制的毒药自杀。此外,据后世资料研究,古罗马提图斯、图密善等皇帝的死亡,都与有毒植物脱不了关系。

文艺复兴时期,意大利的一些显赫家族开始将植物杀毒作为一项有利可图的产业,制造、贩卖植物毒药,使用毒药的技术也大为提高。人们并开始利用中空的牙齿、手指上的戒指等携带毒物,这样可以出其不意杀死仇人而不被人发现,或在自己遭到严刑拷打、侮辱时自杀。

19世纪初,科学家已经开始从许多剧毒植物中分离出有毒生物碱。如吗啡,是最早从鸦片中分离出来的有毒生物碱,随后人们相继从马钱子中分离出马钱子碱,从毒芹中提炼出毒芹碱,从烟草中分离出尼古丁,从曼陀罗的花中提炼出麻醉药……因此在世界各地利用生物碱杀人的案件层出不穷,尤其是欧洲。

但啼笑皆非的是:医生是首先利用生物碱来救死扶伤的人,也是首先利用它们来杀人的人。以后这些剧毒生物碱因为杀人案而声名远扬。它们最大的特点是只需几毫克或几十毫克，就能杀死目标，而且生物碱不会残留在死者体内，给案件的侦破增添了很多难度。

罂粟

罂粟为罂粟科植物，是制取鸦片的主要原料。尽管它不像钩吻那样只需几片嫩叶就能让人丧失性命，它却是成千上万种有毒植物中名气最大的一个。

罂粟

未成熟罂粟果实的内皮中，含有一种与众不同的白色乳汁，当它与外界空气接触后，会迅速地变黑、凝固成块状，形成臭名昭著的鸦片。

据说，当年古希腊哲人苏格拉底自杀时所用的毒药汁中就含有鸦片，但他的用意并不是要加速死亡，而是为了减少死亡的痛苦。苏格拉底喝完这种特制的毒药后，便在房间里不停地走动，直到双腿沉重、迈不开步子的时候才躺在床上。很快，他的双脚最先失去了感觉，接着是腿……直至死亡前，他的头脑都处于清醒状态，能从容地和亲朋好友、弟子诀别。然而，苏格拉底只利用了鸦片的药用价值——麻醉，却没有想到过量服用鸦片会使人上瘾。

公元前3世纪，古希腊和古罗马的书籍中就已有鸦片的记载。诗人荷马将鸦片赞为忘忧草,维吉尔将它称为催眠药。最早人们是将鸦片作为镇痛麻醉药在使用,并为许多在战争中受伤的士兵解除了痛苦。后来,人们受巨额利润的诱使,开始利用鸦片服用时带来的飘飘欲仙的快感和较强的成瘾性,贩卖非医疗用途的鸦片制品,服用者骨瘦如柴,甚至丧失性命。因为人们对鸦片不加选择、限制地使用,原本只用于医疗的罂粟逐渐成了人类的"公敌"。到了19世纪初,从罂粟中提出的吗啡开始进入人们的视野,人们认为罂粟是悬在人类头上的一把达摩克利斯之剑。也就是在这个时候,一位名叫泽尔蒂纳的年轻德国药剂师首次从鸦片中分离出一种白色结晶。这种物质被证明是鸦片镇痛、催眠作用的主要成分,便以睡神摩耳甫斯的名字来命名,译成中文就是"吗啡",在那个时代,吗啡确实解除了成千上万人的痛苦。但令泽尔蒂纳没想到的,一百年后,自己所提炼的白色结晶会为人类带来无穷无尽的灾难。

吗啡镇痛、催眠的效果确实超过了鸦片,但吗啡的成瘾性远远超过了鸦片,服用量稍大就会中毒。1874年英国人莱特研制出一种据说吃了不会上瘾的特效止痛药,那就是将吗啡与乙酸酐混合沸煮,得到新合成化合物二醋吗啡。但天不遂人愿,临床试验证明,二醋吗啡的毒性比吗啡更大,于是他毁掉所有试验。然而,1897年,德国人赫夫曼却再次研制出了二醋吗啡,并将它作为非上瘾性止痛药,向全世界销售,使用的商标是"海洛因",因为"海洛因"在德文中是对女英雄的称呼。

海洛因的问世,彻底将罂粟推上了"有毒植物之王"的死亡宝座。它的镇痛作用比吗啡高8~10倍,同时上瘾性也达到了炉火纯青的地步。使用海洛因的人会产生异常欢快的、飘飘欲仙的感觉,上瘾后突然停用便会产生呕吐、恶心和剧烈的痉挛,过量使用会因呼吸衰竭而死亡。长期服用海洛因的人,会食欲不振、体重迅速下降、早衰、面黄肌瘦、贫血……可以说,瘾君子每享受一次飘飘欲仙的感觉,就意味着离死亡更进一步。

第十四章　含有各种毒素的植物

菊花

美国生活科学网曾评出十大有毒植物，菊花就名列其中。据说，菊花头部具有毒性，不管是人类还是动物碰触到的时候，皮肤会有疼痛和肿胀感，因此园工们常种植菊花阻止兔子前来捣乱。

花烛

花烛的别名为火鹤花、安祖花等，无茎，叶子为心形，花蕊周围是猩红的佛焰苞，全身都是毒素。一不小心吃到，嘴里会有火辣辣的刺痛，随后会肿胀并有透明的水泡，嗓音变得嘶哑，而且喉咙肿胀。多数症状会随时间的流逝而减轻，直至症状消失，使用清亮液体、止痛丸或者甘草类食物可以有效减轻痛苦。

山谷百合

山谷百合又名五月花、铃兰，花很美丽，为白色，呈钟形。其实它身体的每个部位都有毒，甚至包括其尖端和保存鲜花的水也会有毒性。轻微碰触山谷百合是不会中毒的，只有将山谷百合吃到肚子里，才会出现恶心、呕吐、口腔疼痛、腹痛、腹泻和痉挛，心律失常、呼吸困难等症状，刺激肠胃呕吐、洗胃等方法可使毒素排出，此外，还可以服用相应的药物，使心跳恢复正常。

八仙花

八仙花又名绣球、紫阳花。花洁白丰满，大而美丽，形如棉花糖和大圆面包，但是绝对是不能食用的。一旦吃了八仙花，不久肚子就会疼痛，此外，还有皮肤疼痛、呕吐、虚弱无力和出汗等典型中毒症状，还有报告说严重时甚至会出现休克、抽搐和体内新陈代谢崩溃。

毛地黄

毛地黄又名洋地黄、心脏草、指顶花等。它的叶子是治疗心脏病的药品"洋地黄"的主要成分。但是误食毛地黄，不但不会治病，反而会先后出现食欲不振、恶心呕吐、腹部绞痛、腹泻和口腔疼痛症状，偶见出血性胃炎，甚至会出现各种类型的心律失常。可采用促呕、洗胃等方法促进排毒，并通过服用解毒剂或鞣酸蛋白稳定心脏。

柴藤

柴藤又名芸豆树、朱藤、招豆藤。造型颇为奇特：花朵较小，形似小甜豆花，有蓝色、粉色、白色，密密地分布在下垂的藤蔓上。柴藤全身都有毒，误食会出现恶心呕吐、腹痛腹泻、头晕头痛等症状。但有些报告说紫藤花没有毒性，但还是谨慎些为好。中毒时可以采取洗胃的方法促进毒素排出，或使用药物治疗。

一枝黄花

一种被称为一枝黄花的外来植物正在宁波城乡大肆扩张，造成其他植物不断的死亡，已引起公愤，遭到宁波市的缉杀。

一枝黄花

瘦直而长的茎秆，细又长的叶子，茎秆顶部开着一串串犹如风铃的金黄色小花，看起来是那样娇巧可爱，凑近能闻到一股淡淡的清香……这一外形美丽却隐藏着自私自利的植物，正是遭到宁波市全面“通缉”的“植物杀手”——“加拿大一枝黄花”。

加拿大一枝黄花有“恶之花”之称，在宁波的面积已超过 2 万亩，已使 30 多种土著物种灭绝。一枝黄花原产于北美，为菊科草本植物，花期为 9~10 月份，种子成熟期为 12 月。一枝黄花有着超强的繁殖能力，能快速占领一切可以占有的空间。一株植株每个生长季节可生成2万多粒种子，可以自动生长出约一万株花苗。小苗能在4个月内迅速长到1米以上，而到花期时植株可长到3米左右。在茁壮成长的过程中，它会抢夺其他物种的养分、水分、生存空间，造成大量的绿化灌木成片死亡，同时它还肆意凌虐棉花、玉米、大豆等，降低农作物的产量和质量。

我国自1935年开始引种一枝黄花，主要作为庭园花卉，多分布在上海、南京一带，后来转移到野外生存。20世纪80年代肆意扩张为恶性杂草，大约6年前蔓延到宁波。在街头巷尾的花店里，一枝黄花被称为黄莺，常被当作花篮插花的配料出售。据调查，有的花店老板根本不知道这种植物的危害性，有的店主则是直接从野外采集这些免费的小黄花。因此人们应该适时抓住机会，彻底清除一枝黄花的危害，不然会有更多的土著物种消失。

一枝黄花之所以能肆无忌惮地迅速蔓延，很大程度是因为人们对它的认识不一。有人认为中国本身就有一种一枝黄花，是一种中药材，如果北美一枝黄花的药理与中国本土的一枝黄花相同，就可以变害为宝。中国本土的一枝黄花性味辛苦，微温，具有祛风清热、解毒消肿、抗菌消炎的功效，可用于治疗风热感冒头痛、咽喉肿痛、上呼吸道感染、百日咳等病症。据宁波市农技总站一位农艺师介绍，两种一枝黄花虽然花色、形状、气味比较相似，但是加拿大一枝黄花植株比较高大，而且花序也与中国本土的一枝黄花不同。后来查阅资料发现，世界上确有一些国家将“加拿大一枝黄花”全株入药，有报道称它有趋风散热、消炎抗菌的功效，有的国家还用其研制天然营养霜和沐浴露。有植物学家指出，由于中国的气候、土壤等各方面与北美相差较大，引种的一枝黄花在繁殖过程中是否发生了变异，目前还没有相关信息。

奇异的叶

树有怪树，花有奇花，就连果实中也有异果，因此叶中有奇叶也是理所当然的事情。经常在植物园中见到的王莲的叶子就非常的奇特。

王莲的故乡在亚马孙河流域,它的叶片是水生有花植物中最大的。王莲的叶片呈椭圆形或圆形,边缘向上翘起,浮在水面犹如一只巨大的碧玉盘。叶的直径可达 2 米以上,最大的可达 4 米。

王莲的叶片不但大、圆,而且它的负重能力超强,一片王莲圆叶可承担 40~70 千克的重量,所以一个 35 千克的小孩站在叶子中央,也不会沉没。

植物界中还有其他叶片更长的植物,如亚马孙棕榈,它的叶子连柄带叶长达 24.7 米。不过,亚马孙棕榈算不上世界冠军。生长在热带的长叶椰子的叶子比它更长,它的叶长达 27 米,被评为世界长叶冠军。

然而,长叶椰子的叶片只能说最长,但并不能成为最大。生长在智利森林里的一种大根乃拉草,它的一张叶片就可以盖一间房子。由此可知,它的叶片面积是多么的大!

奇异的叶子数不胜数,像能吃虫子的食虫叶、使人醉倒的醉人叶、会跳舞的舞叶等等。

其中,更为奇特的是世界上还有一种会吹奏乐曲的叶子。生长在南美安第斯山麓的"笛树",它的叶子像个喇叭,叶子末端有个小孔。由于叶子大小不一,叶孔也就各不相同了。挂满树梢的叶子就像是一支支"叶笛"。

这些叶片随风的大小和方向的变化,演奏的曲调和节奏也会发生变化。当微风拂过,笛声如和煦春风,悦耳动听;但狂风劲吹时,笛声、如泣如诉,非常的哀怨;当风雨交加时,它会发出密如连珠的战鼓声。这就是"叶笛"通过大小不一的叶孔,在风的吹拂下奏出一首首风格不同的乐曲。

第十五章　令人惊叹的神奇植物

瓶子草

在距猪笼草家族的领地数万里之遥的北美洲东部，也有一个靠“玉净瓶”捕食小虫的食虫植物世家。这个家庭的成员比猪笼草少多了，只有9种，都是矮小的草本植物，捕虫的“瓶子”在草丛中或斜卧，或直立，虽然没有高高挂起的猪笼草捕虫袋那么风光，可捕虫的本领毫不逊色，人们就以“瓶”为名，统称它们为瓶子草。

瓶子草

紫花瓶子草是瓶子草中出名最早、分布也最广的种类，从接近北极圈的加拿大拉布拉多半岛直到美国东南角的佛罗里达半岛的大西洋沿岸地区的湿草地上,几乎都有它的踪迹。这种瓶子草的相貌十分美丽,它那胖胖的由叶特化形成的瓶状叶,如莲座一般围成一圈。春季从中伸出一支长长的花葶,一朵向下低垂如小碗似的紫红色花朵,开在花葶顶端。但对于紫花瓶子草来说,最受人赏识的是能捕虫的瓶状叶。

含羞草

含羞草原产于南美洲的巴西,周身长满了细毛和小刺。它是一种十分有趣的观赏植物,只要你用手轻轻地触摸一下它的叶,它就会立刻将一片片叶子折合起来,似乎十分害羞,因此被称为含羞草。

还有一些植物,它们的花和叶子一到夜里就折合起来。不过,它们与含羞草还不太一样。它们把花和叶子折合起来并不是有人碰了它们,而是由于光和温度的变化使它们进入了睡眠状态。

其实,含羞草并不会害羞。只要当它叶柄上的细胞受到触碰等外来刺激,它就会将叶子折合起来。关于含羞草为什么会这样,曾有人对此进行过专门的研究。有人说含羞草可以像神经一样传导感觉;有人说麻醉和降低温度可使含羞草不能折合;还有人说,受刺激后含羞草的细胞发生了变化等。有关含羞草的研究并未得到令人满意的结果。

捕蝇草

捕蝇草是一种自然生长在美国南、北卡罗来纳州潮湿草地上的食虫小草。它的身材矮小,比一株蒲公英或车前草大不了多少。它的叶子也像车前草那样几乎贴地而生,但叶子的形状和功能却与一般的植物大不一样。捕蝇草有几枚到十几枚基生叶,看上去就像柄朝里在餐桌上摆成一圈的一把把怪模怪样的勺子。每一枚叶子都有长而宽的绿色叶柄,叶柄中央一条租粗的叶脉从顶端伸出,成为一对近似半圆形裂片的中轴。这对裂片肉乎乎的,成 80°角张开着,很像一只打开了蚌壳的河蚌。这两片似蚌壳的裂片和它们中间的"轴",就组成了捕蝇草的捕虫夹。

当一只馋嘴的小虫爬上裂片食蜜汁,或一只呆头呆脑的苍蝇落在裂片上叮来叮去时,捕蝇草就迅速合上夹子,边缘的长齿也随即交叉搭合在一起。这时被捉的虫子无计可施,只能在"铁牢"中等死。捉到猎物后,捕蝇草捕虫夹中的消化腺开始缓慢地分泌出一种红色的消化液,将被缚小虫肉体一点点地分解,边分解边由内壁吸收。

目前,捕蝇草在世界各地被当作珍奇植物栽培,甚至被摆在了超级市场的柜台上,供人们观赏和购买。

凤眼莲

1884 年,在美国南部城市新奥尔良举行的一次植物博览会上,老家在南美洲热带地区的水生植物凤眼莲,初出茅庐就大出风头。它的花朵呈蓝紫色,花被 6 裂,一个较大的裂片中央有一鲜黄色的斑点,犹如凤眼十分绮丽,加之一株凤眼莲上往往有十来朵花同时怒放,更显得光彩夺目,被与会者誉为"美化世界水域的蓝紫色花卉"。

凤眼莲具有极强的无性生殖本领,在生长过程中,身体可以不断裂成许多小块,每一块"断肢"都能迅速生长发育成完整的个体。在风和水流的作用下,它们疯狂地扩大着自己的领地。当人们还没明白是怎么回事时,凤眼莲已经成灾。1895 年,这种水生植物在美国佛罗里达的圣约翰斯河上产生了一块浮在水面上长达40千米的厚厚的“垫子”，严重阻碍了河流的运输。这种危害很快遍及美国南部水域，造成了巨大的经济损失。

凤眼莲的无性生殖速度有多快呢？有人进行了观察，结果十分惊人：仅在一个生长季节内，25株凤眼莲竟然变成了200万株，足以覆盖1万平方米的水面。

当凤眼莲在新的领地泛滥成灾后，再要消除它就极为困难了。当年美国使用了许多现代化的防治办法，甚至动用了工程兵去从事消灭凤眼莲的“战争”，仍难奏效。他们用机械清除不了，就用炸药炸、毒药毒、火焰喷射器烧，结果凤眼莲没被消灭，水中的鱼类及饮用河水的牲畜却遭了殃。最后，还是靠了当地产的大型水生哺乳动物海牛的帮助，才算初步遏制住了凤眼莲的势头。一头海牛一天大约能吃45千克凤眼莲，海牛成了“水上恶魔”的克星。

当然，凤眼莲奇特的漂浮本领和巨大的生殖能力是物种生存繁衍的保证，并非有意与人为敌。相反，如果利用得当，凤眼莲完全可以变“恶”为善，造福于人类。

肉苁蓉

在我国西北和内蒙古的大沙漠里，生长着名叫梭梭的植物。它无叶，只有绿色的枝条，身披由叶子退化而成的鳞片。它的根部常常寄生着一种多年生草本植物——肉苁蓉。

肉苁蓉，身高10~45厘米。茎的肉质较厚，呈黄色。茎上的鳞片呈黄褐色。肉苁蓉的体内不含叶绿素。它大部分时间生活在地下，寄生在梭梭等植物的根部。

肉苁蓉有降压、补肾等功效，是老年人和病后体弱者的良好滋补品，久服可延年益寿，故有“沙漠人参”之称。

肉苁蓉

菟丝子

菟丝子浑身金黄,底下无根,所以又叫黄丝藤、无根藤,是一年生草质藤本寄生植物。它全身没有半点绿色,体内没有进行光合作用的绿色工厂——叶绿体。菟丝子的种子在春季萌发时,也发芽生根,幼苗出土后 2~3 个星期内,还过着独立的生活。幼苗向上长,上半截卷成一个个小圈圈。这些小圈圈"好吃懒做",如果没有可以缠绕的植物,不久就会枯死。一旦碰到寄生对象,它就伸长藤蔓,利用一种特殊的变态根——寄生根,伸进寄主体内窃取养料,从此菟丝子就过着不劳而获的寄生生活。宿主由于菟丝子的寄生,养料被夺去后,生长发育受到严重影响,逐渐变得消瘦、枯黄,甚至死亡。

菟丝子也是常用中药,可治腰膝酸痛、遗尿、视力减退等病症。

鸡血藤

许多植物的茎都是靠形成层的增长而变粗的。在形成层的外面是韧皮部，里面是木质部。

鸡血藤的韧皮部里面有着许多由分泌细胞组成的分泌管,每 2~10 个分泌管成群地排列着,成为赤褐色的圆环。

这些分泌管内充满着棕红色的物质,当茎干锯断后,“血”就从分泌管里渗出来了。这种“血”干后,凝固成亮而发黑的胶丝状斑点。

据化学分析,它含有鞣质、还原性糖和树脂类等物质。

鸡血藤是一种中药材,将它加工制成“鸡血藤膏”,具有补血、活血、通经活络等功效。

第十六章　特别的植物

不管是人类，还是动植物，每一种生物都有着自己独特的特点。你知道各种植物的生活特点吗？在欣赏它们的同时，你还可以进一步地了解一下植物的特别，本章节就将带你了解一下个别植物的特别之处。

不怕冷的植物

世界上有不怕冷的植物吗？一般到冬季的时候，植物的叶子都落下，以此来抵挡严寒。那不怕冷的植物有哪些呢？它们又有什么特点呢？现在让我们一起去看一下吧！

不怕冷的植物

在植物界不怕冷的植物还真不少，如柏树（扁柏）、松树、仙人球、仙人掌、蟹爪兰等。此外，还有哪些植物不怕冷呢？

自古以来，我国就有"岁寒三友"即松、竹、梅。它们都是不怕冷的植物，而且耐寒本领极强。

蜡梅、松树、月季、竹子等植物有一定的耐寒能力。但是，它们并不适宜在任何寒冷的环境中生长。我们知道，蜡梅和竹子在我国南方的冬季是没有问题的，但是到了东北等非常寒冷的户外，是无法生存的。月季只能在冬季北方的室内和温室内生存，在冬季北方的户外根本无法生存。但是，松树却有超强的耐寒本领。有诗云:“大雪压松松不倒,唯有暗香苦寒来。”这就是松树耐寒特性的写照。因而松树就成了典型的耐寒植物。可见,松树的耐寒本领是经得住考验的。

此外,耐寒的植物还有柏树、美人松、马尾松、落叶松、樟子松、鱼鳞松、黑松、雪松、云杉、红杉、白桦、大叶杨、榛子、核桃楸、橡树、椴树、榆树、槭树等乔木。可以说,这些乔木耐寒的本领是极强的。高山杜鹃、迎春花、雪莲等花卉即使在野外也非常耐寒;人参、刺五加、五味子等著名的草本科植物也非常耐寒;苔藓、地衣等低等植物也是极其耐寒的。在这个地球上,不怕冷的植物还有很多。

植物具有一定的耐寒特性,在某个范围内,它们能承受得住寒冷。它们虽然不怕冷,但是冷到一定的温度下也是不行的。一般种子植物生长活动的最低温度是0℃。每到冬天,有些地区千里冰封,大地上几乎找不到红花绿叶。但在此时,你也能找到一些不怕冷的“英雄好汉”。

在我国青藏高原上,有一种叫雪莲的植物。它生长在海拔5000米高处,能对着皑皑白雪开出紫红色的鲜花。阿尔泰山的银莲花,能在-10℃的环境下,从很厚的雪缝中钻出生长。有些松柏类植物,能抵御-40℃~-30℃的低温。在西伯利亚有一种植物,能在-46℃的低温下开花。在自然条件下,它们算是不怕冷的“英雄”了。俄罗斯科学家用人工控温的方法,把白桦树放在逐步降温的环境里,它竟能耐得住-195℃的低温。

不怕冷的原因

为什么有的植物能够安稳地度过寒冬?它们又是怎样战胜寒冷的?我们要想找到问题的答案,就必须先了解植物的一些应变能力及其对环境的适应性。科学家们通过对春种和秋种的禾本科植物进行比较研究后发现,严寒几乎能完全终止作物的生长,但阻止不了作物的光合作用。此时,植物生长出的不再是茎和穗,而是积累着成为低温保护层的生物抗寒物质,如蛋白质和最重要的高耗能脂肪类等。正是这些物质,才使得植物能够最大限度地降低其对寒冷刺激的敏感。

生活常识告诉我们,植物要想免受寒冷的侵害是不可能的。在寒冷的冬季,如果植物细胞内的水冻结了,植物很快就会死去。在严寒条件下,它能否成活主要取决于其细胞膜片结构能否保存完整。对此,植物自有妙法。当气温降到1℃时,其细胞内便发生一系列生物化学变化,这种变化能促使细胞内流出水,并渗入到细胞间的空隙中,在那儿被冻结。冻结的冰层覆盖住细胞,这样既可保护细胞使其内部不至冻结,又可激发脂肪的进一步积累,增强抗寒能力。因此,耐寒的植物品种都能适寒、抗寒,其中的奥秘就在于植物体内的各种结构要素在发挥着重要作用。

顽强的旱生植物

水是生命之源,如果没有水,世界上的动植物将无法生存下去。无论是动物还是植物,其体内的水分占体重的比例都相当大。水在动植物体内起着重要的作用。正所谓,万物生长靠太阳,雨露滋润植物茁壮成长。但是,在自然界里,有许多植物却生长在异常干旱的环境中。那么,它们是如何面对干旱而顽强地生长呢?

耐旱的植物

提到耐旱的植物,大家首先想到的就是仙人掌、仙人球之类的植物。因为仙人掌、仙人球是我们日常生活中比较常见的一类植物。除了仙人掌、仙人球外,还有一类植物也是非常耐旱的,我们一起来看一下吧!

在自然界中,有一类植物特别能吸水贮水,使其成为多浆液的旱生植物。由于长期在干旱逆境中生活的原因,它们根、茎、叶的薄壁组织逐渐转变成了贮水组织,成了它们的内部贮水池。有一种草花,叫大花马齿苋,俗称“死不了”,与马齿苋同属一个科。这种植物大量贮藏水分的器官是它那肉质多汁的茎及碧绿的圆柱形的肉质叶,无论怎样的酷暑烈日,也休想把它的花晒干。它能在干旱的土壤中顽强地生活,并开出一朵朵颜色各异的花朵。正是因为大花马齿苋能够在干旱的环境中顽强地生长,因而才获得了一个“死不了”的称谓。

澳大利亚有一种被称为瓶子树的澳洲梧桐。这种澳洲梧桐就生长在澳大利亚的旱季热带地区。不要小看这种树,它是一种奇特的树。它那高达数米的树干中部膨大,上下较细,形似一只巨大的花瓶。原来,瓶子树在雨季时大量吸收水分,把多余的水贮存在膨大的树干中,到了旱季,就用贮存在树干中的水来“解渴”。澳洲梧桐身上的瓶子竟是它抗旱的一种巧妙办法。

在南美洲的干旱地带,有一种叫作“纺锤树”的木棉科落叶乔木。它与澳洲梧桐一样,在纺缍树树干的中部也有着一个像瓶子一样的膨大部分,同样是在雨季时吸水贮于其中,以便旱季使用。植物这种吸水贮水的特性大大提高了它们耐旱抗旱的本领。

仙人掌是一种常见的耐旱性极强的植物。仙人掌一类的肉质植物,不但是贮水的能手,还是节水的模范。在自然界,还有一类旱生植物,它们不善于贮存水分,却有极强的耐旱特性。这类植物体内含水极少,显得又干又硬,成为少浆液的旱生植物。在这类植物中,有的叶片变得很小,甚至全部退化成鳞片状,以减少水分的支出,光合作由则用绿色茎枝来进行。如沙拐枣、梭梭等。少浆液植物还有很多能减少水分消耗的保护性措施,如叶表面角质化、叶面多绒毛、蜡质,气孔下陷并有特殊的保护结构等。夹竹桃就是这样的少浆液旱生植物。

会睡觉的植物

人和动物都要睡眠,以消除疲劳,恢复体力。有趣的是,有些植物也会“睡觉”，而且分为晚间“睡眠”和午间“睡眠”两种类型。植物学家认为，晚间“睡觉”的植物有利于生长，例如花生、合欢、含羞草等植物的叶子在夜间下垂或闭合，可以减少蒸腾作用，保留热量不致散失；而睡莲、郁金香等植物在夜晚将花瓣关闭，可以避免娇嫩的花朵被冻伤。因此，晚间“睡觉”的植物生长速度较快，生存竞争性更强。植物不仅会在夜晚“睡觉”，有的植物还有“午睡”现象，如小麦、水稻、大豆等。科学家们认为，引起植物“午睡”的最重要原因是高温。夏天的中午，天气酷热，温度极高，湿度极低，植物不得不加快加大蒸腾作用，渐渐地根部吸收的水分便显得不够用了。为了减少水分的散失，植物不得不逐渐关闭气孔，二氧化碳被拒之门外，光合作用严重受阻，植物就会出现“午睡”现象。当然，植物的“午睡”还与其他一些因素有关。但不管怎样，光合作用降低的农作物，它们的产量也会降低，因此，科学家们正想方设法克服植物的“午睡”现象。

会探矿的植物

大地辽阔而富饶，地下更蕴藏着难以估量的矿藏。千百年来，人类为了探矿，花费了大量的时间、金钱和劳力，但只开采出地下财富的很少一部分。最近几十年来，科学家们惊喜地发现，某些植物喜欢在特定的矿床上生长。例如，生长针茅的地方可能有镍矿，生长羊栖菜的地方可能有硼矿，生长石南草的地方可能有锡矿和钨矿，生长狼毒的地方可能有铍矿，生长蒿子和兔唇草的地方可能有金矿，生长桧树的地方可能有铀矿等等。有趣的是，生长在矿床上的某些植物会改变自己的相貌。例如正常生长的白头翁，开很大的花朵，浑身密被白色长毛；而生长在镍矿上的白头翁则变成蓝色，花瓣撕裂或消失，只有赤裸的雄蕊，根据这个特征便可找到镍矿。另外，同一种矿藏可以有几种不同的指示植物。例如，铜矿指示植物在澳大利亚为石竹科的一种植物，在中国则为海州香蒿，在乌拉尔则为一种开蓝花的野玫瑰。很多指示植物还能把土壤中所含的矿质元素浓集到体内，简直成了“植物矿石”。例如，生长在锶矿上的柳树叶子中积存的锶是标准量的30~40倍；生长在锌矿上的一种锌草，它的1千克灰分里含锌量竟达294克。人们从这些植物里提取所需的矿物质元素，既简单，又容易。

能预测风雨的植物

在我国南方有一种风雨花，它原产于美洲，是石蒜科的一种多年生草本植物。它的叶子很像韭菜，鳞茎圆形，在春夏之季开出白、红、黄等颜色的花。有趣的是，每当暴风雨到来之前，它就绽放大量的花朵，向人们预报风雨的来临。原来，在气温高、气压低、水分蒸发量大的情况下，这种花的鳞茎内开花激素倍增，刺激花芽迅速生长，因而具有风雨到来之前便开花的特性。在新西兰和澳大利亚，生长着一种报雨花。它的花瓣呈长条形，有各种颜色，类似菊花。报雨花的花瓣对湿度敏感，当空气湿度较高时，花瓣就会萎缩，将花蕊紧紧包起来；当空气湿度较低时，它的花瓣又慢慢向外伸展。因此，当地居民常根据它的变化来预测天气。植物王国中，还有一些“义务气象员”，如茅草的叶茎交汇处冒水沫，结缕草的叶茎交界处出现霉毛团，都提示人们天要下雨了。

使人产生幻觉的植物

曼陀罗又叫洋金花，自古以来，人们便知道它有麻醉作用。曼陀罗属于茄科一年生草本植物，全身几乎不长毛。叶片呈卵形，叶缘有波状短齿。它在夏天开花，花单生，直立；花萼呈筒状，花冠呈漏斗状，好似一个长柄喇叭；花有白色、紫色和淡黄色。它在秋天结实,果实有花生米大小,外被许多针刺,使人不敢接近。曼陀罗含有颠茄类生物碱,能使人麻醉昏倒,有时,还会使人产生许多怪异幻觉。在很久以前,人们常用它做蒙汗药。现在,它已成为临床上常用的麻醉镇痛药。有一些仙人掌科的植物,肉茎中含有一种生物碱,人吃少量后,便会颤抖、出汗,1~2小时后进人幻觉状态,举止古怪,做事荒诞。大麻中也含有一种麻醉剂,大量服用后,使人血压升高,瞳孔扩张,并产生奇怪的幻觉。真菌中也有一些致幻的蘑菇,如毒蝇伞含有毒蝇碱,人食后会产生看什么东西都变得很大的幻觉;小美牛肚菌正相反,它使人产生看到的东西都变得渺小的幻觉。目前,人们已从许多致幻植物中提取有效成分,用于临床治病。这里要告诫朋友们,这类植物都有毒副作用,有的过量服用还能致人死亡,所以千万别吃!

能预测地震的植物

地震的发生常常出人意料,造成的后果又相当严重。千百年来,人们不断地寻找可以预测地震的方法,力求及早采取措施,把地震造成的损失降低到最小程度。科学家们发现,地震发生前的异兆能引起植物异常的生长发育和开花结果,因而可以作为预测地震的"报警植物"。例如在1970年初冬,宁夏隆德县的蒲公英提前开花,一个月后,60多公里外的西吉就发生了5.1级的地震;1972年,上海郊区的山芋藤突然开花,不久,长江口区发生了4.2级的地震;1976年,唐山地区的竹子开花,柳树枝梢枯死,之后不久,发生了损失惨重的唐山大地震。日本科学家对这些异常现象进行了深入的研究,用高灵敏的记录仪对合欢树进行生物电位测定,并认真分析了几年来的记录,发现这种植物能感知火山活动和地震前兆的刺激,从而出现明显的电位和电流变化。1978年6月10日和11日,合欢树出现异常大的电流,12日异常电流更大,当天下午5时左右,日本的官城县海域便发生了7.4级地震,余震持续了10余天,电流也随之趋小。

科学家认为合欢树的根系能够捕捉到地震前伴随而来的地温、大地电位、磁场等因素的变化，从而导致植物体内的电位也发生相应变化。因此，植物的反常现象对预测地震有重要的参考价值。

会纵火的植物

在澳大利亚生长着一种桉树，它能分泌一种香精油，这种香精油在干旱酷热的环境中便会自燃，从而引起森林大火。曾经有一年里，由桉树排出的香精油引发了几百次森林大火，造成了巨大的损失，所以当地人都称它为“纵火树”。在美国的加利福尼亚州，过去经常发生一些不明原因的火灾。经过多年不懈的调查，科学家们终于发现了纵火的“凶犯”，它就是白叶鼠尾草。原来，白叶鼠尾草会散发出一种叫作单萜的无色有机物，这是一种易燃物质，当空气中的单萜达到饱和状态时，遇到高温的天气便会燃烧起来，酿成火灾。在东南亚的森林中，生长着一种叫“看林人”的花，在它的叶茎和花朵里，富含一种挥发性极强的芳香油脂，在干燥灼热的条件下，这种芳香油脂就会大量地进入空气中，一旦温度达到燃点时就会自燃起来，引起火灾，将大片的森林烧掉。这些会纵火的植物很让人们头疼。

会发热的植物

在南美洲中部的沼泽地里，生长着一种叫臭菘的极地植物，它具有一片漏斗状的佛焰苞，把中央的肉穗花序包得严严实实。在持续两周的开花期间，天气依然很寒冷，而佛焰苞内的温度却总是恒定在22℃，比外界的气温高20℃左右。最后，还是科学家们揭开了它的秘密。他们发现臭菘的花朵中存在许多产热细胞,细胞内的一种酶会氧化碳水化合物,释放出大量的热量,从而保持较高的恒定温度。无独有偶,有一种叫喜林芋的植物,是用脂肪作为“燃料”来产生热量,效率比臭菘还高,花中的温度可达到37℃。在北极生活的植物,则有自己独特的本领。它们都有追逐太阳的习性,能像孵卵器那样聚集热量,保持花中的温度要比外界高一些,所以在冰雪中也能开花结实。有些人认为,植物的花朵产热有助于加快花香的散发,从而招引昆虫来传粉;而发热的花朵也像一间间暖房,引诱昆虫前来躲避严寒,顺便就完成了传粉。还有的人认为,花朵产热会延长自身的繁殖时间,于是更加容易地开花结果,传宗接代。关于植物花朵发热的问题,现在仍旧众说纷纭,有待人们发现更多的证据,彻底揭开其中的奥秘。

吃人的植物

多年来,有关植物吃人的报道一直没有间断过,常常使人们迷惑不解。据说在印度尼西亚的爪哇岛上,生长着一种奠柏树。它长有许多柔韧的枝条,长长地拖在地上,要是人们不小心触碰其中的一根枝条,整棵大树的枝条就会都伸过去,将人紧紧缠住,并且快速分泌出一种黏胶,将人牢牢粘住,慢慢地消化掉。这种胶液是一种名贵的药材,人们常常要冒险去采集。当地人常用一筐活鱼将树喂饱,树吃饱后便懒得动了,这时,采胶工作就安全了。还有人说,在非洲的中南部有一种长满地状枝芽的树,这些枝芽平时伏在地上,如有人触碰,枝芽就会迅速跃起,将人裹住,并迅速刺入人体,直至吸光人的血液。曾有一位德国的探险家叙述了在非洲马达加斯加岛上的经历,说亲眼看见被当地人奉为“树神”的吃人树吃人的经过。这一说法很快传遍了全球,于是一批南美科学家为此专程去那里实地考察,但只发现了一些食虫植物。因此,他们认为所谓的吃人植物,可能是人们根据食虫植物杜撰出来的。然而,在人类踏遍地球上每个角落之前，断然肯定或否定都不是科学的态度。

长手的植物

芸香科植物中有一种名叫佛手的树木，它有几米高，枝条上长着许多锐利的长刺，容易刺伤人。佛手的果实十分稀奇，果实下部的一小半呈椭圆形，上部剩下的一大半分裂成十多根长短不一的"手指"，就像一只人手，所以人们习惯称它为佛手。佛手金黄鲜艳，香气浓烈，但不能吃，味道很差，常作为一种中药给人治病。葫芦科植物中有一种佛手瓜，它的果实下端膨大，上端有数条沟纹，颇像一个人的拳头，因而人们也叫它佛手。佛手瓜也是一种胎生植物，它的种子离开瓜便不能萌发，必须在瓜中长成幼苗，这样有利于后代生存。在危地马拉的森林中，有一种奇特的手花。它的花萼向下耸起一个掌形花冠，乍一看，很像人的5个手指头，手花的名字也由此而来。

会搬家的植物

南美洲有一种飞草，当土壤干旱时，它就把根从土中拔出，卷成一个小球，随风游荡；当飘到水分充足的地方时，便会重新扎根生长。非常有趣的是，在地中海东部的沙漠地区也长有一种会"搬家"的草，叫作含生草。含生草属于十字花科，非常稀有。它对自己未成熟的果实种子十分"疼爱"，一遇上干燥的天气便抖落身上所有的叶片，枝条向内弯曲成一团。风也会帮它的忙，将它连根拔出，吹着它在地面上滚动。如果滚到湿润的地方，它就会露出根来，重新扎入土中，并打开枝条，继续养育种子直至成熟。更有趣的是，在美国西部地区，竟有一种会"搬家"的树——苏醒树。当水分充足时，它长得枝繁叶茂；当干旱炎热时，它就把根抽出来，弯成一个球状物，随风滚动。当被吹到有水的地方时，它又重新扎根“落户”，开始新的生活。

令老鼠胆寒的植物

老鼠不仅糟蹋庄稼和粮食，而且传播鼠疫等严重疾病，给人类的生活造成很大的威胁，所以千百年来，人们想方设法防治老鼠。说来有趣，有些植物是老鼠的天然克星。在加里曼丹生长着一种食鼠草，它长有一个几十厘米长的捕囊，边上有刺，能吞食老鼠、小鸟等动物，昆虫就更不在话下了。在罗马尼亚有一种琉璃草，它含有一种生物碱，能够作用于老鼠的神经系统，将其杀死。紫草科中有一种叫药用倒提壶的植物，人们也叫它“鼠见愁”，是著名的驱鼠植物？它能散发一种老鼠无法忍受的气味，老鼠一旦闻到，立刻逃避，甚至宁可跳入水中，也不敢越过有这种植物的地方。爵床科有一种植物叫老鼠筋，茎叶上长有尖锐的刺，把它放在老鼠出没的场所，老鼠便望而生畏，绝不逾越。忍冬科中的接骨木是一种落叶灌木，它含有一种特殊的挥发气体，对老鼠有剧毒，老鼠闻之即逃。有些地区的人们常把接骨木放在谷仓中，从而避免了老鼠的光顾。另外，还有一些植物，如闹羊花、稠李、毛蕊花等等，要么含有灭鼠的有毒物质，要么散发出鼠类不能忍受的气味，令老鼠们心惊胆寒。

会发射子弹的植物

有些植物传播种子的方式很特别，就像发射子弹一样将种子射出去。在欧洲南部的高加索地区，生长着一种叫喷瓜的植物。它的果实与黄瓜相似，成熟的果实里面挤满了黏液，对果皮产生很大的压力，一经碰撞或熟落时，果皮就会突然裂开,发出"砰"的一声,里面的黏液夹着种子喷射而出,射程可达6米。凤仙花很漂亮,而它的果实却碰不得。它的果实呈椭圆形,成熟后只要碰它一下,它就会"爆炸"开来,5片果瓣急剧向内卷缩,将种子弹出1米开外,因而人们也叫它"别碰我"。美洲有一种沙箱树,它的果实成熟开裂后,发出巨响,能将种子射出10多米远。北非的沼泽木犀草是名副其实的"射击冠军",它的果实成熟时会骤然裂开,发出像枪声一样的声音,射出种子,有效射程可达15米。其实,日常生活中我们熟悉的豌豆、黄豆、绿豆也都会弹射种子,只不过距离稍近罢了。这些植物都有发射种子的高超本领,因而都是自播植物。

能产糖的树

人家都知道甘蔗可以制糖,但说到用树的汁液熬糖,可能就比较陌生了。在北美洲的加拿大,生长着一种产糖的糖槭树,又称为糖枫树,是著名的糖科植物之一。每当秋风送爽的时候,成片的糖槭树上挂满了红艳艳的叶子,犹如灿烂的朝霞,十分美丽。加拿大人把瑰丽的槭树叶视为国宝,并当做自己国家的标志,在他们的国旗、国徽的图案上都绘有一枚红艳艳的槭树叶。

糖槭树是一种落叶大乔木,树形高大,在它的树干中,含有大量的淀粉,到了寒冷的冬季就变成了糖。第二年春天,随着气温的增高,糖又变成了流动的树液。一般15年以上的糖槭树就可以采集树汁,人们只要在树干上打孔,插上管子,白色的树汁就会顺管子流入采集桶内。每个孔可采集100多千克树液,可以制纯糖2~5千克,每株树可连续产糖50年,有的可达百年以上。

用糖槭树液熬出的糖浆,俗称"枫糖",营养价值很高,可与蜜糖媲美,具有润肺、开胃的功效,用它来制作的糕点、软糖、硬糖等香甜可口、清香宜人。每年3月开始,加拿大人都要兴高采烈地欢庆传统的糖枫节,品尝大自然赐予他们的甜美食品。

糖槭树

除糖槭树外,亚洲热带地区还有不少糖科树种,如柬埔寨境内一种名叫"糖棕"的树,一株大树一年可以产糖 50 千克以上。

"摇钱树"——桑树

在我国古代,丝绸和黄金一样珍贵,当作货币来流通。帛是丝绸的总称,"财帛"和"钱帛"都是把丝绸同钱财连在一起的称呼,人们种桑养蚕,织丝成绸,使钱财滚滚而来,于是桑树也被人看作摇钱树。

桑树是一种落叶乔木,桑叶为卵形,是蚕的理想饲料。据统计,1000 条蚕从小到吐丝结茧要吃 20 千克的桑叶,才能吐 0.5 千克的丝。桑树的果实叫桑椹,可以食用。桑树的根、枝、叶、皮、果都具有药用价值,可以说浑身是宝。

桑树不仅具有重大的经济价值,在古人眼里,桑树还是一种圣洁无比的神树。在庙宇祭坛周围,人们往往栽上一大片桑树,取名桑林,作为皇室贵族祭祀祷告的神地。在中国最早的文字里面,就有桑、蚕、丝、帛等字形。

中国是世界上种桑养蚕最早的国家,桑树的栽培至少有 7000 多年的历史。西汉时期,丝绸由"丝绸之路"传到西亚和古罗马,马上引起轰动,那流光溢彩、轻盈美丽的丝绸使得皇室贵族们目瞪口呆、大为惊叹，把它看成“天堂里的神物”，是一个“美丽的梦”。当时的欧洲人对蚕桑毫无所知，以后罗马人和其他欧洲人便千方百计地从中国窃取丝绸的秘密，几经周折，蚕桑终于外传了。

皂荚树与洗衣树

在农村的一些庭院里，我们常常可以看到一种十来米高、树枝上有刺的树木，它就是皂荚树。秋天，皂荚树上结着像镰刀一样的荚果，长 12~28 厘米，宽约 3 厘米。很早很早以前，人们就用它来洗衣服了，洗出来的衣服还特别清爽。皂荚为什么能洗衣服呢？经过分析，原来在皂荚的荚皮中含有皂角蔷，因为它的作用像肥皂，又叫作皂素，正是这种皂素，能像肥皂一样产生泡沫，把衣服上的脏东西清理干净。

皂荚树

而在地中海南岸的阿尔及利亚，生长着一种普当树，意思是“能除污秽的树”，用它洗涤出来的衣服非常洁净，因此也被称作“洗衣树”。当地居民只要把脏衣服捆在树身上，几小时后，把衣服取下来放在清水里漂一下，就很干净了。

“洗衣树”为什么有这样的本事呢？原来，在这种树的树皮上有很多小孔，能分泌出一些黄色的液体，这是一种含碱的液体，所以有去污的作用。普当树生长的地方碱性较重，树干内如果吸收了多余的碱，就会通过小孔排出来，以达到生理上的平衡，这样也才有利于树木的生长发育。人们利用它来洗衣服，也可以说是变废为宝了。

能治病的植物金鸡纳树

疟疾，又称为“打摆子”，是由蚊子传播的一种急性传染病，人们一旦感染了这种疾病，就会突然发冷、打寒战，之后又发高烧、说胡话、神志不清，若不及时治疗，就会有生命危险。在从前，我国南方特别是气候潮湿的地区很多人得这种病，那时候，人们对这种病毫无办法，往往坐以待毙。

说来也巧，在南美洲的印第安人中，也流行着这种病，不过，早在400年前，他们就知道有一个秘方可以治这种病，但这个秘方是绝不向外人透露的。据说1638年，西班牙的一位伯爵带着妻子来到了南美洲的秘鲁，不久，伯爵夫人染上了疟疾，医生们束手无策。伯爵暗中打听到当地一种叫金鸡纳树的树皮可以防治这种病，于是他剥了这种树的树皮，拿回去煮汤给妻子服用，几次以后，夫人的病就好了。这个消息很快一传十、十传百地传到了欧洲。欧洲人闻此十分震惊，于是千方百计地想把金鸡纳树弄到手。几经周折之后，他们终于如愿以偿，荷兰殖民主义者因此大发了一笔横财。

金鸡纳树是一种常绿小灌木，高3米以上。远望金鸡纳林，红一层绿一层，互相交迭，红的是嫩叶，绿的是老叶；夏季开白色小花，种子很小。金鸡纳树皮为什么能防治疟疾呢？研究发现，树皮里主要含有一种叫奎宁的生物碱。奎宁在人体内能消灭多种疟原虫的裂殖体，因而是防治疟疾的特效药，除此以外，还具有镇痛、解热和局部麻醉的功效。金鸡纳是热带树种，目前在我国台湾、广东、海南及云南等地已有栽培。

会指示方向的树

在东南亚生有一种神奇的树，叫印度扁桃树，它的树枝与树干垂直生长，一半指向北方，另一半指向南方，是天生的"指南针"。在非洲马达加斯加岛上也有一种会指示方向的树，它有一个倔脾气，就是不管长在什么地方，身上细小的针叶都会指向南方，所以人们称其为指南树。它给进山的人们带来了方便，只要看一看它的叶子便会知道该往哪里走，从不担心迷路。在我国也有一些会指示方向的树。在福建省的清水岩，有一棵高大粗壮的香樟树，令人奇怪的是，它所有的枝叶都指向北方，仿佛有一种神秘的力量在吸引它。而湖北省宜城市也有一棵会指北的树，在高大笔直的树干上，所有的枝叶都朝向北方生长，即使长在南面的枝叶，也会弯曲向北，好像天生就喜欢北面似的。有关树为什么会指示方向，至今尚无明确的解释。

会笑的树

在非洲卢旺达首都基加利的植物园中，生长着一种奇怪的树。它能像人一样发出"哈哈"的"笑声"，当地人叫它"笑树"。笑树是一种七八米高的乔木，树干深褐色，叶子呈椭圆形。引人注意的是，它的每个枝杈上都长着一个像铃铛一样的坚果。它的果壳又薄又脆，长满了小孔，果内生有许多小滚珠似的皮蕊，能在里面自由滚动。每当风吹过，皮蕊就会在果壳内不停地滚动，撞击着果壳，发出“开心”的“哈哈笑声”。我国云南也有一种会笑的树,叫槲树,每当人们在它的树干上抓来抓去时,它便会发出阵阵的“哈哈笑声”;树枝也会“笑”得摆来摆去,通红的果实也纷纷裂开,露出雪白的果核,仿佛乐开了嘴。如果停止抓树,“笑”声便消失了,树枝也不摇了,裂开的果实也慢慢地关闭起来。这两种笑树都非常有趣,每年都吸引着大批的游客前来观赏。

能改变味觉的植物神秘果

在西非的热带森林里,生长着一种叫作“神秘果”的植物。那么,人们为什么叫它“神秘果”呢? 原来,这种植物的果实,其果肉特别奇妙,只要你吃下一点点,4 小时后,味觉神经末梢对食物味道的反应就会发生变化。这时如果你再吃柠檬、杨梅、野生苦橙子、涩苹果等酸、苦、涩的食物,你就会觉得这些果实的味道都是甜的了,这种反应大约持续 30 分钟后才消失。这是怎么回事呢?科学家们通过分析发现,神秘果的果肉中含有一种属于糖朊的物质,它能使人舌头上的感觉起变化,而食物的味道并不发生变化。由于糖朊能使人产生味道错觉,所以被称为变味蛋白质。神秘果属山榄科植物,是一种乔木,一年四季都结果实。它的果实如小枣般大小,成熟后变为鲜红色,里面有一个大种子,只有很薄一层的带甜味的白色果肉。神秘果富含糖及多种维生素、氨基酸等,营养丰富,是一种不可多得的高级水果。在医院里,它是糖尿病患者的理想食品和甜味剂。

长“鸡蛋”的鸡蛋树

鸡蛋果是西番莲科的一种多年生草质藤本植物。它有数米长,茎呈圆柱形;叶薄革质,有三个深裂口;花单生于叶腋,有 5 个花瓣,5 个萼片,花冠下部为紫色,上部为白色。有趣的是,它结出的果实无论形状、大小还是颜色都与鸡蛋相似,故名“鸡蛋果”,人们习称为“鸡蛋树”。它原产于南美洲的巴西,栽种方便,能在篱笆上自由攀缘。现在,我国台湾、福建、广东等省均有栽培。鸡蛋果虽然极像鸡蛋,却不能煎炒。它的果肉多汁味美,芳香可口,消暑解热,既可生食,又可做成冷盘、果酱等食品,别有一番滋味。它的果实含有大量的种子,种子可以榨油,供食用或制油漆。鸡蛋树比较容易繁殖,不需要特殊的管理。鸡蛋果一般在 11~12 月份结果,产量大。它是水果中的珍品,备受人们的喜爱。

产药的阿斯匹林树

在非洲卢旺达的原始森林中,有一种丛生的常绿灌木,当地人叫它阿司匹林树。原来,它的树枝和枝条中,含有一种类似阿司匹林的化学成分,能够镇痛解热,当地人常用它来治感冒和风湿等疾病。在西非的热带草原上,有一种叫作沙尔科采法留斯的树,它的树根和树皮富含天然的奎宁,能治牙痛;体内含有大量高效的生物盐,能够杀菌,治疗疟疾、贫血效果很好。卫矛科里有一类叫作美登木的植物,全世界共有 120 种左右。科学家们发现它的根、茎、叶中含有美登新、卫矛醇、丁香酸等成分,对多种肿瘤都有很好的抑制作用。裸子植物中的三尖杉也不甘示弱,它的体内含有抗癌的生物碱,已成为临床上治疗白血病的新药。能产药的树很多,就连平时生活中我们常见的柳树,它的树皮汁液中也含有阿司匹林。科学家们认为,柳树分泌阿司匹林对它大有好处,不但可以刺激柳树在春天尽早发芽,而且能够防御病毒对柳树的侵害。看来,植物也会给自己看病啊!

产酒的树

南非有一种叫玛努拉的高大乔木，它在雨季后开花结果，果实有些像李子，甘甜多汁。这种果实是大象的“佳肴”，但如果大象贪吃了许多这样的果实，甘甜的果汁在胃中酵母菌的帮助下，便会酿出酒来，把大象醉得晕头转向。在日本的新潟县，有一株罕见的“酒树”，白色的树汁里含有大量的糖分，当争气不足时便会发生奇妙的转化，变成酒精，芳香醇厚，味道可口。在非洲的恰希河流域，生长着一种休洛树。它常年分泌出芳香味美、含有酒精的液体。当地人常在树上挖个小洞，美酒就会不停地流下来，举杯痛饮，别有一番滋味。人们都亲切地称它为植物中的“酿酒师”。更奇妙的是，有一种竹子也会造酒。这是一种小青竹，生长在坦桑尼亚的大森林中。小青竹酿出的酒含酒精30度左右，而且口味纯正，清香怡人，是当地人珍爱的一种竹酒。取酒的方式也极其简单，只需将竹尖削去，放好酒瓶，第二天早上，便会有一瓶色白味美的竹酒等着你呢。

有保镖的蚁栖树

在南美洲的巴西热带森林中，生长着一种奇异的树，不计其数的蚂蚁在它身上安家落户，当地人称它为蚁栖树。蚁栖树身材高大，茎中空，有一圈又一圈的环节，形状和竹子差不多。它的叶柄很长，叶片很大，像一只五指张开的手掌。在蚁栖树上的蚂蚁叫益蚁，是蚁栖树忠实的“保镖”。每当啮叶蚁来吃蚁栖树的叶子时，待在树上的益蚁会大举反攻，将来犯之敌赶跑。而蚁栖树对这些特殊的“保镖”充满感激，会拿出最好吃的东西款待它们。原来，蚁栖树叶柄基部有丛生的毛，毛里面生长着一个个好吃的小蛋形物，是由蛋白质和脂肪组成的，它们是益蚁的“佳肴”。小蛋被搬走吃掉后，新蛋又会长出，所以益蚁从不为吃的发愁。但如果别的动物来抢占它们的“粮仓”，益蚁定然会奋起反攻，不惜一切代价来保护蚁栖树。实际上，益蚁与蚁栖树是一种互利互惠的关系，是长期适应的结果。

会奏乐的树

在非洲有一种会奏乐的树，叫作捷达奈。据说，瑞典的音乐家托马斯曾经有幸听过这种树演奏的“乐曲”，很受启发，创作出了《森林醉歌曲》，博得人们的一致好评。捷达奈怎么会演奏“乐曲”呢？原来，它是一种落叶乔木，高大粗壮。它的果实非常有特色，形状呈菱形，果壳薄而硬，前端有一个天然的小气孔，果内无肉，只有几颗坚硬的果核。每当果实硬茧老熟后，当风吹过时，果核就会不断撞击果壳，发出各种动听的声音；加上树多，果实也多，发出的音响交织在一起，组成了美妙的“乐章”。同样有趣的是，在南美洲生长着一种笛树。它的叶片呈喇叭状，末端有一个小孔，叶片的大小不一样，孔径的大小也不同。微风吹过，它会发出低调的“笛声”；当大风疾吹时，它会发出像许多笛子合奏的激昂“曲调”；而风雨交加时，它又会发出咚咚的鼓声。人们经过观察，发现了其中的奥秘。原来，当风吹过叶上大小不同的小孔时，便会发出音调不一的响声，而且会随着风力的大小而变化。

不凋谢的二色补血草

当秋风拂过草原，许多鲜花因不能忍受风霜而纷纷凋落，然而二色补血草却依然绽放如初，散发着阵阵芳香。如果你想对它的耐寒能力大加赞美，那么你就上当了，这是怎么回事呢？原来，二色补血草的花有真有假，当它的真花开放时，花都集中在各个分支的上部，而且向一侧排列；开花之后，花瓣脱落，但花瓣下的膜质化的花萼却能长久地存留下来，由于花萼的颜色多样，有的是白色，有的是粉红色，有的是黄色，远远望去，就像一束束盛开的鲜花，美丽动人。人们常常把它的花萼当成花朵，也就不足为奇了。二色补血草属于蓝雪科补血草属，是一种多年生草本。它主要分布在辽宁、内蒙古、河北等地。它的花萼生命力极强，常常历经数年也不凋落；而它又美丽如花，常被人们用来装饰房间。二色补血草可全草入药，有止血活血的功能，是妇科良药。

会指示方向的野莴苣

在我国北方草原上，生长着一种神秘的植物，叫作野莴苣。由于它能给在草原迷路的人们指明方向，人们也叫它为“指南针植物”。野莴苣的叶子长得非常特别，它们垂直地排列在茎的两侧，叶片不是平面向着太阳，而是以刀刃似的叶边向上，并呈南北方向排列。熟悉草原生活的人都明白，根据这种草指示的方向，就不会迷路。那么是什么因素造成它的这种特性呢？原来，在辽阔的草原上，气候干燥，骄阳似火。而野莴苣的叶子长成与地面垂直的方向，可以避免整个叶面受到阳光的垂直照射，从而降低叶面气温，减少水分的蒸发；同时，有利于吸收早晚的斜射阳光，进行光合作用。这种叶片的排列方式是野莴苣对草原环境的一种适应，与地磁无关。野莴苣还有一些同类“朋友”，如蒙古菊、草地麻头花等植物，它们也会指示方向。

长鞭炮的植物毛子草

毛子草生长在我国西藏、云南、贵州、四川的高海拔地区，印度、尼泊尔等国

毛子草

也有分布。它是紫葳科的一种直立生长的草本植物,常扎根在岩缝之中。它长着许多片大叶子,上面侧生小叶 2~6 对,小叶呈披针形,整个大叶片就像深绿色的羽毛在风中舞动。花序长在茎顶,上面着生有 5~20 朵花;花梗长 1~2 厘米;花色有粉红、鲜红、淡紫和淡黄。每当花朵盛开时,犹如一串串五颜六色的鞭炮挂在山崖上,煞是好看。它的果实呈条形,长 8~20 厘米,种子很小,呈淡褐色,两端生白毛。毛子草不仅外形优美、花色艳丽,而且非常耐寒,能在高寒地区顽强地生长。它还具有很高的药用价值,青藏高原的人们常用它医治体虚、眩晕和贫血等病,效果良好。

巧设陷阱的食虫植物瓶子草

瓶子草属于被动捕捉型食虫植物,为多年生草本植物。它主要分布在美洲、亚洲热带地区和澳大利亚等地。全世界的瓶子草有 9 种,它们的叶子奇形怪状,有的呈管状,有的呈壶状,有的呈喇叭状,看上去好似各种形状的瓶子,因此人们称它为“瓶子草”。这些瓶状叶内壁光滑,有蜜腺,有倒刺毛,下部还有消化液。瓶子草诱捕虫子的过程与猪笼草类似,当虫子为蜜所吸引而不慎落入瓶底,就无法再出来;虫被消化液淹死并消化掉,最后营养物质被叶子所吸收。比较著名的瓶子草有北美洲纽芬兰州的紫红瓶子草,美国加利福尼亚和俄勒冈州的眼镜蛇瓶子草,澳大利亚的澳洲瓶子草。其中,最有意思的是眼镜蛇瓶子草。这种草的瓶状叶上端弯曲,看上去好似蛇头;在接近瓶口处有一个叶片向下延伸部分,很像蛇的长舌。在“长舌”附近有一个小孔,此处还生有蜜腺。当昆虫从小孔钻进去吃蜜时,一不小心就会掉进瓶里,成为瓶子草的一顿美餐。这种草的叶片的顶端有一些透明的小亮点,酷似小孔,使钻入瓶中的昆虫无法找到出口。可以说,眼镜蛇瓶子草精心设计了它的陷阱,以期捕食到更多的昆虫。

食虫的水生植物狸藻

狸藻为一年生的沉水草本植物,多分布于水流缓慢的淡水池沼中。它的根不很发达,茎又细又长。叶轮生,羽状复叶,分裂为无数丝状的裂片,在裂片基部散生着由叶片变成的球状捕虫囊。捕虫囊的构造十分有趣,很像南方渔民捕捉鱼虾用的鱼篓子,在开口处有一个只能向里开的盖子。有些小虫子经不住捕虫囊开口处分泌的甜液的诱惑,在附近游来游去,当小虫子碰到盖子时,盖子突然打开,小虫子便随着水流进入囊中。由于狸藻不会分泌消化液,所以要等到小虫子们饿死后才能吸收,这便是狸藻“吃”虫的锦囊妙计。等到所捕获的小虫子被消化吸收完后,盖子会重新打开,将囊中的水和猎物的残体挤出,为下次捕捉小虫子做好准备。狸藻在全世界均有分布,它属于狸藻属。狸藻属是食虫植物中最大的一个属,且大多数都是水生的,但也有一些陆生种类。如南美洲的森林里，有些狸藻生长在枯枝落叶上，有些狸藻生长在苔藓上，不过，它们都会捕食空气中的微小生物。

有趣的“潜水高手”苦草

水生植物有一些是漂浮在水面的，如水葫芦；有一些是根在水底，叶、花、果实都浮在水面上的，可是苦草却与众不同，它终生潜在水底，过着神秘的水下生活。苦草的根扎在水底的淤泥中，非常牢固，即使生长在湍急的河水之中，也不会被冲走。苦草的叶子非常“谦虚”，既没有高出水面，也没有浮在水面，而是沉浸于水下。它的叶子又长又扁，有利于捕捉透进水中的微弱阳光和二氧化碳，从而进行光合作用。奇怪的是，苦草属于雌雄异株的植物，那它在水下如何传宗接代呢？原来苦草有水面开花的本领，苦草的雄花会从佛焰苞中脱落，在水面上开放，水面上布满了它的花粉，而雌花都着生在一条很长的花序柄上，由它托着浮在水面开放。水流则成了传播花粉的媒介，它们载花粉冲撞雌蕊的柱头，使之授粉。授粉成功后，苦草会立即将子房拉回水中，让它在水里发育成果实。苦草适应水下生活的能力非常强，是当之无愧的“潜水高手”。

巧设牢狱的植物马兜铃

马兜铃是一种多年生草本植物，喜欢四处攀缘。它的根很长，在地下延伸，到处生苗，初生的小苗呈暗紫色。它的整个身体无毛，叶互生，顶端渐尖，基部呈心形。马兜铃在夏天开花，花单生于叶腋，花被呈喇叭状，内含一个很长的管道，基部急剧膨大成球状，雄蕊贴生于粗短的花柱体周围。马兜铃的花雌蕊先成熟，雄蕊后成熟，因此无法自花授粉，这可怎么办呢？其实，它自有“高招”。

每当开花时，它就放出一阵阵臭气，把一种叫潜叶蝇的飞虫吸引过来，这种小虫会从花被的喇叭口穿进去，并被花被中斜向基部生长的毛堵在里面。被困的小虫不知所措，钻来钻去，无奈倒生的硬毛把归路堵得死死的，怎么也逃不出这个“活牢狱”，倒把身上所带的花粉传授给了雌蕊。小虫在花中过了一夜后，马兜铃的雄蕊会变成熟，花药破裂，于是小虫又粘上了新的花粉。至此，马兜铃的目的已全部达到，也会觉得有些对不住小虫，便会将硬毛变软，放小虫出“狱”。重获自由的小虫又会向着另一朵马兜铃飞去，去执行新的光荣的传粉任务。

会怀胎的珠芽蓼

珠芽蓼是蓼科的一种多年生草本植物。它的地下茎呈根状，肥厚，为紫褐色；地上茎直立，有 10~40 厘米高，不分支。基生叶有长柄，叶形为矩圆形或披针形，革质；茎生叶无柄，披针形，较小。花序呈穗状，顶生，有时会在花序的上部或下部生出小“珠芽”，它是一种营养繁殖器官，在母体上就可以萌发长出小苗来，不久就会落在地上，长成新的植株。它的这种“胎生”特性，使得幼苗的成活率大大提高，因而对种族的延续非常有利。珠芽蓼是一种高山地带植物，喜生高山草原或林下湿润地区，主要分布在我国吉林、内蒙古、新疆、陕西、四川、西藏等省区；日本、朝鲜、蒙古、印度、欧洲和北美也有分布。它的瘦果和根状茎含淀粉，可供酿酒。另外，禾本科中的胎生早熟禾也具有胎生性质，它的小穗成熟后，在母株上就发芽成为小苗。

会骗婚的兰科植物角蜂眉兰

兰科植物的花都非常特殊。花常有 6 片花被，排成 2 轮，每轮 3 片，其内轮

3片相当于花瓣，其中后面的一片最大，样子像嘴唇，名为唇瓣；雌蕊柱头和雄蕊合生成蕊柱，其顶部为花药和柱头，花粉形成花粉块。兰科植物有2万多种，都有各自的高招引诱昆虫来给传粉，其中最著名的"骗子"便是角蜂眉兰。角蜂眉兰的花朵娇小而艳丽，唇瓣圆滚滚、毛茸茸，上面分布着黄色与棕色相间的花纹，酷似雌性角蜂的身躯，而且会散发出与雌性角蜂性信息素极为相似的化学物质。角蜂眉兰在春天绽开时，也正是角蜂的羽化期，一些先于雌角蜂出生的雄蜂，在飞翔中会闻见兰花散发的性信息素，误以为是雌虫在向它"求爱"，因而会毫不犹豫地落在兰花的唇瓣上，用足抱住"配偶"，于是蕊柱上的花粉块便粘在雄蜂的头上。当受骗的雄蜂"求婚"不成时，只好另觅"佳人"，又会被其他的角蜂眉兰所骗，把头上的花粉块送到新"骗子"的头上。于是，可怜的雄蜂不但没有找到配偶，反而成了角蜂眉兰的"媒人"。

会测温度的植物三色堇

三色堇最早生长在欧洲，现在，我国许多地方都有栽种。它是堇菜科的一年生无毛草本植物，又叫猫儿脸或蝴蝶花，是一种非常美丽的小草。它的主根

三色堇

短细,灰白色。叶片卵圆形,托叶大。它在春夏季节开花,花梗从叶腋生出,每梗1花,花非常大,由5个大花瓣组成,常常是蓝、黄、白三种颜色混合在一起,所以叫作三色堇。它对气候变化特别敏感,能像温度计一样测量出温度的高低。当气温上升到20℃以上时,它的枝叶向斜上方伸展;当气温在20℃时,它的枝叶恢复正常状态;当气温降至15℃时,其枝叶慢慢向下运动,直到与地面平行;当气温降至10℃时,它的枝叶开始下垂。人们根据它的枝叶伸展方向,便可知道气温高低,所以又有人叫它"气温草"。

只有一片叶的植物独叶草

独叶草是国内外的植物学家非常重视的一种小草,也是我国特有的一种植物,只分布在云南、陕西、甘肃、四川等省。它属于毛茛科的一种多年生植物,一生中只长一片叶,只开一朵花。它的叶子近圆形,有5个裂口,叶脉从叶片基部中央向周围辐射,每条叶脉在顶端又一分为二。这个特征在被子植物中实属罕见,与裸子植物中的银杏树极为相像。它的叶直接从地下根状茎的节上生出,长长的梗不是茎,而是叶柄,这个特征又很像蕨类植物。独叶草的小花呈淡绿色,由花被片、退化雄蕊、雌蕊和心皮构成,在花朵发育的早期,心皮微微张开,像一片片幼叶;小花的各组成部分都是分开生长,并且呈螺旋状排列,这种特征只是在最原始的被子植物木兰科植物中才能找到。独叶草地下茎内输送水分的导管细胞之间并不连通,而是间隔着有孔的穿孔板,这种特殊的结构在毛茛科中唯它独有。以上的这些性状对于研究植物的进化和起源极为有利,是解释植物演变过程的有力证据,难怪引起植物学家们的特殊重视呢。

“天然钻头”针茅

在我国新疆和西伯利亚的干旱草原上，生长着一种叫针茅的优质牧草，它的果实能自己钻入土中，因此人们也叫它钻草。针茅的果实尖锐如针，前部长着可防止果实后退的倒刺，最末端长着螺旋形的芒柱，整个果实的形状很像一个极微小的钻头。秋天来到时，成熟的果实被风吹落到地上。随着湿度的变化，芒柱会来回旋转：当潮湿时，螺旋状的芒柱会逆时针旋转；当干燥时，芒柱又会顺时针旋转。随着芒柱的转动，果实就会被一点一点地推人土中。由于倒刺的限制，果实不会后退，只会朝土里钻。进入土中的果实，在合适的条件下便会萌发，长成新的植株。另外，芹叶太阳花的果实也有穿入土中的本领，与针茅极为相似。它们的这种特性，对于传宗接代极为有利。

“水中的清洁工”水浮莲

水浮莲遍布江南各省，它生长旺盛，凡是有水的地方就能找到它的身影。水浮莲的学名叫凤眼莲，是天南星科的一种多年生草本植物。它漂浮在水面生活，长楔形的叶子围成杯状，就像一朵浮在水面的绿色莲花，所以人们称作水浮莲。水浮莲的须根十分发达，最长达半米，密密麻麻，就像一张网，吸收着水中的营养物质和有毒物质，有净化污水的作用。一些严重污染的河塘自从养上了水浮莲之后，污水变得清澈透明了，鱼虾也越来越多，恢复了往日的生机，所以人们亲切地称它为“水中的清洁工”。水浮莲繁殖时，向四周长出一条条细茎，不久，就会在细茎的头上长出一株新的水浮莲，因而在很短的时间内，便能覆盖整个池塘。水浮莲营养丰富，含蛋白质、脂肪、淀粉和糖等多种物质，是牲畜爱吃的优质饲料。

“攻占海滩的尖兵”大米草

大米草与稻谷没什么联系，它是禾本科的一种多年生草本植物，是欧洲海岸米草和美洲互花米草杂交产生的“混血儿”。它的耐盐力极强，生长快、密度大，植株高，具有迅速巩固海滩地的高超本领，被誉为攻占海滩的“尖兵”。很

大米草

久以前，在荷兰人围海造田的壮举中，大米草发挥了不可忽视的作用。世界上的许多国家纷纷引种，我国也在1963年把大米草请入国门。大米草有促淤、消浪、滞流的作用，对于围海造田、保护堤岸有着重要的意义。它茎叶嫩绿，营养丰富，是家畜和鱼类爱吃的饲料。而且在围海造田后，大米草会默默无闻地死去，变为肥料，改良了土壤。大米草还是理想的造纸原料。可以说，大米草在生前辛勤地为人类开辟新的家园，死后也把自己的躯体献给了人类，不愧为人类的好朋友。

蛇惧怕的植物葎草

葎草是桑科的一种一年生或多年生缠绕草本植物,除新疆和青海外,我国各省区均有分布。在沟边和路旁荒地经常可以找到它们。葎草的茎细长,叶的质地像纸一样,叶片形状像手掌,浑身上下长满倒钩锐刺。葎草到处乱爬,常常缠绕在其他的植物身上,把这些植物缠死。它还与植物一起争抢肥料,在它附近生长的植物常常被它搞得"面黄肌瘦",苦不堪言。它满身的倒刺常把人刺得火辣辣的痛,连毒蛇都不敢靠近它,农民们习称它为"蛇不钻"。葎草有祛风、消肿、解毒的功效,可以医治蛇伤和狂犬病;种子可榨油,能制成肥皂、油墨和润滑油;茎含纤维,可以提制出来,用于纺纱织布;整株植物还可提取汁液用于灭虫,效果很好。

喜吃细菌的植物天麻

初见天麻的人会感到惊讶,因为它既不长根,也不长叶,这对于一种植物来说,是不可思议的事。那么,它是如何成活的呢?原来,天麻喜欢在腐烂的树根和树叶旁边生活,在这种环境里常常生活着一种叫作蜜环菌的真菌,它能寄生在多种植物上。可天麻不但不怕它,而且对它情有独钟,原来当蜜环菌的菌丝大量进入天麻茎里的时候,会被天麻体内的一种叫作溶解酶的物质分解,分解后的营养物质进而被天麻吸收,所以,天麻没有根和叶,照样会长高变粗。天麻的茎有半米左右,上面开满了红色的花,远看很像一支红色的箭,所以,天麻也叫赤箭。现在,人们知道天麻是一种食菌植物,也了解它的许多生活特性,故而常用人工培养的蜜环菌拌种天麻,实现天麻的人工繁殖。天麻是一种名贵的中药，能治许多疑难疾病，对人类的健康很有益处。

情系太阳的半支莲

半支莲是一种草本植物。它的个头不高，通常只有四五寸长。它的茎圆圆胖胖，呈紫红色，肉质多汁；茎上长着碧绿圆柱形的叶子，鲜嫩诱人。它的花开在枝顶，有黄、白、红、紫等多种颜色。半支莲的花和叶都很美，是公园节日装饰

半支莲

的常用品种。半支莲格外喜欢太阳，它常在每天上午 10 点左右开放，中午阳光最灿烂时开得最鲜艳，到下午阳光稍弱时就会合拢；而在阴雨天，它的花更是紧紧关闭着，真是不见太阳不出头，所以大家更喜欢叫它“太阳花”。半支莲的另一个绰号则更加出名，那就是“死不了”，因为这种花无论是用种子播种还是折根枝条插在土里，都很容易成活，人们非常佩服它有顽强的生命力，就给它起了这个绰号。半支莲带给人们的不只是美丽，还有它那顽强向上的精神。

真菌养育的蔬菜茭白

茭白是我国江南水乡特产的一种美味蔬菜。诗人杜甫有诗赞曰:“秋菰为黑穗,精凿在白粲。”它白似汉玉,嫩同春笋,所以又有人称其为茭笋。其实,茭白的真正名字叫菰。远在唐代以前,它只是一种粮食作物,为六谷之一。大约在宋元以后,人们发现菰感染上一种黑粉菌后,便不能开花结籽了,而原来干瘦细长的茎干变得膨大肥嫩,甘脆味美,于是转而成为众人喜爱的蔬菜。茭白属于禾本科茭白属,是一种多年生的水生草本植物。它的根是须根,上面生有白色的匍匐茎,雌雄同株,花序呈圆锥状。感染茭白的黑粉菌在春季会分泌一种异生长素吲哚乙酸,刺激茭白的花茎,使之不能开花。同时,它的茎节组织也会因受刺激而急剧膨大,大量吸收养分,最后形成一个肥嫩的肉质茎。我国太湖地区盛产茭白,品质优良,天下闻名。茭白极富营养,含蛋白质1.5%,糖类4%,还有维生素B、维生素C等,味美鲜嫩,深受人们喜爱。它与莼菜、鲈鱼齐名,是江南三大名菜之一。茭白还是一味传统药物,有祛烦热、止渴、解毒的功用。

“东北一宝”乌拉草

人们常说:东北有三宝,人参、貂皮、乌拉草。这里说说乌拉草。我国东北的气候寒冷,在很久以前,人们找不到合适的材料去暖脚,在冬天常被冻伤。后来,有人发现乌拉草有神奇的保暖作用,就把它垫进用兽皮缝成的靴子里,柔软、轻便还耐穿,再不用担心脚会被冻伤。乌拉草又叫红根草或护腊草,北起大兴安岭,南至辽河流域,都有它的分布。它喜欢生长在水洼地附近,秆呈三棱形,有几十厘米高,很坚硬;花开于秆顶,像一片片羽毛,随风飘摆;叶子细长柔软,丛生于秆的周围。乌拉草不但是一种优良的牧草,而且可用于盖房顶、织蓑衣、打绳索等,经久耐用,所以经济价值颇高。新中国成立后,人们已不再用它取暖防冻了,而是用于制造人造纤维和高级纸张,古老的乌拉草再一次为人类做出了巨大的贡献。

“春天的使者”报春花

报春花又名樱草,与龙胆花、杜鹃花一起,并称中国天然“三大名花”。报春花分布在我国西南各省。它生于山野,现在人们在庭院和家中也普遍栽培。由于它恰好在立春前开花,好像在向人们报告春天到来的信息,所以人们叫它

报春花

报春花。报春花属于报春花科,是多年生草本植物。它的绿叶有波状分裂,花冠呈漏斗状或高脚碟状,上部形成5个裂片,就像美丽的樱花,所以又有人称之为樱草。在北京,人们还称它为仙鹤莲。目前培育的报春花园艺品种有很多花色,如红、粉、蓝、紫、白等,色彩缤纷。有趣的是,不同植株的报春花花蕊长短不同,有的是雄蕊长雌蕊短,有的是雌蕊长雄蕊短。当蜜蜂来到雄蕊长的花中时,身体上就会粘上花粉;当它再来到雌蕊长的花中时,就会把花粉粘在雌蕊上,使报春花能够异花传粉,孕育后代。报春花原产于我国,以四川成都种类最多,比

较著名的种类有藏报春、邱园报春、四季报春、欧洲报春等。在19世纪20年代由我国广州引种到英国伦敦的藏报春,已形成许多新的品种。其中有一种的花色会随温度而变,在20℃以下,开红色花;高于30℃时,会开白色花,令人叹为观止,是解释遗传和环境相互作用的极好例子。

"植物杀虫能手"除虫菊

除虫菊是菊科的多年生草本植物。它的外形很像山上的野菊花,约有40~50厘米高,全身覆盖着茸毛,许多深裂的羽状的绿叶从茎的基部抽出。它在夏天开花,花序呈头状,一圈洁白的花瓣紧紧围绕着中央的黄色花朵,清新飘逸。可千万别把它们当成一般的野花,它们正是令蚊蝇闻风丧胆的克星,我们日常生活中使用的蚊香就是用它做成的,所以人们称它为"杀虫能手"。原来,在除虫菊的花朵中有一种天然的杀虫物质——除虫菊素,也叫除虫菊酯,是一种无色的油状液体,蚊虫只要一碰上就会神经麻痹,中毒身亡。除虫菊对鱼、蛇、蛙和一些昆虫都有毒杀作用,但对人畜无害,因此使用安全可靠,是非常理想的灭虫剂,难怪人们特别喜欢它们,并大量种植。在中国,最著名的除虫菊生产地区是浙江的平阳县,产量和质量都最高。除虫菊除了用于杀虫之外,还可入药,有除疥疗癣的功效。

"植物舞蹈家"舞草

我们知道动物与植物最明显的区别在于动物会移动,而植物不会移动。可是在我国西双版纳有一种奇妙的植物,即使在无风的日子里,它的叶片也会迎着太阳翩翩起舞,人们称之为"舞草"。这可以说是植物界中的一赶奇观。舞草是豆科植物，为多年生的小灌木。舞草的茎上交互生长着复叶，每片复叶由3片小叶组成，顶端的卅子最大，两侧的叶子非常小。平时，中间的大叶只作摇摆运动，而两侧的小叶可作回转运动，在强烈的阳光下动作幅度更大，宛如舞蹈家轻舒玉臂，又如体操运动员在做精巧的平衡动作，令人叹为观止。那么，舞草为什么会“跳舞”呢？原来在阳光和温度的刺激下，叶柄的叶座细胞内涨压发生变化而引起细胞间断性收缩和舒张，导致了叶片的舞动。科学家们认为这种舞动可以使舞草躲避阳光而降低水分蒸发，同时使侵犯它的动物产生畏惧，避而远之，所以这种“舞蹈”对于舞草的生存有着重要意义。舞草不仅可以观赏，而且可以入药，用于筋络不通，痰火壅盛等症，因此，值得大力开发利用。

伪装巧妙的植物龟甲草

大家知道，许多动物有着高超的伪装本领，从而保护自己免受伤害。同样，在植物界里，也有许多伪装高手，它们依靠自己惟妙惟肖的“装扮”，蒙骗捕食者的眼睛，使自己能够顺利地生存下来。在非洲南部的荒漠中，有一种奇特的伪装植物，它的外形像个乌龟壳，实际就是它的粗短半圆球形的茎，表面还长着龟甲般的花纹，所以叫它龟甲草。龟甲草是单子叶植物薯蓣科薯属的植物。在干旱的日子里，它的细枝和叶全部枯死，只有半球形的短茎活着，像只趴在地上的乌龟，从而使许多食草动物大上其当，使自己生存下来。当雨季来临时，在短茎的顶部会发出细长的枝，长着繁茂的叶，并很快开花、结果。龟甲草的这种伪装本领与本书中介绍的生石花类似，只不过龟甲草装成龟甲的形状，而生石花则装成石头的形状。它们的这种特性都是长期适应干旱气候而形成的。

长有铁锚的植物菱

菱是一种水生植物。它有两种叶片,一种是躲在水中的沉水叶,分裂成细丝状;另一种足聚生于茎顶的漂浮叶,长得四四方方。漂浮叶的叶柄膨大,里面长有很大的海绵质的气囊,使得叶片漂浮在水面上。菱在夏天开花,花从叶腋下长出,伸出水面,仅过几小时就又会沉入水底。当菱全部凋落的时候,水底下就结出了果实——菱角。菱角呈三角形,长有两个刺状角,活像一个铁锚,十分有趣。植物学家认为,菱角长角有两个好处:第一,长角可以保护果实,不让动物吃掉;这些坚硬的刺角,不仅鱼类和鸭子,就连厉害的水老鼠也不敢去碰它们。第二,菱角能起到铁锚的作用,把刚出生的幼苗固定在合适的地方,不会被水冲走。菱角的果肉雪白脆嫩,煮熟后又粉又甜,味道很好。

“沙漠中的活水壶”旅人蕉

在非洲的马达加斯加共和国,有一种能供应凉水的树,名字叫旅人蕉。旅人蕉属于芭蕉科,是一种草本植物。它“身材魁梧”,高 20 米左右,茎干上密布芭蕉形状的叶子,列成两行,叶片长达 3~4 米。叶子张开时,像一把展开的巨型折扇,又如孔雀开屏之势。它的叶柄基部像个大汤匙似的,能贮存大量的清凉水分。在热带酷热的阳光下旅行的人们,如果口渴了,只要在它的叶柄上划个小口,便会流下清凉可口的液汁,饮后顿觉清爽怡人。因此,人们亲切地称呼它为“旅人蕉”,还有人叫它“水木”。旅人蕉的“心肠”特别好,它的叶柄被旅行者划开之后,刀口过一天就能愈合,再过一天它又可慷慨地为人们提供饮料了。旅人蕉的果实像黄瓜,可以食用;叶子可搭凉棚,盖房子,甚至能缝成衣服。它

旅人蕉

的树形美丽，可供人们欣赏。我国的海南和广州等地均有引种，它已成为热带、亚热带地区广泛栽培的植物了。

“草原上的流浪汉”风滚草

在秋风送爽的日子里，如果你来到辽阔的东北大草原上做客，就会常常看见一个个草球在草原上滚来滚去，这便是被人们称为草原“流浪汉”的风滚草。风滚草是草原上特有的一种植物类型，包括防风、猪毛菜、分叉蓼等十几种植物。随着秋天的来临，它们的枝条开始向内弯曲，但不脱落，卷成一个大圆球。同时，茎的基部开始变脆，经不起风吹或碰撞，很容易从根部折断，于是圆球状的地上部分就借着风力在草原上打起滚来。人们根据这个特点，给它起了一个很形象的名字——风滚草。风滚草非常喜欢“流浪”，即使在冬天里，只要它未被冰雪覆盖，照样要坚持“旅行”。而风则是它所搭乘的交通工具，它们随风滚动，到处播种它们的种子，这些种子常常在远离它们故乡几十里的地方安家落户。所以，风滚草的长途跋涉，是它散播种子的过程，是对草原生活的一种适应。

懂得翻身的植物长生草

也许我们都见过四脚朝天的甲虫挣扎翻身的过程。首先,它用硬鞘翅支着地面,撑起身子,慢慢地翻过身来;如果它抓住附近的什么东西,如一株小草,翻身则更加容易了。说来也怪,有一种植物也会用类似的方法翻身,它就是长生草。长生草通常生长在砂岩的斜坡上和松树林里。它的外形像莲座,很少开花,通常靠在新茎上长出小"莲座"的方式来繁殖后代。小"莲座"长到一定程度,受到风吹雨打,或别的东西的碰撞,便脱落在地,当然也有自然脱落的。滚落下的小"莲座",有底部朝下的,也有侧着的和底部朝天的。如果小"莲座"底部朝下,它就会顺利长成新的植株;如果小"莲座"是侧着的,它与地面接触的那一部分叶子就迅速生长,起到像甲虫鞘翅那样的作用,使"莲座"转到正常的位置;如果小"莲座"是底部朝天,它就会很快地长出一条根并扎进土壤里,拉着"莲座"慢慢翻过身来,酷似甲虫抓住小草时翻身的情景。要是不巧的话,有的小"莲座"长出几条根,分别向着不同方向拉,且拉力相等,则小"莲座"就无法翻身了,只能坐以待毙。

"有生命的石头"生石花

在非洲南部和西南部的热带沙漠中,生长着一种叫作生石花的植物。生石花肉质多汁,几乎长得和石块一模一样。它的形状呈椭圆形,颜色有灰棕色、灰绿色等,再加上天然的色泽、纹理和斑点,使它们酷似一块块半埋土中的小石头。与真石头混杂在一起,会让人分不清哪些是真石块,哪些是假石块,就连一些食草动物也不免上当受骗,错过它们,所以人们形象地称之为"有生命的石头”。生石花虽然伪装得巧妙,但也有暴露“身份”的时候。生长到一定时期,它就会开放出金黄色的花朵,形状很像野菊花,美丽动人,只是花期太短暂,只能维持一天。在生石花开放的日子里,整个沙漠都穿上了一件“大花衣”,漂亮极了。生石花的身体里贮藏着大量的液汁,这同它的体形一样,都是长期适应干旱环境的结果。

“花中的变色能手”木芙蓉

人们都知道在动物世界中,变色龙有着非凡的变色本领。可是,人们未必知道在植物王国中也潜藏着许多变色高手,木芙蓉便是它们中最出色的代表。

木芙蓉

木芙蓉是一种非常美丽的观赏花卉,也叫木莲或拒霜花它分布在我国的大部分地区,尤以四川成都为最多,所以人们称这个城市为蓉城。木芙蓉和棉花是一个大家庭的成员,但比棉花高大,它的叶子和棉花叶也有些相像。每年 10 月,木芙蓉便绽放出茶杯那么大的花朵,鲜艳夺目。奇妙的是,一般的木芙蓉初开时为白色或淡红色,后来渐渐变为深红色。更奇的是,三醉木芙蓉的花色可一日三变,清晨刚绽开的花为白色,中午变成淡红色,到了晚上又变成深红色。还有一种弄木芙蓉则是变色花中的冠军，它的花朵第一天是白色，第二天变成浅红色，第三天变成黄色，第四天变成深红色，最后凋谢时又变成了紫色。这种神奇的本领常使我们感到迷惑不解，但经过科学家们的解释，我们会很容易明白它的道理。原来这是木芙蓉花中的各种色素捣的鬼，它们可随着温度和酸碱度的变化而改变颜色。

“抗旱固沙的先锋”沙拐枣

在我国西北沙漠地区，有一种优良的防沙抗旱植物，大家都叫它沙拐枣。它是蓼科的一种灌木植物。它的主干和枝条上长着许多关节，节与节之间距离1~3厘米；它的叶呈条形，已经退化，靠枝条进行光合作用，制造所需食物；花小，呈淡红色，2~3朵生于叶腋；果实呈椭圆形，有密生分叉的刺毛，富有弹性，能随大风在沙地上滚来滚去，到很远的地方安家。沙拐枣的主根不太长，常深入地下1~2米，但侧根很多，能在地面下横走20~30米远，因此能够吸收到大量的水分，使它不怕干旱。强大的根系又使得它有非凡的固沙能力。沙拐枣还不怕沙埋，当黄沙盖住它时，它能生出生命力极强的不定根。虽然地表仅露出一层嫩枝条，但由于强大的不定根的作用，沙拐枣仍能顽强地生长，而众多的不定根也对流沙起到了稳固的作用。因此人们盛赞它是防沙抗旱的先锋。沙拐枣在七八月份开花，蜜粉较为丰富，蜜蜂爱采，因此是一种有前途的蜜源植物。

“沙漠英雄”梭梭

梭梭是一个古老的树种，在我国，它主要分布在新疆的准噶尔盆地。梭梭生在沙漠，长在沙漠，不怕风吹日晒，抗干旱，抗盐碱，给荒漠带来生命的绿意，被人们赞誉为“沙漠英雄”。梭梭又叫梭梭柴、盐木、是藜科的一种灌木植物。它身高2~5米，黄绿色的枝条显得细弱，上面长有关节；嫩枝多汁，渗透压高，抗脱水；叶退化成小的鳞片状三角形，靠绿色小枝进行光合作用，而且在夏天，有些嫩枝会自动脱落以减少蒸腾作用。它在六七月份开花，花单生于叶腋，形小，呈淡黄绿色。果实圆形，顶部稍凹，果皮黄褐色。种子横生，呈螺旋状。梭梭树是沙漠中分布最广、经济价值最高的树木。它的木材质地坚硬，耐火烧，不留灰，素有沙漠“活煤”的美誉；嫩枝是骆驼吃的上等饲料；枝干富含碳酸钾，可提取出来作为工业原料；花朵含有丰富的蜜粉，是一种开发潜力很大的蜜源植物。

“无影的林中仙女”杏仁桉

在澳大利亚，如果想歇凉，千万别进入杏仁桉树林里，因为林中几乎没有一

杏仁桉

点影子，仍然日光高照。这是怎么回事呢？原来杏仁桉的叶子全部集中在树顶，树干的下部和中部没有一片叶子。最重要的是，它们的叶子在空中的方向与众不同，叶面并不冲着太阳，而是“羞涩”地以侧面对着太阳，叶面正好与太阳光照射的方向平行，当然它们挡不住阳光了，所以，杏仁桉没有阴影，树林里依旧阳光普射。人们形象地称它为“无影的森林”。杏仁桉的叶子是与环境相适应的，这样可以避免阳光的灼烤，大大减少水分的蒸腾。杏仁桉是一种速生树种，通常10年就能成材。它经常长到100米以上，树干笔直潇洒、亭亭玉立，人们又送给它一个雅称——林中仙女。美丽的杏仁桉还是一种优质木材。另外，从桉树中还可提炼出大量的鞣质，从叶中提取出桉叶油，在化学工业和医药工业上应用广泛。曾有人统计过，最高的杏仁桉可达155米，这也是世界上最高的树。

“佛教圣树”菩提

菩提是树木中的珍品。它原产于印度，又有印度波树、思维树、毕钵罗树等雅名。菩提树在我国主要分布在广东、云南两省。“菩提”二字出于梵文Bodhi，是正觉的意思。相传释迦牟尼在一株菩提树下成佛，因此，人们一向把它看作佛教圣树。最早传入我国的菩提树是在梁武帝天监元年（502年），由僧人智药三藏种植在广州制止寺。菩提是一种常绿乔木，树姿雄伟，全身上下很光滑。它的叶片圆圆的，在前端部分拖出一根很长很细的长尾巴，也叫滴水尖，对它很有用。因为在热带雨林中，当雨季来临时，无数像雾气一样的极小水珠落在叶片上，越积越多，但由于有了滴水尖，叶面上的水很容易沿着这根长尾巴滴落下去，使叶片上的水不会积得太多。菩提树的花很像无花果，也是一个个的小圆球，里面隐藏着成千上万朵小花，如果不把圆球掰开，根本就没办法看见。菩提树的实用价值也很高：它的气生根可作为大象的饲料；它的花是一种发汗、解热的药物;其质地坚硬,可用来制作各种器具;现代则用它树干的乳汁提制硬性树胶。

“岸边卫士”木麻黄

木麻黄是广东、福建沿海地区常见的防风林。它原产于澳大利亚和太平洋群岛等地,由于速生、耐旱、抗风沙和适生于海岸沙地,因而为热带和亚热带地

木麻黄

区海岸地带竞相引种。木麻黄是一种高大的乔木,一般可以长到 20 米高。这种树远看颇有马尾松的风姿,它的枝顶有一束束灰绿色纤细的小枝,形状像松针;而枝上真正的叶子,却缩在节上退化成为尖尖的鳞片了。由于它枝叶的形态略像著名的药用植物——麻黄,又是高大的木本植物,人们称之为木麻黄。木麻黄是喜光的树种,在炎热的气候条件下生长良好。它耐盐碱和潮湿的环境,根系有强大的固沙作用,抗风力很强,八九级大风不会影响它的生长,所以是热带海岸防沙造林的良好树种。除了木麻黄的人造林,在印尼爪哇岛上还有许多天然林。它们宛如绿色的长城,有效地制止了风沙的侵袭。

种子最大的植物复椰子树

复椰子树,也叫塞舌耳棕榈,产于非洲东部印度洋中塞舌尔群岛上。它的果实平均重量为 15 千克,最重的达 25 千克。果实的外壳是一层海绵状纤维质,必须先剥去这层外壳,才能获得坚果。坚果长约 50 厘米,直径 30 厘米,是世界上最大的种子。论高度,复椰子树与大白桦树差不多,可是复椰子的果实即使剥去外壳,也有 15 千克重;而 200 万颗白桦树的翅果,总共只不过 1 千克重。也就是说,复椰子树的种子要比白桦树的种子重 3000 万倍呢。虽然复椰子的大果实挺适合于漂浮,却跟椰子不一样,不能在海水浸润的沙滩上生长,所以复椰子树只能留在自己的故乡——塞舌尔群岛上。现在世界各地规模较大的植物博物馆中都陈列有复椰子的大种子,以使人们一饱眼福。复椰子的果实发育缓慢,从开花到成熟,几乎需要经过 10 年时间;种子发芽也很慢,一般需要 3 年以上才能完全发芽。因此,这种树也就显得稀少而珍贵了。

本领高强的紫穗槐

紫穗槐是一种落叶丛生灌木,它原产于北美,我国黄河、长江流域有广泛引种。紫穗槐高 2~4 米,枝条丛生,叶子很像槐树,作羽状排列。它在 4~5 月开花,从枝条顶端抽出一个个圆锥状尖塔似的花序,下边的花较大,上边的花较小,呈蓝紫色,小巧玲珑。紫穗槐的用途广泛,本领高强。它的枝叶含有丰富的氮、磷、钾成分,是优良的绿肥,同时含有大量的蛋白质,作为饲料比苜蓿的营养价值还高。它的根部长有根瘤,内生的根瘤菌有固氮作用,有利于改良土壤。它的适应性很强,耐旱,耐瘠薄,耐盐碱,还有一定的耐涝本领,且生根能力强,因此是固沙造林的优良树种。紫穗槐的花期很长,是北方初夏时节的重要蜜源植物。它的枝条细长柔韧,粗细均匀,是编制筐篮的好材料,也是造纸的原料。它的荚果外面密被隆起的油腺点,可以提取芳香油;种子可以榨油,用于制造肥皂、油漆等。可以说,紫穗槐浑身是宝,是难得的有用树材。

最能贮水的纺锤树

我们知道,最能贮水的草本植物是仙人掌。而在木本植物中,最能贮水的树要算纺锤树了。纺锤树生长在南美洲的草原上。这种树木有 30 米高,两头尖细,中间肚鼓,最粗的地方直径可达 5 米,远远望去很像一个大的纺锤,所以人们称它为纺锤树。这种树开红色的花朵,整株树的外形还像一个插上几株鲜花的巨型花瓶,因而人们还叫它为“瓶树”。纺锤树生长的地方有明显的旱季和雨季。每当旱季来临,它的叶子纷纷落下,以减少水分的消耗;在雨季来到以后,它的根系又拼命吸收水分,把这些水分贮存在大“瓶”内,存水最多的可达 2 吨,以供在干旱时慢慢使用。在对环境的长时期的适应过程中,纺锤树的树干就膨大起来了。在澳大利亚的沙漠中旅行,也可以看到这种奇特的纺锤树。人们口渴时,只需在树上挖一个小口,就能喝上这独特的“饮料”。

不长叶子的光棍树

光棍树属于大戟科的植物,原产于东非与南非的沙漠或荒漠地区。光棍树是一种奇异而有趣的树,它高 4~6 米,整个树身见不到一片叶子,满树一年到头只是一些光溜溜的绿枝,有时偶尔在小枝顶上长出一些小叶子,它们是如此的小,如不注意是不容易看见的,而且往往早就脱落了,所以人们亲切地叫它

"光棍树"。也有人叫它神仙棒或绿玉树。如果光棍树没有叶子,就不能进行光合作用,那么,它不就饿死了吗?其实,它没叶子不仅不会挨饿,反而对它的生存大有好处。原来,光棍树的故乡在非洲的干旱地区,那里常年缺水,为了减少自身的水分蒸发,节省用水,它们的叶子就逐渐变小,甚至慢慢地消失了;而它的树枝却变成了绿色,里面有很多叶绿体,可以代替叶子进行光合作用。可见,光棍树的奇特长相,是对严酷的干旱环境长期适应的结果。光棍树全株含有剧毒的白色汁液,能抵抗病毒和害虫的侵犯,但人们栽培它时却要加倍小心,防止毒汁进入口、眼或伤口中。近年来,光棍树引起科学家们的极大兴趣,他们发现这种树的汁液中含有大量的碳氢化合物,可以制取石油,是很有希望的石油植物。

"雕刻的好材料"缅茄

缅茄是豆科的一种落叶乔木。它身材高大,最高可达40余米,树冠宽阔。

缅茄

复叶呈羽状，上面的小叶呈椭圆形，对生在小枝的两侧，微风拂过，绿叶婆娑，十分壮观。它在 5 月开花，花序呈圆锥状，红色的花朵在花序上几乎偏于一侧，花只有 1 枚花瓣，其余的花瓣退化。缅茄在 12 月结果，果实为矩圆形略扁的大型荚果，外皮黑褐色，肥厚木质，长 10~12 厘米，宽 6~7 厘米，厚达 4 厘米，内含种子 2~3 个，颜色红紫而透黑，质地坚硬，富有光泽，上面有一个黄色的种柄，俗称"蜡头"。缅茄树上最有名的部分便是它的种柄，是雕刻用的好材料，可以刻成图章或各种图案的工艺品，驰名中外。缅茄是我国十分珍贵的稀有树种，在广东有引种，越南、缅甸、泰国也有分布。它的种子可入药，能解毒消肿。

名贵的半寄生植物檀香

檀香又叫白檀，是一种名气很大的珍贵树种。它是一种四季常绿的乔木，身材高大；叶片总是一左一右地对生在小枝条的两边；花朵成簇开放，开始是黄色，然后慢慢变成血红色；果实小，黑色球形。别看檀香树长得高大，却是一种半寄生植物，除非偷取别种植物的营养才能活下去。原来，它的叶片光合作用能力很差，自己生产出来的养料根本不够吃。但檀香树的"脸皮"很厚，它会使自己的根紧紧吸附在其他植物的根上，偷取食物吃。由于它在地面下进行这种活动，所以不了解它的人认识不到这一点。檀香树常寄生的对象为豆科、桑科、马鞭草科中的一些植物，它总是紧靠这些树木生长。檀香树浑身溢香，芬芳怡人，是一种珍贵树木。它主要分布在中国南方，在澳大利亚、印度等国也有。人们常用它来制作高级家具，价格昂贵。

怕痒的紫薇

紫薇是一种落叶灌木或小乔木。它身高约 6 米，干皮呈片状剥落，因此整个树干都特别光滑，没有高低不平的凹坑或突起的地方。紫薇的小枝条呈四方形，长椭圆形的叶片对生在枝条的两侧。它在盛夏开花，从小枝条的顶端抽出一串串很长的圆锥状花序，花朵呈淡红色，样子很像一个小轮盘。它的花期很长，从夏天一直持续到秋天，有一百天左右，所以人们又叫它百日红。紫薇树有一种奇妙的现象，当人们在它的树干上搔来搔去时，它的树叶和花朵就会不停地颤动，好像人被瘙痒时的动作一样，因此，人们还称它为痒痒树。这是怎么回事呢？原来紫薇的枝条十分柔软，当手碰到树干时，便会引起枝条的抖动，仿佛真的怕痒一样。紫薇喜好阳光，有一定耐寒力，在南方和北方都能栽种。它的根和剥落的树皮都可入药，可以治疗出血、肝炎、湿疹等疾病。

鸟儿不敢光顾的枸骨

枸骨是一种四季常绿的灌木或小乔木。它高2~4米，树皮灰白，光滑。最

枸骨

奇怪的便是它的叶，叶呈长椭圆状四方形，在四周边缘长着四五根锐利的长刺，又尖又硬。由于叶片生长茂密，叶上的刺也指向四面八方，组成了一道严密的

刺网，使得飞过的鸟儿不敢停在上面歇息，所以人们就给它起了另外一个名字——鸟不宿。枸骨在夏天开花，花很小，呈黄绿色。果呈鲜红色，大如豌豆。枸骨原产于我国江南各省，喜温暖湿润的气候，对有毒气体的抵抗力强，是绿化的优良树种。它的叶形奇特，浓绿而有光泽，再配上鲜艳火红的圆果，十分美丽，是很好的观叶、观果树种。枸骨浑身都能入药：它的叶叫功劳叶，能滋阴补肾；根能祛风、止痛、解热；果实叫功劳子，能补肝肾、止血。

花序最大的木本植物巨掌棕榈

棕榈科植物在热带植物中占有重要地位，它们的用处很大，有很多是单干耸立的大树，因而有“热带植物之王”的称号。巨掌棕榈就属于棕榈科，它原产于印度，生长速度比一般棕榈树要慢，经过几十年的生长才有20多米高。别看它长得慢，花序可不小。它的花序从顶端抽出，非常庞大，呈圆锥形，长度足有14米，基部直径竟达12米。花序上的花朵密密匝匝，约有10万余朵，外面包着膜质的佛焰苞。它一生只开一次花，花期不长，开花后不久，全株植物就会死掉。草本植物中的巨魔芋花序最大，可是与巨掌棕榈相比，只能算是小弟弟了。巨掌棕榈的花序是如此之大，不仅是木本植物中的冠军，而且在整个植物王国中，也是名正言顺的花序魁首。

在叶子上开花结果的青荚叶

青荚叶属于山茱萸科，是一种落叶小灌木。它分布在我国的华东、华南等地，在缅甸、日本等国也有分布。青荚叶有1~3米高，叶子呈卵形，边缘有细齿。它在初夏开花，雌雄异株，雄花5~12朵聚生在叶子上，雌花1~3朵簇生在叶子上。秋天结果，球形的果实由绿转黑，也生长在叶片上，特别奇异。你或许会产生疑问，叶子上怎么会开花结果呢？原来，青荚叶的花柄与叶脉长到了一起，使这段叶脉增粗，因此，看上去就好像在叶子上开出了花朵。植物学家们认为，花着生在叶面上，视野开阔，容易被昆虫发现，吸引它们来传粉；另外，花柄和叶脉合生在一起，能够增加它的牢固性，从而抵御风雨对它们的破坏。这是它们长期对自然环境适应的结果。叶上开花结果的植物还有西藏青荚叶、中华青荚叶和百部。

第十七章　植物界中的“变色龙”

以花似蜂的牛角眉兰

在地中海沿岸生长着一种靠模拟雌性角蜂以吸引雄性角蜂传授花粉、繁衍

眉兰

生息的植物，那就是角蜂——眉兰。每当大地回春时，角蜂眉兰就绽开花蕾，静静地等待着急媒人——角蜂的到来。眉兰圆滚滚、毛茸茸的唇瓣上，分布着棕色和黄色相间的花纹，酷似雌性角蜂的身躯，而向两侧伸展的花瓣，贝川犹如展开的蜂翅。此外，角蜂眉兰还分泌出酷似雌性角蜂性激素的物质。在花间飞舞的雄性角蜂发现了角蜂眉兰，以为找到了“意中人”，于是钻进花中企图交尾。等知道上当受骗时，身上已经沾满了角蜂眉兰的花粉，而后角蜂被另一株角蜂

眉兰的花朵吸引,花粉就传了过来。角蜂眉兰就是这样一次次地欺骗可怜的角蜂,达到传授花粉的目的。

模仿植物形态的"高手"

与此相反,地球上也有一些动物,它们是模仿植物形态的高手,如红花螳螂、枯叶蝶等。东南亚有一种红花螳螂,幼体时,身躯呈粉红色、腹部扁平、6只脚两侧也和叶一样有扁扁的很宽的突起物。不动时也很像一朵当地常见的兰科植物新开的花朵,连花瓣都清晰可见。"兰花"能吸引一些贪吃花蜜的昆虫,飞过去却万万没想到自投罗网,成了红花螳螂的美食。更为奇特的是红花螳螂长大了以后,它身体的粉红色又变成白色,像百合科植物盛开的花,连花蕊的点点棕黄也点缀在了翅膀上。这样自然也不乏自投罗网者。而它的天敌们——食虫鸟类和蜥蜴等却把它当成普通的花朵而不去攻击它。

大自然中另一个伪装高手算是枯叶蝶了,枯叶蝶是著名的仿叶拟态昆虫。这种"拟态",使天敌一时真伪难辨,其在仿叶拟态方面的以假乱真术,达到了绝妙的程度。连叶茎、叶脉以至叶片被虫咬噬过的痕迹,都模拟得惟妙惟肖。它停息在树枝上时,哪个是虫,哪个是叶,连专家也难以分辨,从而保护自己,故此在昆虫学上大家叫它"枯叶蝶"。当我们被枯叶蝶的以假乱真的骗术所迷惑,我们不禁赞叹大自然的奇妙。

天然的减噪器

工矿企业生产、交通工具产生的各种噪音,已成为社会公害之一,不但污染了环境,而且也给人体健康造成严重的损害,有些人甚至因此失去听力。

研究发现建筑间的花草树木是吸收噪音的好材料，因此种植花草树木可以降低噪音。

南京某单位曾做过以下试验，当城市马路上的汽车噪音穿过宽达12米的悬铃木树冠，到达树冠后的三楼窗户时，其降低了3~5分贝。在马路两边，由雪松、杨树、珊瑚树、桂花等树木组成的宽20米的多层行道树可使噪音降低约6分贝；由圆柏、雪松组成的宽达18米行道林，可以使噪音降低9分贝。此外，乔木、灌木、草地结合的绿化街道可降低噪音8~10分贝。

在大多数情况下，分枝低、树冠低的乔木减低噪音的作用大；树冠密，叶面大的乔木吸音能力强。在城市住宅区种植一排茂密的灌木，灌木后可再种一排高大乔木来隔离马路上的汽车噪声，这样可以达到良好的隔音效果。

根据科学实验所知，森林的除噪能力更强，40米宽的林带可降低噪音15~20分贝。植物是怎样消除噪音的呢？

以前人们认为，声波在穿越树林时，树叶吸收了一部分声音，树叶、树枝的反射和折射作用消耗掉一部分声音的能量，因此降低了噪声。

但是科研工作者们研究证明，真正起到消音作用的是地表腐烂了的叶层，而不是树叶。研究还证明，粗大的树干和茂密的树枝也可以将部分声音传导到地下。因此，林区或者绿化区里树上落下的叶子不能扫光，使之堆积成稠密的叶层，达到降低噪音的目的。

九死还魂草

在向阳的干旱岩石缝隙中、悬崖峭壁上，生长着一种名贵的中药材，周围有毒蛇和催生子保护，不易靠近，那就是俗称的“九死还魂草”。传说白娘子盗仙草救回许仙还阳，此仙草就是——九死还魂草。

干旱时，它的根能从土壤中自行分离，枝叶蜷缩似拳状，假装成枯死的样子,可以随风移动。在长期干旱后,将它的根放在水中浸泡后,枝叶就会舒展开来,又“复活”过来。在水分供应没有保障的环境下,凭借有水则生、无水则死的生存绝技,代代相传繁衍生息,民间称其九死还魂草,科学家称其为复苏植物。

九死还魂草的学名为卷柏,说到卷柏能“还魂”,中国民间还有一个优美的民间故事。相传很多年前,民间大旱,瘟疫流行,死了成千上万的百姓。住在天池的小龙女将天池岸边的仙草偷偷带到凡间,救活了无数百姓。后来,小龙女被贬下凡间,自愿化身为还魂草。卷柏在民间还有回阳草、长生不死草、还魂草、见水还阳草、长生草等称谓。

卷柏随着环境中水分的有无,在生死间不断地徘徊。日本有位生物学家曾将卷柏全株制成标本,放在标本厨中。11 年后,卷柏标本无意间落入水池中,第二天它竟舒展了全部枝叶。

卷柏主要生产于山东、辽宁、河北,广东、福建、台湾等地也有分布,多生于裸露的山顶岩石上、干旱的岩石缝中。全草具有收敛止血的作用,内服可以治疗各种出血症。中医常用它来治疗吐血、咳血、雪崩、出血症等,治病功效非常好。

第十八章　妙趣横生的植物

生机勃勃的植物界蕴涵着变幻多姿的万千奥秘，与猫结缘的草——喜猫草、吃人的树——奠柏、来自天堂的种子——胡椒、蜚声国际的“中国鸽子树”——珙桐、生产蜡烛的树——蜡烛树，它们风格独特，招人喜爱。植物界有了它们，才充满了无穷的乐趣。

800 岁古樟树上孕育出的朴树

据报道，一位林业科研人员在调查江西安远县森林资源时发现，一棵樟树的枝丫里竟然生长着一棵朴树。

这种神奇的现象发生在安远县版石镇岭东日潮河的岸边。这棵樟树，树干高达 37 米，树冠长约 22 米，树的直径最长处约达 2.4 米，需 3 个成年人才可合抱。樟树的果实樟脑散发的香气具有驱蚊虫的功效，使居住在附近的百余户农家很少受到蚊虫的叮咬。据这位科研人员测算，这棵樟树的树龄超过 800 年。而一棵朴树就长在樟树 2 米高的枝丫处，高 5 米，树径约 10 厘米，枝叶繁茂，与樟树枝叶交相呼应，呈现出一派生机勃勃的繁荣景象。每年春天一到，朴树便会很快开花、结果。它的果实橙色，呈球形。

朴树属落叶乔木类的树种，叶子呈卵形或长椭圆形。这个地方的科研人员经调查认为，这棵樟树“孕”出“异子”，可能是小鸟叼着的朴树种子掉落在樟树枝丫间而形成的。

绞杀王

在西双版纳雨林谷景区内，有一处奇特的景观令游客流连忘返，那就是迄今为止国内最大的“绞杀树”的所在处。

雨林谷是国家级自然保护区，位于景仑公路62公里处。而绞杀树在这里被称为“绞杀王”，高40多米，树的下半部分有成千上万条根系交织在一起，周长约30米，需14个成年人手拉手才能合抱。

“绞杀植物”生长于热带雨林中，是介于附生与独立生活习性之间的一类植物。绞杀植物的幼苗附生于“支柱植物”上，长出气生的网状根伸入土壤，然后变成独立生活的植物，并杀死附生的支柱植物，因此命名“绞杀植物”。据称，雨林谷这棵“绞杀王”是至今为止，国内发现的最大的一棵绞杀树。

最高的树种

大家有时候会好奇，谁是地球上最高的树种？

树木的形体大小，主要由树种的遗传基因决定的，同时受外界自然环境的影响和制约。在大城市乃至城镇中，一株30米高的杨树就显得格外惹眼；在茫茫原始森林中，尽管树的种类不计其数，但身高超过50米的树木也是很少的。生活在中国东北原始森林中的红松，高约50米，被赞誉为“树木之王”。浙江西天目山的森林中，有一株高达56米的金钱松，有“中天树”的美誉。在台湾茂密的原始森林中，台湾杉高高地耸立于群树之上，最高的有60米。1975年夏，中国植物学工作者在西双版纳的热带季雨林中，发现了一种平均高六七十米，超过上层林冠二三十米的阔叶树种，最高的有80米，在中国的8000多种树木中居第一位,人称“望天树”。

亚马孙河流域和东南亚的热带雨林是世界上植物种类最丰富的地区,那里虽然有各种各样的树种,也不乏六七十米高的巨树,但却不是地球上最高树木的故乡。

据有关记录记载,在全世界所有树木中,身高超过100米的树木只有3种,它们是:北美洲太平洋沿岸的北美红杉和道格拉斯黄杉,澳大利亚东南部的王桉。这三种树都生长在夏季干旱、冬季降水丰富地区。

在近代,由于人类的无情砍伐,生长了几百年,甚至上千年的巨树已销声匿迹。今天的人们只能凭借一些文字记录来想象它们当年的伟岸雄姿,了解它们昔日的风采。在澳大利亚维多利亚州的一份森林调查报告中有这样一条记载信息:一位林业检查员于1872年12月发现了一株高达132.6米的王桉;同样是在澳大利亚的维多利亚州,人们于1880年又发现了一株高约114.3米的王桉。在加拿大不列颠哥伦比亚的林恩谷巾,一位科学家于1902年发现了一株高达126.49米的道格拉斯黄杉。人们于1930年在美国的华盛顿州又发现了一株高达117.4米的道格拉斯黄杉,它足以和北美红杉和巨杉相媲美的。

目前硕果仅存的一株北美红杉,生长在加利福尼亚的红杉树同家公园,高达112.1米。这株历经沧桑世变的北美红杉巨树,不但得到美国政府和公民的精心爱护,而且受到全世界人民的敬仰,每年都有几十万游客前来观赏它的雄姿,与它合影留念。红杉树国家公园是美国第一个国家公同,建成于1872年。1980年被列入世界遗产名录。

桫椤

在绿色植物这个大家庭里,蕨类植物属于高等植物中较低层次的一个种类。它们在远古的地质时期大都是高大的树木,后来在大陆变迁的时候,多数被深埋地下变为煤炭或化石。

目前生存在地球上的蕨类植物大部分进化为较矮小的草本植物，只有极少数一些木本种类侥幸逃过一劫，从古至今，桫椤便是其中幸运的一员。

桫椤

桫椤也被称为树蕨，高可达 8 米，是现存唯一的木本蕨类植物，被众多国家列为一级保护的濒危植物，长得像椰子树，树干为圆柱形，高而直，树叶呈羽状，长 1~2 米，丛生在树顶，向四方飘垂。叶子的背面分布着许许多多的孢子囊群，靠近树叶的中脉。孢子囊里面包含着很多孢子。桫椤像无花果一样是没有花的，当然不可能结果实，也就意味着成熟后不长种子，它就是靠这些孢子而生生不息的。

蕨类植物的孢子很特殊，与一般常见植物的种子截然不同。大多数植物的种子，落在适宜的土壤里，加上合适的温度、湿度，就能立即扎根萌芽，很快长成一棵新的植株。而蕨类植物的孢子从萌发到形成幼孢子体，大约需要 1 年以上的时间。因为孢子落入土壤上之后，并不能马上生根发芽，而是先萌发长成一个心形的片状体，被称作原叶体。原叶体呈绿色，下部长着假根，能自给自足。通常，原叶体上长着颈卵器和精子器。更奇妙的是，在精子器发育成熟以后，长着鞭毛的精子可以在水里自由地游动，这些精子游呀游，游到颈卵器里，与卵细胞结合形成合子，这些合子也是从原叶体上吸收养料，慢慢地发育成一个新的植株。

桫椤为半阴性树种，喜欢温暖潮湿的气候，常见于冲积土中或山谷、溪边的林下。在中国，主要分布在云南的西双版纳、贵州、四川、西藏、广西、广东、台湾等地。20 世纪 70 年代末期，在距四川雅安市 25 公里的一处核桃沟里，发现了一片散生的桫椤树。它们高约 3 米，直径长 30 厘米，生长在湿润的溪沟两旁，与杉木、芒萁蕨、狗脊等植物杂居。根据记录记载，这个地区生长的桫椤，是我国桫椤分布区域的最北端。人们于 1983 年 4 月又在四川省合江县，发现了一片群生的桫椤，达 300 多株，其中有的树干高达 3~4 米，树冠径长 5 米，树干直径 10~20 厘米。这些地区的桫椤被当成国宝进行保护。

桫椤外形美观别致，可供欣赏，是良好的庭院观赏植物。同时，它的茎富含淀粉，可以用来食用，也可制作花瓶、碗等器具。而且削去外皮之后可以入药，常用来治疗跌打损伤，中药里把它称作飞天蠄蟧、龙骨风。

与鸟结缘的花

鹤望兰学名为 Strelitzia reginae，是为纪念英王乔治三世王妃夏洛特皇后而取的。

她的花为橙黄色或浅蓝色，外有一舟形的佛焰苞，为绿色，边缘为绿红色，宛如仙鹤翘首远望。此外，这种花和鸟类有着一种不可思议的关系，吸引了一批又一批既爱花又爱鸟的人。

鹤望兰的植株高约 1 米，茎很短，翠叶成簇，花朵镶嵌其中。鹤望兰长长的叶柄，和芭蕉叶有几分相似，是叶片长的 2~3 倍，叶片呈椭圆形，叶脉如羽毛状，看上去犹如一支支巨大的鸟翅。开花时，一枝粗壮的花茎钻出叶丛，顶部凸出一片如手掌大小的苞片。这枚苞片的造型很独特，两边向上翘，头顶很尖，酷似一条在绿波中荡漾的小船。苞片颜色丰富，红、紫、绿搭配均匀，使整条“小船”呈现出如彩虹一般艳丽的色彩。在这条酷似“小船”的苞片中，生长着6~8朵花，这些花依次开放，好像微风吹过湖面的波纹慢慢向远处散去。鹤望兰的每一朵花都有3枚外花被片，呈橘黄色，尽情向上绽放，犹如海岸边的风帆，迎风飘扬。3枚内花瓣，呈蓝紫色，中间的一枚花瓣较小，像个小舌头；两侧的花瓣较大，紧紧地依偎在一起，像个箭头，中间形成一个“小屋”，里面住着雄性花蕊和花柱，花柱则像顽童一样将白色“脑袋”露在“箭头”的尖头之外。整个花序五颜六色，有橘黄、蓝紫、乳白、红紫等，美不胜收。更让人惊喜的是，这色彩缤纷的花序，犹如翘首远眺的鹤头，长长的花茎恰似细长的在鸟颈。因此人们给这它起了一个悦耳动听的中国名字——鹤望兰。在国外，鹤望兰又有一个优美的名字——极乐鸟花。因为鹤望兰的花语为自由、幸福、潇洒，而且它的花形与世界著名的观赏鸟——极乐鸟极为相似。

说来也奇怪，这种被人以鸟名命名的花卉，在大自然中确实与鸟有着奇妙的关系。鹤望兰的故乡在非洲南部。每当它开花的时候，总会吸引一些小客人——太阳鸟，太阳鸟喜欢在花朵上追寻自己最喜爱的美餐——花蜜。有时候，运气好的太阳鸟还会喝到积存在船形苞片里的雨露。由于在鸟望兰的蜜囊藏在那枚小舌状的内花瓣之下，如果想要如愿以偿，太阳鸟必须落在水平方向的箭头状的花瓣囊上才能吃到想望已久的花蜜。此时，在太阳鸟毫不留情的体重压迫下，花瓣囊借此机会崩裂开来，被关在里面的花粉终于见到了太阳，迫不及待地粘到太阳鸟的脚上。当这些贪吃好动的太阳鸟在鹤望兰的花朵间来回寻觅美食时，就充当了媒人的角色，将脚上粘着的花粉介绍给伸出“箭头”外的柱头认识。假如没有太阳鸟的热心帮助，鹤望兰的花粉将会像被判了无期徒刑一样，一直被囚禁在花瓣囊内，不能与心中的它——伸在囊外的雌蕊柱头结合，即使是那些经验丰富而又很热心的传粉媒人蜜蜂与蝴蝶也爱莫能助。鹤望兰既不能自身授粉，也不能借助昆虫传授花粉，必须借助太阳鸟的帮助才能传授花粉。因此种植在室内或没有太阳鸟光临的园圃中的鹤望兰，只能利用人工来完成授粉,使鹤望兰开花结果。

冒牌“椰子”

它以外形和生长环境而得名,外形和椰子很相似,常年生活在水里。

它是一种丛生常绿的大灌木,高3~7米,叶为羽状,互生,比较大,长为3~4米,宽约1米。在形态上主要从两个方面区别它与椰子树的不同,一是它为灌木,受遗传因素影响,没有椰子树那样挺直的树干,二是它的叶子是由根茎处直接长出来的。

水椰

水椰在世界范围内的生长地比较少,仅自然生长在亚洲和大洋洲的热带海岸。在中国,只有海南岛东南部海湾处分布有自然生长的水椰,是一位华侨在1935年从泰国引入的。人们曾在英国泰晤士河河口的“伦敦黏土层”就发现有水椰的化石。据考察,在4000万~5000万年前的老第三纪,伦敦一带是热带、亚热带的气候,曾有水椰生长。

水椰和前面讲到的红树一样,是一种胎生植物。它的果实在未离开母树之前,种子就以母树的养分为原料,在果实内发芽了。一旦果实脱离母树,飘落地面时,幼苗则会迅速地生根,长成独立的植株。

水椰的外形与椰子一样,形态优美,具有观赏价值,另外,水椰还有其他的价值。它的肉穗花序中的汁液含蔗糖15%左右,可以作为制糖、酿酒或制醋的原料。种仁的味道与椰子差不多,可以生吃或者腌渍吃。水椰的叶子宽大,是盖屋或编织席子、蓝等工艺品的好原料。此外,水椰还有防风浪、固海堤,绿化海岸、净化空气等作用。

水椰由于过度砍伐和采摘果实,生长数量与分布地区正逐渐地减少。现我国已将水椰列为国家三级重点保护的濒危植物。

天堂的种子

胡椒,大家都耳熟能详。厨房中经常使用的调味料——胡椒粉就是由它的种子加工而成的。

在当今社会,如果有人出重金购买一包胡椒面,大家都会认为这个人有毛病。有谁会想到在几百年前的欧洲,人们认为胡椒发源于遥远的东方,神秘且珍贵,它的价值甚至会超过黄金,通常以颗粒为单位来计算。胡椒还可以作为实物货币使用。传说那个时期,欧洲人可以为了一包胡椒而舍弃生命。

在印度,胡椒自史前时期便被用作香料。到古罗马时代,印度开始有"罗马商人来时带着黄金,走时带着胡椒"的传闻。据有关记载,贩卖胡椒的阿拉伯商人为了获得高额利润,欺骗罗马人说,胡椒只生长在由神龙看管的瀑布下面。而一些从阿拉伯人手中转卖胡椒的威尼斯商人,为胡椒取了一个好听的名字——"天堂的种子",欺骗顾客说胡椒是从天上摘下来的。那时交通不利,离胡椒产地遥远的西北欧人,很难从商业渠道得到胡椒,于是往往常用武力强行索取。公元408年,西罗马皇帝雷诺留听信谗言杀死了屡败阿拉力克的大将斯提利科,并屠杀了罗马军队中的3万多名异族士兵,其他非基督教士兵全部投降阿拉力克。于是西哥特王阿拉力克率军乘虚而人,一直攻打到罗马城下。罗马人为了求和交出了巨额赎金,其中就包括3000磅胡椒。

中世纪时,欧洲人为了不在支付巨额的香料费用,并开辟新的殖民地,开始了一次又一次的海上远征,试图找到从海上通往胡椒等东方香料产地的航线。著名哥伦布和达·伽马的航行就发生在那个时期。哥伦布虽然没有到达出产香料和黄金的亚洲东南部,却幸运地发现了美洲——一个新的殖民地;达·伽马沿非洲大陆航行,历经千辛万苦,最终来到印度。为什么小小的胡椒种子能让欧洲人如此锲而不舍呢?原来在那个时代,没有冷冻设备和现代保鲜技术,肉类是无法长期保存的。而欧洲人则以肉食为主,为使肉贮存的时间长而不变质,或者使保存时间较长的肉食在享用时味道更好,不得不依赖于胡椒等香料。

胡椒为木质藤本植物,属胡椒科,攀升在树木或桩架上,原产于印度西南海岸的热带雨林。科学实验表明:胡椒种子中主要含有胡椒碱、胡椒脂碱、胡椒新碱等生物碱,它们是胡椒产生香味和辛味的关键成分。现今,虽然胡椒目前主要生长在东南亚和印度等国家,但已遍及亚洲、非洲、拉丁美洲近20个国家。在中国的海南、台湾、福建、广东、广西、云南等省区也有胡椒的踪迹。欧洲人再也不用为吃胡椒而发愁了。

中国鸽子树

1869年,一位来自法国的神父在四川穆坪传教时,不经意间发现了一种看起来非常特别的树木。

当时正是开花季节,树上那一对对白色花朵藏在碧绿的叶子中,随风飘舞,远看,酷似一只只白鸽躲在枝头,舞动着可爱的翅膀。他被这种奇景吸引住了。后来他将此事大肆宣扬,引来许多欧洲植物学家,他们不畏路途遥远来到四川、湖北等地,进行实地考察。1903年,英国首先引种,其他国家竞相效仿,从此,这种树木便成为欧洲的重要观赏树木,有"中国鸽子树"的美誉。其实它就是

鸽子树

中国特产的珙桐,现在人们已习惯称它为“鸽子树”了。据说在日内瓦,家家户户都种有珙桐树。

鸽子树为落叶乔木类树种,可以长到20~25米,枝干光滑。叶大如桑,呈宽卵形,边缘有锯齿。花序为球形的,暗红色,像鸽子的头部,上面聚生着许多小花。白色的大苞片似鸽子的翅膀。

在世上流传着很多关于鸽子树的美丽感人的故事。据说,王昭君为了汉王室的安宁,嫁于匈奴的呼韩邪单于和亲。她到了塞外后,不习惯那里的生活,日夜想念年迈的父母、熟悉的故乡,于是她奋笔疾书,写下了满满一纸家书,请求白鸽为她送去,白鸽飞呀飞,跋山涉水,历尽千辛万苦,终于在一个非常寒冷的夜晚飞到了昭君故里附近的万朝山下,但它已是筋疲力尽了,再也飞不动了,便停在一棵大珙桐树上休息。在落在树枝的一刹那,被冻僵在枝头,变成了形体酷似白鸽而又美丽洁白的花朵……

另外一个传说是这样的:从前有一个皇帝,有一个独生女,名字叫白鸽。这公主心地善良,不贪求荣华富贵,爱上了一名出身农家的小伙——珙桐。她把一根随身碧玉簪一分为二,一截自己小心翼翼地保存着,另一截送给了珙桐,作为私订终身的信物。但是她的父皇知道后,非常生气,认为珙桐配不上自己的女儿,为了断了女儿的念想,暗中派人在深山置珙桐于死地。白鸽公主知道后,很伤心，不顾一切地逃出了皇宫。她找到珙桐被杀的地方，情不自禁地大声痛哭。忽然，一棵形如碧玉簪的小树出现在公主眼前，眨眼工夫，便长成一棵繁茂的大树。公主激动地伸开两臂扑向这棵树，顿时，化身成千万朵形似白鸽而又美丽动人的花朵，挂满枝头。

鸽子树是1000万年前新生代第三世纪留下孑遗植物，在第四纪冰川时期，大部分的珙桐已灭亡，是植物界中著名的“活化石”之一，又被称为植物界中的国宝。只有在我国南方一些地形复杂的地区，珙桐幸运地存活了下来。现在，我们可以在湖北的神农架、贵州的梵净山、四川的峨眉山、湖南的张家界以及云南省西北部等地看到零星的或小片的天然鸽子树。它们喜欢生长在海拔1200~2500米、空气阴湿的山地。在分布区内我们看到的都是一些雄伟高壮的植株，高达30米，直径约1米，树龄在百年以上。该植物已于1999年被列入国家一级重点保护野生植物，为国家8种一级重点保护植物中的珍品，爱屋及乌，它的分布区也被划为国家的自然保护区。

植物界中的“猴头”

中国不但有四大发明，而且有四大名菜，那就是熊掌、海参、鱼翅、猴头。有一句话“海味燕窝，山珍猴头”充分说明了它的食用价值。

猴头又名猴菇菌、猴头蘑，属担子菌纲，是一种菌类植物，它的家族成员众多，有日常生活中常常见到的木耳、银耳、各类蘑菇，还包括名贵中药材灵芝、茯苓等。人们称猴头的身体为子实体，它是一种腐生菌，喜欢寄生在栎、胡桃等阔叶树种的朽木上，或者树木的腐朽部位。偶尔，它的身影会出现在针叶树的朽木上。新鲜的猴头为白色，其上部膨大如拳头般大小，基部细小，表面布满了肉刺。看起来，仿佛一只正在窥探外界情况的白猴，因此被称为猴头。猴头寿命很长，如果长时间不采摘，它并不会枯死，而是可以继续生长，体积也会随着增大。据说,有人在我国湖北省发现过一只“猴头王”,需要两个人合作才能搬动它。

猴头干后为浅褐色,我们经常在市场上看到的正在等待出售的猴头就是这个颜色,有大有小,小个的直径有约4厘米,大个的可达10厘米。肉刺的表面是一层籽实层,里面发育着孢子囊,孢子就藏在孢子囊内。孢子体积微小,肉眼无法看清,在显微镜的帮助下才能看到球形的孢子。等到孢子长大成熟,就会自行脱离母体,风一吹,飘散开来,在找到新的、合适的寄主时,就会重新萌发,长出又一个猴头。猴头分布范围很广,在全国各地都能看到它的身影,如在河北、山西、内蒙古、黑龙江、吉林、浙江、湖南、广西、云南等地都有它的身影。

猴头肉嫩,味道鲜美,从很早以前就被人所食用,听说在南阳伏牛山区,当地人中至今还流传着唐朝士兵在山林中采食猴头的故事。猴头之所以非常的珍贵,一是因为它产量非常的低,二是因为它的营养丰富,不但可以作为食材,而且还可以入药,药用价值颇大。猴头性味甘平,具有抗溃疡、抗炎症、抗肿瘤、保护肝脏、延缓衰老的作用,适宜患有胃病、体质虚弱。

经过深层发酵的培养物经分离提取所得,猴头籽实体内含主要成分为多糖、氨基酸、脂肪族的酰胺物,是猴头菌片、复方胃宁片等制剂的原料。猴头菌片常被用于治疗消化道系统的恶性肿瘤,如胃癌、贲门癌、食道癌等,有效率高达69.3%,其中疗效显著的占15%。猴头菌片有一个其他治疗癌症药品所没有的优点,就是没有毒性反应。

不管是在民间流传的,还是正规医院所持有的,猴头治病方法很多。如治疗消化不良症,干猴头60克,泡入水中,等到变软后,切成薄薄的片状,以黄酒做引子,水煎服,每日服用2次。再例如治疗失眠、体弱等症,干猴头150克,切片后与处理好的整只鸡共煮食用(也可用鸡汤煮食),日服1~2次。现在人们又发明了一些利用猴头菌食补的药方,如猴菇菌清炖排骨、蹄筋红烧猴菇菌等。

另外,银耳、木耳、香菇、草菇等也是营养丰富、味道鲜美的食用菌植物。

传说中的“黎王头”

生长在热带海滨的椰子树，为来来往往的游客留下了深刻的印象。

椰子为常绿乔木，树干挺直，顶部簇生着羽状复叶，叶片比较大，长4~6米，裂为数片，像孔雀的尾巴；不分枝的树干微微向蔚蓝的大海倾斜，像是在向碧波低诉情话；海风拂过，树叶沙沙作响，树影婆娑。

椰子

椰子树为热带喜光作物，树干笔直高大，树叶修长，是美丽的热带风景树，同时也是一种名副其实的热带宝树。它的果实——椰子，默默地为人类无私奉献着，因而一直以来深受当地老百姓的喜爱，并且关于它流传着很多美丽动人的故事。生活在海南岛的黎族人，习惯称呼椰子为“黎王头”。相传黎族在古代有一位爱民如子的黎王，他长得英俊潇洒，武艺高强，足智多谋，打败了屡次入侵的敌人，但却因疏忽大意被叛徒出卖，被无情地斩下了首级。叛徒将他的头颅悬挂在一个大树上，向敌军报告让他们心惊胆战的黎王已死。敌军攻打到这棵树下，想取下黎王头带回自己的国家以此树立威望。突然，这棵树拔高了，黎王的头颅也睁开了双眼，愤怒地盯着侵略者；敌人顿时惊慌失措，回过神来之后，向黎王头乱箭齐发，可是没有一支能射到人头的，都钉在了树干顶部。后来这株高高耸起的树就变成了椰子树，原来悬挂在树上的黎王的头颅，就是现在人们所说的椰子，钉在树干顶部的箭则传说化成了长长的椰子叶。

虽然“黎王”的时代早已逝去，但去海南岛观光旅游的人总会对椰子树充满了无限的遐想，想亲自爬到椰子树上摘一颗椰果，品尝传说中美味的热带名果。椰子的外表很普通，它的大小、形状都与人头相似，未成熟时，外皮为青绿色，在成熟后，才变成与土一样的颜色，远不如苹果、梨、桃长得讨人喜爱。拿一棵椰果在手里，轻轻地摇荡，你会听见里面液汁发出的“哗哗”声。椰果坚硬，不像苹果用清水洗干净就可以食用了，没有经验的人，看着手里的椰果，也只能干流口水了。

椰子其实有3层果皮，最外一层果皮薄而光滑，将它用刀削去，露出的是厚厚的由纤维组成的中果皮，用力将这层中果皮撕下，就剩下了比较坚硬的、白白的内果皮，就是我们平常买到的椰果。此时，外行人往往像切西瓜一样，用刀去硬切，结果是忙活了半天，也没有打开椰果，没有喝到美味的椰汁。其实，喝椰汁的方法很简单，就像饮用软包装饮料一样。在椰子靠近基部的地方有3个略向里凹的芽眼，用根硬质吸管或者竹筷子戳破两个芽眼，直接将嘴巴对着小孔吸吮椰汁就可以了，如果用吸管的话，喝起来会更加的有感觉。此时，凉凉的、甜甜的、带有牛奶味的椰汁，喝起来就像人间美味。尽情地享用完椰汁后，千万不要随手就扔，里面还有宝贝。用刀剖开硬壳，你会看到在椰壳的内壁上有一层雪白如脂的物质，厚半寸左右，那就是椰果，用刀削下一块仔细品味，像果冻一样醇香干脆嫩滑，别有一番滋味。

椰汁、椰肉的味道不但令人“爱不释手”，而且富含葡萄糖、果糖、蛋白质、维生素等多种营养物质，有补益人体和保健的功效。海南岛上的当地老百姓自古以来就将椰汁代替真酒待客，称它为“椰酒”，并且认为长期服用椰酒可以使头发变黑。新鲜的椰肉除了可食用外，还可以作为食品工业的重要生产原料。

干燥的椰肉富含脂肪,可榨出最高级的植物油——椰油。除了能喝的椰汁和能吃的椰肉之外,剩下的空椰壳也是宝贝,在当地的匠人手里,椰壳可以制成各种各样、驰名中外的工艺品"海南椰雕",如椰杯、椰碗、茶具、猴头、玩具等。椰果的中果皮,是一层厚厚的纤维,耐潮湿、不易腐烂、韧性强,是制造刷、缆绳、坐垫和地毯等物品的原料。可以说椰子全身都是宝贝。印度尼西亚是椰子的主要产地,当地人民传诵着"椰子的用途同一年的天数一样多"的说法。如果加上椰子树树干、树根、树叶等的用途,椰子的实用价值就更高了,被称为"生命之树",是名副其实、众望所归的。

仙人掌中的老大

温带地区生长的仙人掌,都是后来引种培育的品种,个头儿比较低,只有热水瓶那么高,甚至更低,不耐寒,只能在温室里过冬。

我国海南岛的西部沿海地区,自然生长的仙人掌有1~2米高,数量极多,像一个仙人掌森林。每年的春夏之交,雨季还未到时,只有仙人掌花争先绽放,那色彩绚丽的花朵映着海滩,自是别有一番风味。仙人掌的果实通常为肉质浆果,像红珠珠,有甜味,可以生吃。它的扁茎具有清热解毒、散瘀消肿等功效。民间常用其茎加食盐外敷的方法治疗腮腺炎。

仙人掌的故乡是在墨西哥的沙漠里,同时仙人掌也是墨西哥的国花。在那里到处都有仙人掌的身影,它兄弟姐妹也很多,且形态各异:如球形的仙人球;烧饼型的仙人掌;圆柱状的仙人柱;还有的长得像鞭子的仙人鞭等。它们大约有一人那么高。在墨西哥的加利福尼亚有一株巨大的仙人掌,有17.69米高,重量可达10吨。

含淀粉最多的树干

一棵植物的果实、种子、块根、块茎内是淀粉的集聚地，如番薯、山药、马铃薯等。但也有一些植物将其淀粉藏在茎干内。

生长在菲律宾、印度尼西亚等国的西谷椰子树的树干中含有丰富的淀粉。通常一株高10~12米、直径20~25厘米粗的树干，可以刮出100千克的干粉，再大一点的树干可以刮得更多了。这些干粉经过沉淀加工，可以制成一粒粒洁白均匀的大米，当地人称西谷米。用它做成的米饭，香甜松软。是当地人主要粮食来源。据说，在那里，每人每天劳动所收获的西谷米，能够保证其一年的口粮。

西谷椰子树属棕榈科植物，与棕榈树、椰子树是同科兄弟姐妹，寿命较短，一般为10~20年。在茎的最上端，生长着许多羽状的叶子，很长，约有3~6米，但结的果实很小，只有杏那么大。

丝兰

丝兰是塞舌尔国的国花，别名为软叶丝兰、毛边丝兰，是百合科丝兰属，常绿灌木。

茎比较短；叶子基底部成簇生长，呈螺旋状排列；花茎自根部抽出，粗壮而笔直，高达1~2米，花序呈圆锥状，光滑，花朵为乳白色、自然下垂，呈杯形，花瓣6片，称匙型；蒴果长5~6厘米，为长椭圆形。

丝兰的故乡为北美洲，现我国华北、东北、华中各地均有栽培。丝兰为热带植物，性强健，极易成活。又极耐寒，四季常青，体形独特、花序硕大，为花叶俱美的观赏植物。根据科学部门的监测结果表明，它对二氧化硫、氨气、氟化氢等有害气体均有很强的抗性和吸收能力。故污染较重的工矿企业应积极种植丝兰，降低空气污染。

菠萝蜜

菠萝蜜的学名为菠萝蜜，又名蜜冬瓜、树菠萝、木菠萝，成熟的果实味道酸酸甜甜的、香气浓郁，果实比较大。

菠萝蜜

菠萝蜜属常绿大乔木类植物，树高达20~30米，在春天开花，而在夏天结果，果实大如西瓜，一般重20~30千克，有的甚至达45千克。

菠萝蜜与一般植物相比，有与众不同的特色。如菠萝蜜的果实结在树干上。菠萝蜜四五岁的时候就开始在主枝上开花结实，随着年龄的增加，结果部位会越来越低，出现老茎开花挂果的奇观。令人惊讶的是，到了老年，主根上也会结果实。如果生活在竹屋边，树根会钻入屋下，果实挤破木板而出，整个房间都充满了香味。

菠萝蜜之所以选择在树干上开花挂果，是它们长期适应自然的结果。树木的枝条或树干上有许许多多的枝芽、叶芽、花芽,但由于阳光、温度、湿度等条件的限制,它们得不到充分的发育,就会变成隐芽。热带雨林地区,气候炎热潮湿,菠萝蜜树干上萌发许多花芽,这些花芽得到充分的发育,能够开花结果,形成了自己特有的生存特性。选择在树干上开花结果的热带雨林植物很多。

菠萝蜜的果实中贮存的淀粉量很大,可以生吃,也可以像煮花生一样直接煮熟当饭吃,粉嫩爽口,吃起来像芋头,所以被称为木本粮食作物。木材呈黄色,可制作黄色染料,通常被印度僧侣拿来涂染袈裟,树液有较强的黏合能力,可以粘陶器,树叶和树液可入药,有消肿解毒的功效。

第十九章　性格怪僻的植物

世界上的植物种类不计其数，变化万千，形态迥异，各具特色。如同人类，每一种植物都有自己独特的性格特征。它们有的是“性格怪僻”，鹤立鸡群；有的性格随和，人缘好。它们有的生命力最顽强、有的在自己家族个子最高、有的最能睡觉、有的最为美丽、有的最能忍受紫外线照射、有的最怕痒、有的最能喝水，如同人类，它们也有感情变化，同是地球上的生命，我们为什么不能和这些美丽的植物和平相处？

竹中之王

我国共有竹子150多种，主要生长在长江流域以南的地区，竹子的产量居世界第一位。其中毛竹的体型最高大，一般高达20米，是我国竹子王国中的大王，但它与印度麻竹相比，却成了矮子。

竹子的生长过程与繁殖：竹子虽然为常见植物，但见过它开花的人却很少。有人误认为竹子是不开花的。其实，竹子是有花植物，而且大多数竹子是一次开花植物，开完花之后，绿叶开始凋零，树干枯萎。所以有人很迷信地认为，竹子开花是不祥之兆。其实，竹子开花是结籽繁衍的生长过程，属于正常的自然现象。竹子开花在中国的古书中早有记载。《山海经》中这样写道：“竹六十年一易根，而根必生花，生花必结实，结实必枯死”。《晋书》也有类似的记载：“晋惠帝元康二年，草、竹皆结子如麦”。不过，竹子以无性繁殖为主。每年冬雪融化，布谷啼春时，竹笋就会破土而出，很快长成新竹。

印度麻竹是世界上最高的竹子，主要分布在斯里兰卡和印度。它直径可达5~7厘米，每一个节节都可以做成一个体积较小的水桶。但是最引人注目的是它的身高，高30米的竹子很容易地就能找到。史上记载的最高竹子，叫龙竹，又称大麻竹、高大牡竹。1904年的新闻报道中有这样一条信息：斯里兰卡的一个植物园里，有几株印度麻竹已超过35米。印度麻竹属于禾本科竹亚科牡竹属。该属约有30个品种，都属于形似乔木的竹类，一般身高在24~30米之间，幼时表面涂有一层白色蜡粉，地下茎（竹鞭）又粗又短，大多为丛生，个别散生，竹梢下垂。竹节之间呈深绿或灰绿色，每个节节长可达40厘米，直径20~25厘米，锯下一节就能制成一个容积不算太小的水桶。长的雄壮威武的竹竿可作建筑材料和引水管。本属大部分种类生长于亚洲东南部、印度、斯里兰卡、缅甸等地，而在我国的西南部和南部，也常见种植，约有10种。印度麻竹称得上世界上最高的竹子，被誉为“竹中之王”。

不怕紫外线的植物

夏天，太阳光直射大地的时候，太阳光里的紫外线不但将人们的皮肤给晒成黑色，而且能很轻松地杀死一些微生物。因此医院和某些工厂，常用紫外线进行杀菌消毒。

当然了，高等植物也逃脱不了紫外线的手掌心。科学家的现代研究认为，如果利用等同于火星表面的紫外线强度的紫外线来照射各种植物，最先死去的是番茄、豌豆，只需照射3~4小时；接着是黑麦、小麦、玉米等农作物，需照射60~100小时；而对南欧黑松持续照射635小时后，它依然有生命力。这是目前发现的对紫外线忍受能力最强的植物。科学家说，像南欧黑松这样的植物，大约可以在火星上生存三个月。同样，在地球以外的行星上，生物是有可能存在的，如火星。

黑松

黑松属阳性树种，喜光，恶湿，耐干旱，不耐寒，对土壤要求不严，瘠薄及盐碱土都可以生存。喜欢温暖湿润的海洋性气候，适宜生长在微酸性砂质壤土，尤其是土层深厚、土质疏松，且含有腐殖质的砂质土壤。耐潮湿，抗海风，对海崖环境适应能力强，可在海滩盐土地方生长。此外，黑松自身抵抗力很强，生长速度慢，寿命比较长，是荒山绿化、海崖风景林、城市绿化的首选树种。

“海绵”植物

泥炭藓类植物体吸水力很强，生于沼泽地、岩壁下洼地及草丛内，因为这些地方水分比较多。

在它的生长之地，往往会形成大片沼泽。因为吸水能力强，可以铺苗床；消毒后可代药棉。即使植株死，形成的泥炭也可作肥料及燃料。

泥炭藓植物可吸收贮存为自身体重 20~25 倍的水分，吸水能力是脱脂棉的 1~1.5 倍。但是它在森林地区过分生长，会导致森林的毁灭。一战期间，由于严重缺乏药棉，加拿大、英国、意大利等国曾用泥炭藓类植物代替棉花制作敷料。而泥炭藓的死亡植株体和其他植物长期沉积后形成的泥炭,可做燃料。燃烧1吨泥炭释放的热量相当于燃烧0.5吨的煤。现今,苗木、花卉等长途运输的最佳包装材料仍为泥炭藓植物。

泥炭藓含有泥炭藓酚、丁香醛及多种酶,有收敛和杀菌的功效,可以作为伤口敷料,以加快伤口的愈合。因此它的大型种类经消毒加工后,可以作敷料来替代脱脂棉或者制作急救包。泥炭藓的分布地域是同类中最广的。常见于山地潮湿地区或沼泽中,大面积丛生,犹如绿色的地毯。泥炭藓中含有大量生成泥炭所需要的主要成分。由于他储水细胞比较特殊,储水能力是其他藓类的数十倍。中国大部地区山地均有它的踪迹。在欧洲、美洲、大洋洲也有其分布。

泥炭藓的形态特征:身体柔软,稀疏地长在一块,灰白夹杂黄绿色,呈现出淡红色。茎直立,高18~20厘米,枝比较稀疏,丛生,每丛有2~3条倾立的主枝,侧立,及1~2条下垂的侧枝。茎叶呈阔舌形,比较小,长1~2毫米,宽0.8~0.9毫米。枝叶呈阔卵状莲瓣形,为绿色,体积小,长可达2毫米,宽1.5~1.8毫米,边缘向内卷曲。茎及枝表皮细胞具有多数螺纹及水孔;在显微镜下,可以看到叶横切面的绿色细胞为等腰三角形,位于叶片内表面。为雌雄异株,精子器为球形,生长于雄株头状枝或短枝顶端,每一苞叶叶腋间均有1个;而位于雌株头顶的雌器苞内生长着颈卵器;孢蒴呈球形或卵形,成熟时为棕栗色。

大王花

英国植物学家詹姆斯·阿诺德见第一次见到大王花时,惊呆了。

他在后来写给友人的信中详实地描述了当时的心情:“我感到十分荣幸,因为我见到了植物王国中最伟大的奇观——一朵直径约1米的巨花……我感到非常惊喜又恐惧。因为我从来也没见过或听说过有这么大的花朵。”

詹姆斯·阿诺德是19世纪初为东南亚植物做出了巨大贡献的科学家。

大王花

1818年的一天,他与曾任英国驻爪哇代理总督的拉佛尔斯(又译莱佛士)一起在苏门答腊岛探险考察时,发现了这种巨花,在当时被称为世界花王。190年后的今天,它仍使世界上30万种的有花植物自惭形秽。

大王花重达14斤,花冠管好像一个肚大口小的啤酒桶,花瓣为肉质,又肥又大,约5~6片,由“坛子”的外壁上向四周伸展。有人想知道大王花中心的花管可以盛多少水,于是就往花管内倒水,最后竟然灌了整整8升水才盛满。大王花的整个花冠五彩斑斓,颜色由鲜红至暗红色都有,上面还点缀着白色的斑点,有点像粉刺。与众不同的是,大王花盛开时不但不能散发香味,反而散发出一股刺激性的腐臭气味,让人不由得远远地躲着它。但却招来了许多逐臭昆虫,如甲虫和蝇类,它们在花中心的“啤酒桶”——花冠管内爬来爬去,没有找到期待中的腐肉,却充当了花王的传粉媒人。

大王花的花朵不仅巨大,而且身体构造和生活习性都很具个性。它是世界上第一大花,也是最简单的有花植物。另外,大王花无根、无茎、无叶,只具有吸器——寄生植物必不可少的器官。大王花是寄生植物,无法在阳光的照射下通过光合作用而维持生命,也无法从土壤中直接吸收营养物质,只能依靠吸器从寄主植物身上掠夺所需要的营养物质。同时吸器承担着根的作用,支持和依托物,吸器依附在寄主的根上或茎的下部,支持着大王花整个身躯。因此,在3000多种的寄生被子植物王国中,大王花是最简单的寄生植物。

大王花仅生长在东南亚少数地区的热带丛林中，是一种珍贵稀有的植物。它对寄主很忠诚，只选择葡萄科崖爬藤属植物作为寄主。它的一生中最辉煌的时候是开花时期，但它的花期很短，只有短短的4天。花期过后，会逐渐凋谢，变成一堆黏糊糊的黑色物质。因此，要想一睹世界花王的风采是需要好运气的。一些人虽然在东南亚的热带雨林苦苦寻找许多年，但终未能如愿以偿。目前，更因为人们对大王花产地——东南亚热带森林的无情砍伐，它的生存空间受到很大的限制，面临种族灭绝的危险。世界保护联盟于1984年将大王花列为"世界范围内遭到最严重威胁的濒危植物"之一。如果人类继续对大王花采取冷漠态度，不久的将来，大王花会从植物界消失，人们也只能从一些文字资料中来了解它的风采。

枫叶

二月的红花，花瓣绽放，鲜艳娇嫩，魅力四射，确实惹人注目，但经过寒霜洗礼的枫叶，红艳似火，顽强地抵抗苍劲的寒风，更加令人叹为观止。

两句唐诗"停车坐爱枫林晚，霜叶红似二月花"就淋漓尽致地抒发了诗人杜牧对枫树的无限赞美之情。枫树是一种著名的红叶树种，长着比较大的叶子，与人的手掌大小相近。每逢深秋，秋风萧瑟，树叶就会变成红色，随风舞动，犹如黎明的朝霞。我国人民十分喜欢红似二月花的枫叶，每到深秋霜降前后，总有很多的游客争先恐后地涌向枫叶观赏区。

加拿大人民对枫叶有着特殊的感情，他们将枫树定为国树。在加拿大，随处都可以看到枫树，被赞誉为"枫叶之国"。1860年，人们用红艳如火的枫叶图案做装饰，来欢迎韦尔斯王子访问加拿大。自此，人们普遍把枫叶作为一种象征。加拿大政府在1921年宣布国徽的图案为枫叶。加拿大议会于1964年经过长达3个月的热烈讨论，有175人参与，法案终于在12月底通过，决定加拿大的国旗图案也为枫叶。1965 年 2 月 15 日在首都渥太华市举行了庄严的升旗仪式,正式采用了以红色枫叶为图案的新国旗。假如你去加拿大旅游,就可以发现枫叶图案的物品随处可见。在很多商店里,有各式各样的印着鲜红枫叶的书刊、装饰品、手工艺品;小学、幼儿园里的孩子们,喜欢带有枫叶的画册、作业本,更喜欢绘制枫叶;更有人将枫叶印在衣服上。有代表团访问加拿大时,在临走时每个人都会收到加拿大友人赠送的精美的枫叶纪念章或印有枫叶的公文包,来留作纪念。

枫叶

加拿大人民对枫叶情有独钟,除了它的叶子美观,到深秋是叶片红似朝霞之外,还因为它可以食用。加拿大的枫树体内含有丰富的糖。一株至少生长 15 年的枫糖树,每年可产糖 3 千克左右,并且能够保持产糖至少 50 年。每年的 3 月份开始,加拿大人民都要举行隆重的枫糖节,向国内外来宾表演各种精彩的民间歌舞,免费向客人供应用枫糖制作的糕点、太妃糖等,以此来感谢枫树给他们带来的美味。还要带领新客人去欣赏美丽繁茂的枫林、枫叶,庆祝活动大约持续一个月。加拿大是名副其实的"枫叶之国"。

绿色的枫叶为什么只有到了秋天霜降的时候才变红呢? 这是有一定原因的。因为叶内含有丰富的叶绿素,所以植物的叶子才是绿色的。但是,叶内还含有叶黄素、胡萝卜素和花青素。花青素的主要功能是将叶子变红，它是由叶片中的葡萄糖转化而来的。一方面，每当秋天降临，气温也在逐渐下降，天气变冷，叶片输送葡萄糖等养料的速度、能力下降，并且叶内水分也流失了，于是葡萄糖就留在了叶片体内，葡萄糖的浓度越来越高，转化成的花青素会越来越多。另一方面，较低的气温也促进了叶绿素的分解。这样，深秋来临，光照时间变短，气温降低时，叶片内的叶绿素含量就会不断减少，花青素含量反而逐渐升高，于是树叶就变得鲜红了。那为什么只有枫树的叶子会变成红色呢？虽然花青素能使树叶变红，但花青素自身并不是有色的，遇酸才会呈现红色，而恰巧枫叶呈酸性，所以，枫叶能在花青素的作用下变红。其他树的树叶不呈酸性，就不会与花青素发生化学反应而变成红色。

但是如果认为只要是红叶都是枫叶，那就大错特错了。树叶在秋天变红的，不是只有枫叶一种。每年的 10 月底 11 月初的时候，著名的香山是旅游最旺的黄金段，成千上万的游客绵延不绝地涌向香山。那漫山遍野的红叶，像一座喷发的火山，熠熠夺目，令人叹为观止。不过，大多数人只知道赏红叶，却不清楚这香山红叶到底来自哪种树木。很多人在惯性思维下，认为香山红叶就是枫叶。事实并非如此，香山的红叶主要是黄栌叶。黄栌属落叶小乔木，又称栌木，高 3~5 米，与漆树是同源，它的叶单生，叶柄既细又长，形如一面小团扇，开始呈绿色，到秋天时慢慢变为红色，尤其是霜降后，整个叶片红似火，极为艳丽，“西山见红叶”说的就是它。另外，生长在江苏、浙江一带的乌桕，它的叶子与杏叶相似，到深秋时节，叶片红得发紫。还有，北京的泰陵，在霜降前后漫山遍野都是火红，请睁大眼睛看，这不是红枫，而是柿树。

在我国，有许多出名的红叶树种，如漆树、银杏、火炬树、丝绵木黄连木等等，它们的叶子均能在秋后变为绚丽的红色。如果我们将各种不同色彩叶子的树木培植在一起，每当秋天来临，有的红艳如火，有的洁白如雪、有的金黄如沙，有的碧绿如翡翠，那景色一定会绚烂多姿，引人入胜。

神奇的花时钟

18 世纪，一位名叫林奈的杰出植物学家，自己制作了一个大花坛，他将开花时间不同的花卉种在这个大花坛里，犹如一座提示时间的大钟表，被形象地称为“花时钟”。

人们想要知道时间的话，只需抬头看看哪个位置的花开了，就能知道大致时间了。经研究发现，每种花开放的时间基本上是固定的，如：蛇麻花凌晨 3 点左右开放，牵牛花 4 点左右开放，野蔷薇 5 点左右开放，龙葵花早上 6 点左右开放，芍药花 7 点左右开放，半支莲中午 10 点左右开放，鹅鸟菜 12 点左右开，万寿菊在 15 点左右开，紫茉莉在 17 点左右开放，烟草花在 18 点左右开放，丝瓜花 19 时左右开，昙花在 21 时左右开。

通常，植物进入花期后，开花时间是固定不变的；而且，植物从开始开花到进入花期的月份也是基本一样的。有人把开花期月份不同的 12 种花卉编成歌谣：正月迎春金样黄，二月杏花粉洋洋，三月桃花红千树，四月蔷薇靠短墙，五月石榴红似火，六月荷花满池塘，七月栀子头上戴，八月桂花满枝香，九月菊花初开放，十月芙蓉正上妆，冬月水仙案上供，腊月寒梅斗冰霜。

同样的，把这 12 种花卉按顺时针的顺序种植，那么也能够制成一个预报月份的时钟，称为“报月钟”。

为什么植物不一起开放呢？

这是植物为了在变化无穷的自然界生存下来而长期选择的结果。例如生长在海滨沙滩上的黄棕色硅藻，每当涨潮时，它就偷偷地藏到沙底下，保护自己不被猛烈的海潮冲走；一旦潮水退去，它又马上钻出来，接受阳光的照射，进行光合作用来维持生命活动。

后来，科学家经过研究发现，植物的这种“特异功能”是由遗传基因决定的,可以代代相传,形成植物生长过程的一个不可或缺、不可改变的部分。即使将硅藻装入玻璃缸里,他每天也会随着海水的涨落而相应地下潜和上升。

巨菜谷

位于美国阿拉斯加州安哥罗东北部的麦坦纳加山谷,因为那里生长的蔬菜体积庞大,被称为巨菜谷。例如那里的土豆长得大如篮球,大白菜有三四十公斤重,红萝卜长达35厘米……

沙俄时期,俄国植物学家魏里希发现萨哈林岛(库页岛)的荞麦异常的高大。他惊喜若狂,如获至宝,以为得到了梦想中的“良种”,便把种子带回欧洲种植,第一年,长出来的荞麦和萨哈林岛上的一样高。可从第二年开始,这些荞麦就与普通荞麦一样,高度还没有到达膝盖。当时,魏里希百思不得其解。后来,科学家们证实:这些巨大植物并不是什么珍贵的优良品种,与普通品种完全一样;而且,从外地迁移过来的种子在这两个地方种植,经过几代繁衍生息,都变得高大了。

这究竟是什么原因呢?

主要有两种观点:其一,有人认为这两个地方纬度高,夏季光照时间充裕,蔬菜生长周期长,另外昼夜温差很大。这种观点显然是不成立的,因为世界上有很多地方纬度高且昼夜温差大,而那些地区并没有出现这种巨菜。

其二,有人认为那里土壤特别肥沃,土质疏松,土壤结构好,甚至猜测土壤存在某种特殊物质,能刺激植物快速生长。然而,通过科学家的研究证明,那里的土壤并不肥沃,也没有发现什么特殊的物质。再者,萨哈林荞麦第一年移植在欧洲时,长得高大。这都说明了一点,以上的观点是不科学的。

最近,科学家们又提出了一个新观点,就是寄生在植物幼芽上的细菌会分泌一种赤霉素,而赤霉素具有促进植物生长的奇效。于是科学家猜测,可能这种细菌能很好地适应这两个地方的环境，才导致了巨型植物的出现。这种观点听起来似乎有道理，但至于是不是事实，还有待考证。

白刺

白刺分布于我国的西北沙漠地区以及内蒙古。在那里，随处都可以看到它们的身影，不管你有没有在意，它们都始终如一地站在那里。

白刺

白刺是一种非常具有代表性的荒漠植物。它匍匐的身躯，多而密的分枝，来保护沙丘和荒坡。它的生命力极其旺盛，不怕沙土埋没，枝条被沙土掩埋之后，能够毫不费力地生出不定根和不定芽，枝端也会停止向上生长。这样沙积有多高，它就往上爬高多少。它的枝条色白，叶片很小，一簇簇的，肉嘟嘟，很是可爱。这些新鲜嫩嫩的叶片富含丰富的营养，是牛、羊、骆驼最喜爱的食物，但无奈的是白刺很吝啬，只肯一点一点地施舍给它们。其实并不是白刺小气，而是因为小枝顶端几乎都硬化成了枝刺，它们也是无能为力。白刺的花朵很小，由 5 个白色的小花瓣组成。花序呈蝎尾状聚伞状。白刺果实肉质、多汁，仅有一颗种子，叫浆果状核果。可以采摘时汁液饱满，外表呈暗红色。白刺果实吃起来，酸酸甜甜的，可入药，常用来治疗肺病和胃病；也可以作为酿酒和制醋的原材料；果核还可用来榨油。

在白刺的同族中，大白刺果实的体积最大，形如樱桃，径长15~18毫米，成熟时为暗红色，味道酸甜，口感很好，因此又称“沙漠樱桃”。大白刺果有催肥的功效，人吃了可以增肥，动物吃了也可以增肥。另外，还一种常见的小果白刺，又名西伯利亚白刺。它的分布范围极广，远及西伯利亚，在我国华北及东北沿海盐碱沙滩也能看到它的踪迹。它同白刺、大白刺主要有两点不同，一是果实很小，是大白刺果的1/2；二是，小白刺的叶片数量颇多，每簇有4~6枚，白刺、大白刺每簇有2~3枚，是白刺、大白刺的数倍。但它们都耐盐碱、耐沙埋，都是沙漠和盐碱地区重要的耐盐固沙植物。它们能积聚流沙和枯枝落叶来固定沙丘，人们称这个沙丘为白刺包。据说，白刺包固定的沙丘是最牢固，是其他植物固定的沙丘所不可比的。受遗传基因影响，白刺匍匐生长，全身的枝条都紧贴沙丘表层，根系发达，牢牢地包围着沙丘，可以同沙尘暴抗争；别的植物枝条多向上生长，容易被大风刮走。

无茎无叶的大花草

在印度尼西亚苏门答腊的热带森林里，生长着一种十分奇特的植物，它的名字叫大花草，号称世界第一大花。

大花草是一种寄生性植物，又名大王花、霸王花。它一生中只开一朵花，花朵的直径约为1米，最大的直径可达1.4米，最重可达11千克。

这些大花草的奇特不仅仅是其巨型的花朵，还因为其无根无茎无叶，且散发着刺鼻的腐臭味。

大花草专靠吸取别的植物的营养来生活，整个花就是它身体的全部了。大花草的花朵正中有一个洞，能够承起7~8千克的水。这种花有5片又大又厚的花瓣，整个花冠呈鲜红色，上面有点点白斑，每片长约30厘米，仅花瓣就有6

~7千克重,因此看上去绚丽而又壮观。人们现在还能在印尼地区的苏门答腊岛和婆罗洲发现这种寄生植物。

大花草从藤本植物上吸收来的全部营养几乎全部供应花的生长。它的种子很小,用肉眼几乎难以看清。它的种子传播也有点懒气,小种子带粘性,当大象或其他动物踩上它时,就会被带到别的地方生根、发芽,进行繁殖。

大花草的花期一般为4天,花期过后,大花草逐渐凋谢,颜色慢慢变黑,最后会变成一摊黏糊糊的黑东西。不过受过粉的雌花,会在以后的7个月渐渐形成一个腐烂的果实。灿烂的花结出了腐烂的果实,这也算是植物界的一个奇观。

"神机妙算"的"花神仙"

在我国山西省古县石壁乡三合村有棵牡丹,相传植于唐朝武则天时代。每逢春天沐雨绽放,根据其花朵便可知当年收成的好坏:花繁则丰产;花稀则歉收。年年如此,十分灵验。

无独有偶,在印度尼西亚爪哇岛的潘格兰格火山上,也生长着一种奇妙的"报警花"。每天当地火山爆发的前夕,它就开放出黄色的花朵,十分灵验。

植物演奏家

在非洲中部的扎伊尔蒙博托湖上,生长着一种水笛花,每当微风吹来时,水笛花就会随风奏出悦耳优雅的笛声。原来,这种好似荷花的花,花朵大,其基部有4个气孔,孔的内壁覆盖着一层透明的薄膜,由于风由气孔进入,振动了薄膜,就会发出悦耳的笛声。

在巴西密林中，有一种叫“莫尔纳尔蒂”的灌木，白天会发出一种徐缓的乐曲声，委婉动听。可是一到晚上，它又会发出一种呻吟啜泣声，哀怨低沉。一待东方发白，它又转而发出悦耳的乐曲声。经研究，这与阳光照射有关。

喜爱握手的花

在非洲的喀麦隆土地上，生长着一种奇妙的握手花，每当其花瓣受触动或刺激时，它便立刻紧紧收缩。

有趣的是，一旦有人用手触摸花瓣，花瓣就会握住你的手，故称“握手花”。

具有辨识能力的植物

在植物家族中，有很多成员具有辨识方向和记录时间的能力。

南部非洲大那马瓜沙漠中，有一种叫“哈斯盟特”的花，因地处赤道以南，太阳是从北方照来的，它就像向日葵一样，花朵总是向着北方，因而得名“指北花”。

而我国青海湖畔和新疆玛内斯草原上，则长着一种小圆瓣花，早晨七八点钟淡黄色；十二点是橙红色蝶形小花；晚上七八点是白色，且有茉莉花香，人们看到花的颜色就知道早、中、晚时间了。

懂得舞台特效的花

我国广西有一种被誉为“魔术花”的花。

它在每年的春季长出形如桂花的小花苞,4~5月间,每株有六七百朵花相继开放。

最奇特的是,“魔术花”在从开放到凋零的整个阶段中,就像是懂得运用舞台特效来衬托自己的花开一样,会非常有规律地喷射出一缕缕白色气体,形成直径约为3厘米的烟圈,射到高约20厘米的位置,然后散开,花朵也逐渐变为透明状。

这一奇观平均会持续40天以上,直到花完全凋谢为止。

植物界的“催眠大师”

在坦桑尼亚的坦噶尼喀山野中,生长着一种具有很强催眠作用的“木菊花”。不论是人或是动物,只要闻到它的气味儿,就会很快地进入昏迷状态;如果闻的时间长了,甚至会昏睡数天。当地人利用这一点,将它用在捕捉野兽等方面。

无独有偶,在埃塞俄比亚的支利维纳山上也生长着一种类似的植物,它就是神奇的醉草。醉草通常株高三四十厘米,在多刺的茎上长着十多片绿叶,叶面上布满了细孔。这些叶面细孔中会分泌出一种芳香扑鼻的醉人物质——烈香脑油。它虽然对人体无害,但是闻多了人便会喝醉了一般,倒地不起。

芳香四溢的“花信封”

在西印度洋的维尔京群岛上生长着一种信封树。这种树开白色大花,每朵都由18个花瓣组成。奇怪的是,这些花瓣都是双层的,活像一只只密封的小袋子。岛上居民把它晾干,剪去一边,做成一只只散发着阵阵幽香的信封。

据说,该岛的居民正在筹办一个信封公司,准备世界各地出售这种“花信封”。

朝雄暮雌的印度天南星

印度天南星是天南星科多年生草本植物,它常生长在温带和亚热带地区潮湿的林下或小溪旁。

印度天南星的植株有3种类型,即雄株、雌株和无性别的中性株。

有趣的是,这3种不同性别的植株间并不是绝对的,而是可以互相转变的。并且这种性别的转变可以发生多次,年复一年地进行,非常不可思议。

择地而居的“奔跑者”

我们常见的植物,在没有外力帮助的情况下,通常都只能在一个地方生长。但有一种树,却是择地而居的“奔跑者”,这种树是生物学家们在美国发现的,当地人称其为“苏醒树”。

“苏醒树”在水分充足的地方能够安心地生长,且非常茂盛;一旦其生存区域出现干旱或缺水的情况时,它就会把根从土中抽出来,卷成一个球体,然后随风而行。直到遇到一个“宜居”的地方,才会再次打开卷曲的根,“舒筋活骨”地将根部插入土中,开始新的生活。

藜科的草本植物猪毛草,也是一种非常典型的“跑路植物”。猪毛草通常都是成群地丛生在田野路旁、沙丘荒地或盐碱化沙质地区,且分布相当广泛。

猪毛草会在每年的八九月份开始逐渐干枯,干枯后的猪毛草非常脆弱,只要一阵风吹过,就会将其从茎基部吹断。这时候,猪毛草就会顺着秋风,带着自己成熟的种子去寻找新的栖居地。

在南美洲的沙漠上，还有一种叫作卷柏的植物有着和苏醒树、猪毛草非常相似的习性。每当干旱季节来临，卷柏就会从土中将根部抽出收起，然后将自己整个身体卷成一团，随风游走。遇到适宜其生长的环境再重新扎根。

除了苏醒树、猪毛草和卷柏，还有很多类似的跟着风儿“跑路”的植物，例如分布在亚欧各地的防风和刺藜、秘鲁的步行仙人掌等。

沉睡千年的古莲子

提起莲子，人们并不陌生，但说到古莲子，恐怕知道的人就不是那么多了。

1923年，日本学者大贺一郎在我国辽宁新金县普兰店一带进行调查时，在距今500~2000年的泥炭层中采到了一些古莲子，并培育使其发了芽。

1952年，北京植物园的科研人员在辽宁新金附近的泡子屯，一个干枯的池塘里挖掘出一些古莲子，并使这些莲子发了芽。甚至到了第3年这些古莲还开了花，结出了丰硕的果实。

1974年，科研人员又对在库房的布袋内放了22年之久的古莲子进行发芽试验，4天后，发芽率竟达到了96%。

1975年，大连自然博物馆的科技工作者在新金县孢子乡附近的灰褐色泥炭中，再一次采集到了古莲子。1985年5月初由大连市劳动公园植物园进行培育试验，经过3个月的精心培育，于同年8月中下旬开花。

1995年，美国洛杉矶加州大学研究人员，使一颗在大连普兰店莲花泡发现的，具有1200年历史的莲子发芽，该大学植物生理学家简·舍恩米勒描述说：“这颗沉睡了1000多年的莲子经过4天的培育之后，就像现代莲子一样出芽了。”

古莲子开的花与现代荷花就其植株外貌来说并没有什么大区别，但就古莲子与现代莲子本身来说，却有许多非常不同的地方。例如，古莲子个体小且轻，外表光滑黑亮，无花柱残存，含水量低、吸水率高，吸水、发芽速度快。

莲是一种古老的植物，在植物进化系统上具有很高的研究价值。人们曾把它和水杉相提并论，称之为"中国的两种绝妙植物"。

植物界的木乃伊

在十分久远的远古时代，现在的北京地区气候温暖湿润、植物繁茂、森林密布。之后随着地壳运动、火山爆发，大片森林与火山堆积物一起迅即被埋入地下。这些树体在未来得及燃烧的时候就与空气隔绝了，被埋藏在含有丰富的硅质和钙质的火山堆积物中，在漫长的历史时期里，被埋藏的树体的有机物质和矿物质发生交代作用，使这些树体变成了石质。虽然外表上还能看到木质的结构，但其内部已完全为矿物质所代替。

在北京的西山和燕山地区曾发现过不少这样的木化石。它们可说是远古时代树木遇到不测之灾后剩留的遗体。

我国迄今发现的最古老的木化石当推 1981 年在湖南澧县一带发现的巴尔兰德。这是一种不足 1 米的陆生植物，生存于距今 3.6 亿年的中泥盆纪晚期。人们也曾在捷克斯洛伐克、挪威、美国等地发现过它的踪迹。它的发现为我国古生物学的研究提供了可靠的实物证据。

我国是世界上发现木化石最早的国家。宋朝沈括的《梦溪笔谈》中就曾有过记载；《旧唐书》中有"仆谷东界有康干河，松木入水历一千年则化为石，谓之康干石"的说法。

我国也是世界上木化石最丰富的国家之一，根据现有资料，木化石的踪迹几乎遍及全国各省。

我国到目前为止，已发现有雪松、云杉、红杉、台湾杉等属树木的木化石，但它们都是裸子植物，至今，我国还未发现过一块被子植物的化石。

木化石是珍贵的历史资料，通过它可以研究地质演化历史，揭示远古时代古气候和古地理环境以及植被的原始情况。

为了研究方便，科学工作者常要把木化石磨成极薄的薄片，置于显微镜下观察，就能清晰地看到细胞完好的结构，以此来鉴定它的种类。

植物界的天然“发电机”

印度有一种奇怪的树，无论什么时候，都没有鸟类或昆虫敢在上面停留。如果有人路过，碰触到其树干或枝条，就会立即像触电一样难受。

科学家们通过用各种仪器对这种树进行测量，发现这种树有发电和蓄电的本领，而且蓄电量会随着时间的变化而变化。通常情况下，这种树在中午时候的电量最强，半夜时候的电量最弱。

令人发笑的植物

中东阿拉伯某些地区，有一种会使人发笑的植物。

这种植物上结的果实有豌豆那么大，果皮通常呈黑色。

如果贪嘴的人在不了解的情况下吃了这种果实，就会受到让人无奈的“惩罚”——大笑不止，而且这种情况可以延续半小时之久。当然了，如果懂得节制少吃一点，不但不会受到“惩罚”，反而会获得镇静的效果。当地居民常常用它来治疗牙痛。

会发光的植物

夏天，在树林里或草丛中，萤火虫飘飘逸逸地以它美丽的闪光和星星相映，这是大家都知道的生物发光现象。然而，植物也会发光，你见过吗？

若干年前，在江苏丹徒区，有很多人看见几株会发光的柳树。白天，这些在田边的腐朽树桩丝毫不引人注目，可是到了夜间，它却闪烁着神秘的、浅蓝色的荧光，即使风狂雨猛、酷暑严寒也经久不息。

这些普通的柳树怎么会发光呢？

原来，会发光的不是柳树本身，而是一种寄生在它身上的真菌——假蜜环菌的菌丝体发出来的，因为这种菌会发光，人们给它取名叫“亮菌”。这种菌在苏、浙、皖一带分布很普遍，它专找一些树桩安身，长得像棉絮一样的白色菌丝体吮吸着植物的养料，吃饱了就得意地闪着光，只因为大白天看不出来，人们对它往往是相见不相识罢了。

能“解毒”的植物

植物世界中不仅有“用毒高手”，也有“解毒者”。

我们常见的芦苇、香蒲、凤眼莲、空心苋、金鱼藻、浮萍等也都有较好的净化污水的能力。这其中有一种叫作水葱的植物，更是能够吸收多种水中的有毒物质。

如果将水葱种在含有十几种有机物的污水池塘中，那些有毒的有机物就会被它吸收掉。有人曾经做过这样的实验，在将水中的酚浓度提高到 400 毫克/升，然后将水葱种植在其中。过了一个月后，对水质进行测量，发现水中的有毒物质全部被吸收。

虽然植物体吸收有毒物质的能力很强,但值得注意的是,有些有毒物质如氰、砷、铬、汞等,它们在植物体内移动较慢,所以常常会聚集在植物的根部;而镉与硒等元素转移很快,可以从植物的根部转移到茎和叶,而且有一部分还能进入果实和种子。所以在有氰、砷、铬、汞污染的地区,绝对不能种植马铃薯、莲藕、荸荠等食用根茎的作物;在硒和镉污染地区,不要栽种食叶的菜以及食果实、种子的禾谷类作物。

植物界的“地动仪”

我们都知道许多动物都会在地震前做出异常的行为,例如青蛙会跳出池塘等。那么植物是否也会对地震做出异常反应呢?

答案是肯定的,很多植物对地震的反应甚至要比动物强烈得多。

1970 年,我国宁夏西吉发生了 5.1 级地震,在这之前的一个月,离震中 66 千米的隆德县,蒲公英于初冬季节就提前开了花。

1972 年,我国长江口区发生了 4.2 级地震,在这之前上海郊区曾出现不少山芋藤突然开花的罕见现象。

这些植物的突然开花令生物学家非常不解,直到 20 世纪 80 年代,植物学家对植物是否能预测地震进行了更深入详尽的研究,从植物细胞学的角度,观察和测定了地震前植物机体内的变化。

植物学家发现,生物体的细胞犹如一个活电池,当接触生物体非对称的两个龟极时,两电极之间会产生电位差,出现电流。在动物中,感觉神经会把兴奋送到中枢神经系统,然后通过大脑发出指令,做出相应的反应。但在植物中,没有分化出感觉器官和专门的运动器官,然而它们对外界的刺激仍可以在体内发生兴奋反应,例如含羞草被碰触后会立即收缩。

为什么地震前植物体的生物电流会剧烈变化呢?

地震前植物出现异常强大的电流,也许是因为它的根系能敏感地捕捉到地下发生的许多物理化学变化,其中包括地温、地下水、大地电位和磁场的变化,导致植物也产生各方面的相应变化。

不会长胖的竹子

竹子是一种高大的、生长迅速的禾草类植物,茎为木质。

竹子

竹子的分布很广泛,主要分布于热带、亚热带至暖温带地区,东亚、东南亚和印度洋及太平洋岛屿上分布最集中,种类也最多。全世界竹类植物约有70多属1200多种。

大多数种类的竹子都是常绿浅根性植物,对水热条件要求高,而且非常敏感,地球表面的水热分布支配着竹子的地理分布。

竹子在长到一定程度的时候,就会停止横向生长,是一种“不会长胖”的植物。

东南亚位于热带和南亚热带,又受太平洋和印度洋季风汇集的影响,雨量充沛,热量稳定,是竹子生长理想的生态环境,也是世界竹子分布的中心。

竹子常和其他树种一起组成混交林,而且处于主林层之下,过去很少受人重视。当上层林木砍伐后,竹子以生长快、繁殖力强的特点很快恢复成次生竹林。竹子用途不断扩大,经济价值高,人们植竹造林,形成人工林。次生竹林和人工竹林,又以它强大的地下茎向四周蔓延扩大。

“竹”文化在中国有着悠久的历史。竹枝杆挺拔、修长,四季青翠,凌霜傲雨,倍受中国人民喜爱,有“梅兰竹菊”四君子之一、“梅松竹”岁寒三友之一等美称。中国古今文人墨客,嗜竹咏竹者众多。

第二十章　趣味无穷的植物世界

你知道这些植物的老家吗

西瓜:原产非洲南部,五代时,由中亚经“丝绸之路”传入我国。

葡萄:原产于欧洲、西亚和北非一带,汉朝张骞通西域时将其带回中原。

草莓:原产南美洲,14 世纪南美人就已开始栽培。近代由俄国引入种植。

石榴:原产波斯一带,我国汉朝引入种植,在晋代开始广泛种植。

核桃:亦称胡桃,原产西亚、南欧一带,传入我国的时间和石榴相近。

辣椒:原产南美洲,明朝时传入我国。最初叫“番椒”,后改为“辣椒”。

胡萝卜:原产北欧,元代由波斯传入我国云南。

番茄:俗称“西红柿”,原产南美洲的秘鲁,当地人称之为“狼桃”。18 世纪末传入我国,最初供观赏用,19 世纪中期才开始作为蔬菜栽培。

黄瓜:原产印度,晋代传入我国,初称“胡瓜”,至唐代改名为“黄瓜”。

菠菜:原产尼泊尔,唐初传入我国,最初叫“菠棱菜”,后简称为“菠菜”。

芫荽:又称“香菜”,原产地中海沿岸,在汉代经“丝绸之路”传入我国。

莴苣:又叫“莴笋”,原产于地中海沿岸,唐初传入我国。

玉米:亦称苞谷、玉麦、玉蜀黍、棒子、珍珠米等。原产美洲,哥伦布发现新大陆后才传到其他国家。明朝中期传入我国。

甘薯:原产美洲的墨西哥、哥伦比亚一带。哥伦布发现新大陆后,逐渐传播到其他各国，明朝中期，由菲律宾传入我国。

你知道这些植物的“化学武器”吗

紫云英：依仗自己的叶子上丰富的硒去杀伤周围的植物。下雨天气是它杀伤其他植物的有利时机，硒被雨水冲刷、溶解流入土中，毒死与它共同生长的植物，成为小小的一霸。

紫云英

小叶榆：其分泌物对于葡萄是一种严重的威胁。如果榆树离葡萄很近，葡萄的叶子就会干枯凋萎，果实也结得稀稀拉拉，严重的甚至会死亡。

桃树：叶子会分泌一种“核桃醌”的化学物质，核桃醌偷偷地随雨水流进土壤，如果周围种了苹果树，这种物质对苹果树的根起破坏作用，引起细胞质壁分离，这样，苹果树的根就死了。

植物根部的分泌物，常常又是消灭田间杂草的有力“武器”，如小麦可以强烈地抑制田堇菜的生长；燕麦对狗尾草的生长也有抑制作用；大麻对许多杂草都有抑制作用。

植物也有血型

我们都知道,动物是有血型的。那植物有没有血型呢?

植物的确是有血型的。1983 年,有个日本妇女夜间在卧室里突然死去,警察赶到现场,无法确定是自杀还是他杀,便化验血迹。结果,死者的血型是 O 型,而枕头上的血迹却是 AB 型。由此看来,似乎是他杀,但是,警察却一直没有找到凶手作案的其他证据。这时,有人提出:这 AB 型是否同枕心中的荞麦皮有关系?法医山本打开枕套,取出里面的荞麦皮作了化验,意想不到的事情发生了,荞麦皮的“血型”果然是 AB 型的。这个结果立刻引起了人们的极大兴趣。

山本扩大实验范围,研究了 500 多种植物的果实和种子,结果发现植物也有各种各样的血型。他发现苹果、草莓、南瓜、萝卜等 60 种植物的血型是 O 型;珊瑚树、罗汉松等 24 种植物的血型是 B 型;李子、金银花、荞麦等是 AB 型;只是没有找到血型为 A 型的植物。

植物晚上也要睡觉

植物和动物不一样,它们不会运动。但是,植物也是需要休息,需要睡觉的。

高大的合欢树上有许多羽状的叶子,当太阳出来的时候,它们就舒展开来了;夜幕降临时,叶子又会成对地折合。植物的叶子昼开夜合,其实就是植物睡眠的外在表现。

美丽的花朵也需要睡觉。每当旭日东升的时候,睡莲那美丽的花瓣会慢慢舒展开来,用笑脸迎接新的一天;而当夕阳西下时,它便收拢花瓣,进入甜蜜的梦乡,因而人们便称它“睡莲”。

为什么植物晚上要睡觉呢?这是植物为了保护自己,适应周围环境的一种正常反应。植物的叶子在夜间闭合,就可以减少热的散失和水分的蒸发,因而具有保温和保湿的作用。夜间的气温比白天低得多,睡莲的花在晚上闭合,可以防止娇嫩的花蕊不被冻坏。所以,植物晚上睡觉也是进化过程中自然选择的结果。

音乐能促进植物生长

十多年来,国内外许多科学家对音乐促进植物成长做了大量实验,答案是肯定的。我国科学家在实验时发现,苹果树筛管中的有机养料输送速度平时每小时只有几厘米,而在钢琴声的影响下,每小时可以输送 1 米以上。美国农业科学家还发现,利用音乐可以帮助温室里的植物授粉。原因在于音乐能使空气有节奏地流动,花粉随着空气的流动而飘落,这种授粉法称为“音媒授粉法”。

为什么音乐能促进植物成长呢?这是因为有节奏的声波——音乐,对植物细胞产生的机械刺激,能使细胞内的养料受到振荡而分解,从而更好地输送,加速细胞的分裂,这样就助长了植物的生长发育。

植物的运动

说到运动,人们总认为只有人和动物才能运动。其实,植物也会运动,只不过运动得不明显,不易被察觉罢了。据科研人员研究发现,一些植物能做以下几方面的运动:

植物有向光性运动。如果在室内窗前摆几盆花或是刚长出来的小苗，我们便会发现，这些花都向窗外生长。

植物有向地性运动。例如，根总是向地下生长，这叫正向地性；茎总是向上生长，这叫负向地性。

植物有向化性运动。如果在盆中、花坛中施肥或浇水不均匀，那么肥多的地方根就多，较湿润的地方根也多，这是根对化学物质的反应。

植物有感性运动。例如含羞草，只要有人用手一动它的小叶，叶片立刻合拢；如果刺激大些，那么全株的小叶都会合起来，连叶柄都会下垂，这就是感震性运动。

植物还有一种感夜运动。如合欢等豆科植物，白天叶子张开，充分接收太阳光进行光合作用，而到了夜晚，叶柄下垂，叶子合拢在一起。这是由于光强度的变化而引起的运动。这种昼开夜合的运动还告诉人们：花卉在健壮地生长。

海拔越高植物长得越矮

你注意过没有，爬山的时候，人越往山上走，植物就越矮。山脚下还是林木挺拔茂盛，可到了高山顶上，植物却变得很矮，有的呈莲座状。你知道这是为什么吗？

根据植物学理论，植物的生长除了与本身有关外，与周围的环境也有很大的关系。尤其是阳光的照射对植物的生长有很大的影响。太阳光中的紫外线虽然大部分被臭氧层吸收了，但还有一少部分到达地面，特别是在高山上，紫外线还是比较强的。由于紫外线能抑制植物茎的伸长，所以很多高山植物比较矮。

其次，山顶海拔比较高，气温也随海拔升高而降低。由于低温不利于植物生长发育，而植物比较矮有利于保温；高山土壤比较疏松，地势比较陡，土壤中的营养物质容易被雨水冲走，土壤比较贫瘠，植物由于得不到充足的养分，从而影响了生长发育；此外，高山上风特别大，为了防止被风吹倒，植物的茎也会向缩短的趋势发展。

高山植物是指生长在高海拔处的植物吗

高山植物是指分布在高海拔的高山和平原上、适应高寒环境的植物。例如分布于中国云南西部和西藏雪山的雪莲、贝母等。高山植物的花大都色彩鲜艳，惹人注目，难怪世界各国的人们对其另眼相看。

高山植物并非生来就喜欢恶劣的环境，只是由于它们耐低温，抗强风，才得以生长在其他植物无法生存的地方。

正是由于具有上述特性，高山植物在平地便处于劣势，越是环境优越的地方，它越是不如其他植物茁壮。可见，气候条件要比海拔高度更为重要。例如日本的某种高山植物，在本州中部多见于海拔2500米以上的高山上，在东北地方则生长在海拔2000米处，而在北海道或千岛群岛却又偶见于海岸附近。

热带地区的植物颜色鲜艳

热带地区的植物的确比温带、寒带地区的植物颜色鲜艳，这到底是为什么呢？目前还不十分清楚。

以前有不少似乎合乎道理的说法。例如，有的说是热带地区紫外线多；有的说是热带地区温度高。但经过仔细调查，其理由都不十分充分。

即使以上所说是有道理的，但还是不知道为什么在那种情况下颜色就鲜艳。

热带地区的植物颜色鲜艳恐怕是多种原因造成的,把它简单地归结成一两种原因是很勉强的。

本来,颜色鲜艳的生物容易被敌人发觉,因此有许多生物尽量使自身的颜色平淡,以保护自己免遭敌害。但是,不知为什么热带地区却有那么多鲜艳夺目的生物。

对于我们司空见惯的生物,还有许多弄不懂的问题,有待于我们去探索、研究。

会螫人的植物

大家都知道蜜蜂、大马蜂、蝎子等,它们螫人的武器是尾部的针刺和毒囊。但是你是否知道,有些植物也会螫人。荨麻、大蝎子草等草本植物以及台湾的咬人狗、海南的火麻树等,这类植物的茎叶都具有尖利的刺毛,刺毛触及人或牲畜的皮肤,十分痛痒难受,有的甚至会引起儿童或幼畜的死亡。

为什么这些螫人的植物的刺毛会那么厉害?原来,它们既有针刺,也有分泌毒液的机关。这些植物利用这些手段来抵御大自然的逆境,或阻止动物的伤害。

蝎子草把毒素和刺毛这两种防御武器相结合,产生了更为有效的自身防护。蝎子草叶子上有许多刺毛,谁要侵害它,它就毫不客气地戳入“入侵者”体内,同时注入蚁酸、醋酸、酪酸等混合毒液,使“入侵者”疼痛难忍。

我国有多种会螫人的植物,人们要特别留神,千万别被它们伤害了。万一被蜇伤,那得赶快用肥皂水冲洗或在伤处涂抹碳酸氢钠溶液。如果皮肤痛痒被抓破,可用浓茶或鞣酸湿敷伤口,以防止感染。

水生植物的根茎不易腐烂

我们知道,一般植物浇水过多或排水不良,都会造成根茎腐烂。可水生植物总泡在水里,它的根茎为什么不会腐烂呢?

根茎腐烂的原因不在于水的多少,而在于能否得到足够的氧气。水中的氧和氮是很少的,满足不了一般植物的需要。而在大量浇水以后,水里的氧气还要被土壤中的微生物吸收一部分。当土壤里没有了氧气以后,土壤里的微生物会变得非常活跃,能制造出对植物有害的硫化氢等无机化合物,而且植物的根茎上也会滋生病原菌。因此,植物的根茎就烂了。而水生植物适应了水中生活,它的根茎能够吸收水中的氧气,即使在氧气很少的情况下,也能进行正常的呼吸,所以根茎就不易腐烂了。

大多数植物在白天开花

大多数植物的花,都是在太阳出来以后才开放的,在傍晚或夜间开花的只是少数。清晨,在阳光下,花的表皮细胞内的膨胀压加大,上表皮细胞(花瓣内侧)又比下表皮细胞(花瓣外侧)生长快,于是花瓣就向外弯曲,花朵就开放了。经过一天的风吹日晒,植株的蒸腾量加大,花朵表皮细胞内的水分丧失很多,花由于膨胀压的降低而萎谢。夜间,由于气温降低,湿度增大,植物从根部吸收的水分使花表皮细胞内的膨胀压恢复,植物在第二天继续开花。

在白天的阳光下,花瓣内的芳香油易于挥发,能吸引许多昆虫前来采蜜,为它们传粉,有利于植物的结籽和传宗接代。白天开花的植物,主要是依靠蜜蜂和蝴蝶进行传粉的。蜜蜂"上工"最早,那些靠蜜蜂传粉的花便先敞开花朵来欢迎它们，如唇形科的一串红和玄参科的金鱼草等；蝴蝶要到上午九十点钟才翩翩起舞，依靠蝴蝶传粉的花便在九十点钟以后开放。

所以，植物在白天开花，是长期适应外界生活环境而形成的一种遗传特性。

植物的花为什么那样绚丽多彩

植物的花主要有白、黄、红、蓝、紫、绿、橙、褐八种颜色，如果加上它们相间、混合的颜色，那就会有千百万种。

花有这么多颜色，主要是由于花瓣里含有花青素、类胡萝卜素等色素和黄酮化合物。花青素在酸性条件下，呈现红颜色，酸性越强，颜色越红；在碱性条件下，它呈现蓝色，碱性较强时，则变成蓝黑色；在中性条件下，它呈现紫色。类胡萝卜素有的呈黄色（如黄玫瑰），有的呈橘红色（如金盏花），有的呈红色（如郁金香）。白花的花瓣中不含任何色素，但白花瓣的细胞之间有许多气泡，可以把各种光波反射出来，所以呈白色。绿花里含叶绿素，如绿荷。事实上，一种花表现出来的颜色，往往是多种色素共同作用的结果，就像在调色板上调色一样。此外，天气、温度等的变化，对花的颜色变化也有一定影响。

花粉传播谁为媒

在有花植物中，约80%的植物都是靠昆虫来联姻的。这些植物由于长期适应昆虫授粉，各自都有一套独特的本领和设备。例如有色彩艳丽的花冠，芳香四溢的气味，以及甘甜味美的花蜜。花蜜含有多种糖类、氨基酸和少量矿物质等，营养极为丰富，也是昆虫最喜爱的食品。昆虫访花是为了吸取花蜜和采集花粉，它们要探身钻到花的里面。这样，大量的花粉便黏附在昆虫身上，从一朵花带到另一朵花的柱头上，达到了传授花粉的目的。

有些植物的花粉是靠风来帮助传授的。这些风媒植物的花很不显眼，既无艳丽的花被，又无甘甜的花蜜，只有靠产生大量的花粉，如一株玉米的雄花序可产生5000万粒花粉。另外，这类花粉的身体轻盈，表面光滑，有的长有两个气囊，随风飘游到很远的地方，例如松树花粉可飞越600多千米。

许多生长在水中的有花植物，它们只得靠水来帮助授粉了。例如水鳖科的芳草和黑藻，是雌雄异株的植物。通常雌株长有一个长长的花柄，把雌花托出水面；雄花一旦成熟，从花柄脱落，花粉依附在花的碎片上，浮在水面，四处漂流，如遇雌花，随即授粉。

有些植物依靠鸟类或某些哺乳动物作为传递花粉的媒介，在澳大利亚、南美洲、中美洲及爪哇等地常可见到。例如蜂鸟，它在采集蜜囊花的蜜汁时，长长的嘴甚至整个身子都会钻进花里。在自然界中，还有蝙蝠、松鼠、老鼠，甚至猿猴，都能为花的联姻起到牵线搭桥的作用。

为什么虫媒花有鲜艳的花被

我们知道，被子植物开花结果产生后代，都必须经过授粉过程。靠昆虫授粉的花，叫虫媒花。

常见的菊花、蔷薇花、南瓜花等，都是虫媒花，虫媒花一般花都较大，花被发达，有美丽的颜色，花瓣里含有油细胞，能制造出芳香油来，散发阵阵香味，花中有蜜腺能分泌甜美的蜜汁。虫媒花的花粉一般体积较大，表面粗糙，具有黏性，容易粘在昆虫身上。

自然界中白、黄、红三种颜色的花最多，并且都具有香味。各种颜色花瓣，配上绿色叶子，更加绚丽多彩，惹人注目，容易被昆虫发现，难怪花前蜂飞蝶舞。

昆虫采蜜授粉，有一种特殊习性，就是经常采同一种植物的花朵，这种习性有利于保证同种植物间的授粉和繁殖后代。昆虫授粉经济可靠,比风要好得多。若把花粉交给风去传播,花粉落在何处,就只好听天由命了。

由于昆虫种类习性不同,采花的种类也不一样,这样在花与昆虫的相互合作,相互适应,相互选择的过程中,虫媒花便形成如今的多姿多彩和种类繁多的样子。例如,金鱼草的花,它为假面状花冠,上下唇在一处紧密闭合,蜜腺和雌蕊雄蕊都闭锁在花筒里。这样的结构,如果昆虫太小,就不能踏开下唇,进入花内;如果昆虫太大,虽然能踏开下唇,但进不到花筒里面。所以它平时总是闭合着,等到为它传粉的小蜂到来,才能踏开下唇,进入花筒,为它传粉。真是"天作之合"!

为什么风媒花没有鲜艳的花被

植物的花靠风来传授花粉,叫风媒花。

风媒花一般是小型的,既无鲜艳的花被,也没有醉人的清香,花冠退化甚至完全消失。它们的雄蕊有较大的花药和细长的花丝。花丝把花粉送到花的外面,雌蕊的柱头呈羽毛状,也伸在花的外面。这样的结构有利于传粉和授粉。风媒花的花粉又轻又小又多,但成功率却非常低。

花粉靠风传播浪费惊人,有人研究过,两朵相距 2.5 千米的花,借风力授粉,平均 1440 粒花粉中,只有一粒能传到雌花的柱头上。

风媒传粉不如虫媒传粉经济可靠。但风媒植物不用生长鲜艳的大花、花蜜和香味来招引昆虫和充作昆虫食物,节省下来的养料可以弥补因生产过多花粉所造成的损失。

在风力帮助下,风媒花的花粉像云雾一样可以带到几十千米甚至几百千米的地方,使相隔很远的同种个体有了异花受精的充分机会,因而能产生充满活力和适应力强的后代。风媒植物约占有花植物种类的 1/5,证明这种繁殖方式

人能通过观察树干辨别方向

植物生长需要阳光、水和养料三大条件。阳光对植物的生长是很重要的，而且就一株植物来说，也是受光照多的部位(一般为南侧)要比受光照少的部位长得繁茂。

在植物茎内有纵向的管子，名叫维管束。植物体内的水分、养料等就是通过维管束输送到各部分去的。在植物长得茂盛的一侧，维管束能更多地输送养分，所以，植物的茎也往往是向阳的这一面较粗。不过，这种差别是很有限的，不会比其他地方粗几倍。

树的种类不同，树干南侧粗的程度也会大不相同。我们要通过树干辨别方向，需要有一定的经验才行。

你仔细看一下树墩子上的年轮，就会发现南侧比其他部位的年轮厚。

玉米穗上的怪现象

我们在收获玉米时往往会发现，有的玉米棒子顶端光秃秃的，有的棒子上缺行少粒，这是怎样造成的呢?

原来玉米是一种异花传粉的作物，依靠风来传送花粉。只有由风力将顶穗上雄花的花粉传送到雌穗雌花的柱头上，才能受精结实。可是，当玉米正在开花的时候，遇到特殊的不良气候条件：如遇上大风天气，把花粉吹走，落不到雌花的柱头上；或者遇到阴雨连绵的天气，雄花不能正常散粉，即使能散粉，花粉常常黏结成块或因吸水膨胀而破裂，失去生命力；有时因天气干旱高温，雄花开花较早，而雌花开花较迟，尤其是玉米秆上生出的第二或第三个雌穗，由于生出较晚,常常出现雌雄花开花时间不遇的情况。由于以上种种原因,雌穗很难得到充足的花粉,使一些雌花不能受精,结不出果实,因此造成秃顶、少行或缺粒的现象。不管玉米棒子是长还是短、是粗还是细,不管是黄粒的还是白粒的,只要你数一数上面的子粒行数,就会发现子粒行数总是双数的。这是怎么回事呢?

原来,玉米棒子本身是一个大花穗,上面不是直接长出小花,而是长满了许许多多小穗,小穗中才生有小花。我们见到的长长的玉米"胡子",就是玉米小花的花柱,花粉落在它上面,小花才能受精结实。在玉米大花穗上总是成双成对地生出小穗,并且左右平行排列,绝不会上下排列。每个小穗中都生有两朵小花,而在发育过程中,其中一朵小花退化,只有一朵小花发育良好,最后结出子粒。这样由于小穗成对,结出的子粒也就是成对的,所以玉米棒子上的子粒行数总是双数的。你若不信,有机会的时候可以亲自数一数子粒行数是不是双数。

在同一个玉米棒子上会有几种不同颜色的子粒,有白色的、淡黄色的、金黄色的、红色的,甚至有紫色的。这是什么原因造成的呢?

原来玉米的老家在南美洲,由于它的产量高、适应性广,很快世界各地的人们都纷纷进行栽培。而各地的环境条件不同,栽培方法也不相同,在漫长的时间里就形成了很多不同的品种。各个品种的子粒不仅形态、大小、品质不同,而且颜色也不尽相同。白色的和黄色的品种最多,但也有少数是红色的或紫色的。各个品种的玉米之间是可以互相杂交的。

玉米是异花传粉植物,主要依靠风传送花粉。风可以把顶穗上雄花的花粉传到本株雌花的柱头上,也可以传到其他植株雌花的柱头上。在自然条件下,不同品种玉米的花粉,随风在空中飘散,所以很容易相互间进行杂交而产生不同颜色的子粒。例如,在白玉米附近种有黄玉米,二者很容易各自都产生出黄白相间的玉米来。

向日葵大花不结子

向日葵是一种油料作物，种仁榨出的油叫葵花子油，是一种优良的食用油。果实叫葵花子，是多数人都很喜欢的一种小食品。

向日葵

向日葵有一个美丽的黄色大花盘。大花盘不是一朵花，它是由许许多多小花组成的一个大花序。花序上生有两种小花，一种花生在花序外轮，花瓣5枚连合成舌状，好似一片大花瓣，实际上它是一朵舌状花，因为生在花序边缘，又叫边花；另一种花生在花序中央，花瓣也是5枚，连合成筒状，叫作筒状花，因为生在花序中央，又叫盘花。盘花中既有雌蕊，又有雄蕊，是一种两性花，向日葵的果实都是这些两性的盘花结出来的。而向日葵大而美丽的黄色舌状花（边花），既没有雌蕊，也没有雄蕊，根本不能结子。大而鲜艳的边花虽然不结子，却起着招引昆虫的重要作用,没有它盘花就不能很好地受粉。在一个花序中花有分工的现象是植物在进化过程中形成的,它有利于向日葵后代的繁衍。

向日葵的大花盘上长有上千朵小花,每朵小花结一颗子。所以在成熟后,花盘上满是密密麻麻的葵花子。但是总会有些是秕子,这是为什么呢?

原来向日葵是一种异花传粉植物,依靠昆虫或微风为它传送花粉。可是,如果在开花的时候遇到连阴雨或大风天气,或者昆虫很少出没,有一些小花就不能受粉,因而也就不能结子。另外,向日葵的小花开花时间有早有晚,靠近花盘边缘的花先开,然后逐渐向中央开。靠近边缘的小花已经结子,而靠近中央的一些小花还没来得及受粉,或者已经受粉而果实还没来得及发育,但由于季节关系,植株已停止生长,这样就造成向日葵出现秕子。

为了减少秕子,获得好收成,可以用人工的方法帮助向日葵传送花粉,即进行人工授粉。

假叶树的叶是枝

假叶树是百合科的一种常绿灌木,高 40~80 厘米,原产于欧洲,后我国引种栽培以供观赏。

假叶树的形态在植物界是比较特殊的,一般人都把它那绿色扁平而宽阔的部分误认为是它的叶子。从形态上看确实像叶子,而实际上不是,它是一种假象。这是为什么呢?

在自然界中,一些植物由于长期适应某一种特殊自然环境,而使自身的部分器官在形态和功能上发生改变,以利于生存、延续种族,这在植物学上叫作器官的变态。

假叶树的老家气候干燥炎热,宽大而薄的叶片容易受到伤害,同时会加大蒸腾作用,对它的生存不利。为了减少水分损失,叶片退化成鳞片状,而叶腋的分枝扁化成叶状，代行叶的功能。这种扁化的枝条叫作叶状枝，形态像叶，实际上是枝条的变态，所以是一种“假叶”。

我们知道，由叶腋只能长出枝条或者是花，而绝不能再长出叶，同时，花只能长在枝条上，绝不会长在叶上。而假叶树的花却长在“假叶”上，这也充分说明假叶树的叶是假的。

不怕淹的植物

很多植物都怕水淹，那是因为植物在生长过程中每时每刻都在不停地进行呼吸。被水淹以后，由于长时间缺乏氧气，植物就会因窒息而死。而荷花则是例外。

荷花又叫莲花，是一种多年生的水生植物，根状茎（俗称藕）生在淤泥里，横向生长，节间膨大，节部缢缩，由节上向下生出不定根，向上生出叶，漂浮水面或伸出水面。6~8月间，由节上伸出花茎，开出大而美丽的花。荷花的根状茎埋在淤泥里与空气隔绝，为什么淹不死呢？

荷花在长期的水生环境中产生了适应水生环境的特殊结构。藕内、叶柄内产生了许多孔洞，藕和叶柄的孔洞相连，形成了空气的通道系统。同时，在叶肉内有许多间隙与叶的气孔相通，通过叶片的气孔与大气进行气体交换，使深埋在淤泥中的藕通过叶面呼吸新鲜空气。而且叶面上的气孔多生在上表皮，并且叶上覆盖有蜡质，使水不能沾湿它，气孔不会被水堵塞，保证了空气的上下流通。由于以上原因荷花能在水中正常地生长发育、开花结果，而不会被水淹死。

水稻也是水生植物，它的祖先就生长在沼泽地带。那么是不是水稻也不怕水淹呢？

水稻在早期生长阶段是不怕水的。但是水也不能太深，并且要浅水勤灌逐步加深。如果苗期就用大水漫灌，也容易造成烂秧。分蘖期以后一般要采取间歇灌溉,使稻田里有时有水有时没有水,千万不能长期淹水。在进入抽穗灌浆期后,更应该保证稻田在一定的时间内是没水的,甚至还应该有一段晒田时期。这样才能使稻根扎得更深,植株长得更牢,茎秆更结实,谷粒更饱满。如果在这时长期淹水,就很容易引起早衰、烂根、倒伏,最终导致减产。所以说水稻也是怕水淹的。为了既保证水稻对水的需要,又避免水稻受淹时间过长,就必须适时地对稻田里的水进行合理调剂。

水稻也有听觉

植物对光有反应,光影响着它们如何最有效地生长和生存;植物也有触觉,刮风时会变硬;它们对营养物质有"味觉"。但是,它们对声音如何反应的呢?韩国水原市农业生物技术学院的科学家发现,水稻的两种基因对声波有反应。据他们说,一种声音敏感基因的启动子可以接在其他基因上,使这些基因也对声音做出反应。

这项研究成果出台之前存在大量类似但未经证实的说法。如果韩国研究人员是对的,他们的发现就可以使农民通过向田里播放高音喇叭来关闭或打开特定的作物基因,比如开花基因。这或许比原来提出的其他技术(例如用化学物质激活基因)便宜也环保。

韩国研究人员让水稻植株"听声音",同时观察其基因活动水平,这样才发现声音反应基因。起初,他们给植株播放 14 首古典作品,包括贝多芬的《月光奏鸣曲》等,同时监测各种基因表现的区别。但是,他们发现,植株只在播放特定频率的声音时才有反应。

基因 rbcS 和 Aid 在 125 赫兹和 250 赫兹的声波下较为活跃,对 50 赫兹的声波反应不太活跃。人们知道,这两种基因都对光有反应,研究人员又在黑暗中重复这项试验。结果发现,两种基因仍然对声音有反应。他们在《分子育种》杂志上撰文称："这些结果表明，声音可能是代替光线的另一种基因调节器。"

研究人员还想看看 Aid 基因的启动子能否自己对声音发生反应。他们把启动子接在 p 葡糖苷酸酶上，把结合体注入水稻基因组，让这些水稻接触不同频率的声音，他们就能控制 p 葡糖苷酸酶的表现。也就是说，Aid 启动子基因对声音敏感，可以"贴"在任何基因上，使它也对声音敏感。

树剥皮与树开甲

树皮被大面积剥掉以后，往往会导致整棵树木的死亡，因此，就有了"树怕剥皮"之说。为什么把树皮剥掉，树木会死亡呢？

我们将树干横断开，用肉眼可以分出里面大部分是木质部分，称为木质部。木质部以外，就是我们所说的树皮。树皮的最里面是一层具有分裂能力的细胞，叫形成层，用肉眼分不清楚。形成层外面是具有运输有机物能力的组织，叫韧皮部。它将树叶制造的有机物，运往树枝、树干和根部。树皮被剥掉后，等于切断了树木的运输线，树叶下面的树干和根部得不到"食物"，就会被"饿死"。因此，整个树木也随之死亡。

杜仲、合欢、黄檗、厚朴、桂皮等树皮，具有较高的经济价值。过去对一些树皮的采割，常用伐木取皮的方法。这是一种杀鸡取卵的方法，严重影响着以后的植物资源。近些年来，我国果农对苹果、梨树进行环剥用以增产，并未发现损害植株。在其他一些树上进行大面积环剥试验，发现仍可正常地再生出新树皮，但必须掌握适当时期，运用恰当的方法。

"开甲"就是对树干进行环状剥皮。"开甲"这种技术措施在我国已沿用两千多年，方法简单，增产效果明显。为什么将枣树的树皮剥去一圈后，能使枣树增产呢？这主要是由于"开甲"切断了叶子制造的有机物向下运输的通道，使大量的有机养分积累在切口的上方，集中用于开花结果，从而提高坐果率和产量，一般可增产50%以上。

枣树“开甲”要在盛花期，选择天气晴朗的时候进行。初次“开甲”的枣树，在距离地面20~30厘米处，环剥宽度3~5毫米。壮树可稍宽，但最宽不能超过6毫米。环剥后要保护好甲口，以防病虫危害和水分蒸发。以后每年向上间隔3~5厘米再进行环剥。

环剥在一定程度上会削弱树势。所以，必须与施肥、浇水、修剪等措施结合起来，才能收到良好的效果。连年“开甲”的枣树，如果出现生产量减少、叶色变黄等现象时应“停甲养树”，待树势恢复之后再继续“开甲”。

空心老树仍能活

我们在游览山川、古寺的时候，常常可以看到有些空心老树还活着，这是为什么呢？要弄清这个问题，首先要了解树干的结构和组成树干各部分的功能。

将树干横断开，从里往外看，中央最硬的木质部分叫木质部，占了树干的绝大部分。紧贴木质部的外面是几层具有分裂能力的扁平细胞，叫形成层，形成层的外面叫韧皮部，形成层和韧皮部是我们常说的树皮里面的两部分。

由于形成层细胞具有分裂能力，向里产生木质部，向外形成韧皮部，使树干年年加粗。木质部的细胞上下连通成管状，将根吸收来的水分和无机盐运输到枝叶中去。韧皮部细胞将叶片制造的有机物运送到茎和根中去。

由于树干年年增粗，树干中间的木质部就逐渐死去。当树干上出现伤疤或裂缝时，有些细菌和真菌就趁机钻了进去以树心为养料，天长日久将树心吃空。树心虽然空了，空的部分只是木质部的心材部分，木质部的边材部分还是好的，照常具有运输的功能，还能不断地将水分和无机盐运送到枝叶上去。因此，空心老树仍能正常生长发育。

海带使人延年益寿

研究表明,食物或生活方式是某些高危疾病发病的主要原因,例如多吃肉或脂肪可引起心脏病。但有趣的是,生活在日本西南部海域冲绳岛的居民虽然猪肉的消费量很高,然而心脏病的发病率却很低,这些人的寿命也比较长。原因是什么呢?科学家通过研究认为,这是因为冲绳岛的居民在吃猪肉的同时,也吃了很多海带,是海带使人健康长寿。那么,食用海带究竟为什么可以给人体健康带来好处呢?

海带

人们很早就发现吃海带可以防治甲状腺肿,这主要是因为海带中含有较多的碘。海带中碘的含量一般约在干重的3.2%至4.9%左右,要比陆生植物的含碘量高得多。要知道,每升海水中只含有35微克左右的碘,也就是说,海带的碘含量比海水约高出100000倍左右。海带为什么能从海水中富集这么多的碘呢?

经研究发现,海带对碘的吸收是代谢性积累。碘一旦吸入藻体就不再排出，海带的呼吸作用越强，对碘的吸收速率越快。因此，海带可以持续不断地从海水中吸收碘。由于海水不停地流动，自由交换，因而海水中碘含量可以保持一定的动态平衡，这样就为海带以一定的速率富集碘提供了可能性。实验和计算的结果表明，人工养殖的海带在7个月左右的海面养殖过程中基本上是以一定的速率不断从海水中富集碘的，这就是海带含有大量碘的原因。

一般人都知道，海带富含碘，可治疗和预防地方性甲状腺肿，还有降低胆固醇和血压以及抗癌等疗效。除此之外，近些年科学家还发现海带有免疫调节作用。研究人员在用小鼠进行的离体实验中证实，用热水从海带中提取出的一种多糖，可大大增强小鼠免疫细胞的功能活性。这也是海带能使人益寿延年的主要原因。

植物出汗

在夏天的清晨，我们到野外或公园等地散步的时候，会看到在花草树木的叶子上挂着一颗颗亮晶晶的水珠。你可能认为这是露水，实际上不是。露水是布满整个叶子的表面的，而水珠只挂在叶尖或边缘上说明这水珠是从叶子里跑出来的，在植物学上叫作“吐水现象”。

原来在植物叶子的尖端和边缘上有小孔，叫水孔，它与植物体内运送水分的管道相通。植物体内水分过多时，可以通过水孔排出去。平时在空气湿度低、气温高、有风的夜晚，从水孔排出的水分很快就蒸发掉了，因此看不到叶尖和叶缘有水珠积聚起来。但是，如果夜晚没有风、气温和湿度都高的时候，高温使根部吸水旺盛，而湿度过高抑制了水分从气孔中及时蒸发出去，水分只好直接从水孔中流出来，这就是植物为什么也会“出汗”的原因。植物的“吐水现象”说明植物的根系生命活动比较旺盛。如水稻秧苗有“吐水现象”时，说明秧苗已经开始回青了。

植物也会运动

一提起运动,人们会自然想到动物的运动。植物并不能像动物那样移动整体位置,但它们的根、茎、叶等器官可以产生位置移动,这就是植物的运动。高等植物的运动主要是由于生长引起的,如根尖的回头、茎尖的回旋,都是由于不同部分生长快慢不同而产生的。由于外界因素如光照、水分、化学物质等的单方向刺激引起植物向着一定方向生长的特性,叫作植物的向性运动。

根据外界因素的不同,向性运动可分为向光性、向地性、向肥性、向水性等。

植物随着光的方向而弯曲的能力,叫作向光性。向光性对植物的生长具有重要意义。由于叶片具有向光性,所以叶片能尽量处于最适宜利用光能的位置。向肥性是由于植物周围某些化学物质分布不均引起的,例如,根总是朝着肥料多的地方生长。向水性是当土壤中水分分布不均时根趋向较湿的地方生长的特性。另外,根总是向地生长,叫向地性;茎总是背着地生长,叫负向地性等。这些都是植物的向性运动。

千年古莲能开花

20 世纪 50 年代,在我国辽宁省挖出了唐朝和宋朝留在泥炭层中的古莲子,它们在地层中已经“沉睡”了 1000 多年了。看着这些保存完好的古莲子,科学家们在想:它们还能像现在的种子那样发芽吗?为了证实这个问题,科学家们将古莲子放在水里浸泡了 20 个月,又用锥子在古莲子的外壳上钻上小孔,放在适宜的条件下培养,古莲子居然发芽了。科学家们又把古莲子种在土壤里,经过几年的精心照料,古莲子奇迹般地开出了粉红色的荷花。

我们知道,植物的种子都是有生命的,有的种子寿命很长,有的种子寿命很短。短命的梭梭树的种子只能存活几个小时,能活15年以上的植物种子就算是长命种子了。为什么千年的古莲子的寿命会这么长呢?那是因为它们一直被埋在泥炭土中,地下温度较低、四季变化不大的缘故,再加上它们的外面包着坚硬、密闭的壳,水分和空气都不易进入,种子的呼吸极其缓慢,使种子长期处于休眠状态,所以古莲子的寿命就特别长了。

寿命比较长的种子一般都有休眠的特性,很多植物都有休眠现象。只是各种植物的休眠时间长短是不同的,有的需要几周,有的需要二三年,有的需要更长时间。种子休眠对种子有什么好处呢?

种子休眠是温带植物种子所特有的现象。生长在温带的植物,如果种子在秋季成熟以后就落入土壤,很快萌发,不久冬季到来时岂不会被冻死?那样一来,这种植物就有绝种的危险了。于是,种子产生了适于休眠的特征,如有些植物的种子种皮不透水或透水性弱、有的种子未完全成熟、有的种子胚未完全发育、有的种子外面存在抑制物质。这样,当种子经过一定时间的休眠就会躲过严冬,更好地延续后代。由此可见,有些植物的种子要休眠是植物适应环境的需要。

竹子开花难得一见

竹子是一种多年生的木本植物,它和水稻、小麦、玫瑰、荔枝等都属于绿色开花植物。植物界的多年生木本开花植物生长发育到一定年龄,便开始开花结果,如生长条件适宜,可年年开花。但我们却不常见竹子开花,更见不到年年开花的竹子。这是为什么呢?

植物界的绿色开花植物从种子萌发开始,经过幼苗、成株、开花、结果再到种子成熟,是一个生命周期。在一年内完成生命周期而死亡的,叫一年生植物,如花生、大豆等；跨两个年头完成生命周期的，叫二年生植物，如白菜、小麦等；有些植物能生活多年，一生中可多次开花结果，这类植物叫多年生植物，如香蕉、桃等。竹子虽然是多年生木本植物，却不年年开花，一生中只开一次花。所以我们不常见竹子开花。

常言道："桃三、杏四、梨五年，枣树当年就还钱"，说的是这些果树最初开花的年龄。但是对竹子来说，到几年才开花呢？这很难说清楚。竹子在开花前往往出笋较少，叶片枯萎脱落，开花结实后植株就会成片死亡。为什么竹子开花后会成片死去呢？

要想知道这个问题，先要从竹子的开花说起。竹子通常不开花，在气候反常的情况下竹子为了保证自己的种族得以延续，只能以开花结实繁殖生命力强的后代去适应新的环境。竹子在开花结实时需要大量的养分，由于养分的过度消耗，竹叶便会枯黄脱落，植株慢慢死去。

我们平时所说的竹子，是竹的主枝。从表面看，竹与竹之间互不联系，其实在地下它们的茎由竹鞭相连。所以一株竹子开花后往往会引起成片的竹子死亡。

要避免竹子开花，必须要加强管理。平时经常松土、施肥，使竹子长期生长在有利的环境中，而避免开花。如果发现个别竹子开花，及时砍除开花的竹子，并立即松土、施肥，便能控制竹子开花蔓延。

无子果实

不知你注意没有，市场上有一种西瓜，它没有瓜子或只有又小又软的子，所以被称为无子西瓜。这无子的果实是怎样形成的呢？

果实的形成一般与受精有密切关系。多数植物开花后，花粉落在柱头上，通过受精作用而形成种子和果实。但是也有的植物会不经受精而形成不含种子的果实,像这样形成果实的过程,叫作单性结实。单性结实的果实里没有种子,这类果实叫作无子果实。单性结实有自发形成的,例如香蕉、葡萄的某些品种和柑橘、柿子、瓜类等。本来它们的祖先也都是靠种子传宗接代的,由于某种原因,个别植株或枝条发生突变,结成无子果实。人们把这些无子果实的植株或枝条,采用营养繁殖的方法保存下来,形成了无子的品种。这些植物果实不含种子,品质优良,是园艺上经济价值比较高的优良品种。

另一种情况是必须给以某种刺激才能形成无子果实。例如,用马铃薯的花粉刺激番茄柱头,或者用爬墙虎的花粉刺激葡萄的柱头,都能得到无子果实。在生产上用植物激素处理,也能得到无子果实。近年来常用二四滴、吲哚乙酸等生长素在瓜类、番茄、辣椒上诱导单性结实,取得良好效果。赤霉素也可以诱导单性结实,促使无子果实加大,新疆无子葡萄品种“无核白”就是大量喷施赤霉素的结果。

无子西瓜早在20世纪40年代就已经研究成功、投入生产,到现在已经60多年过去了,在市场上无子西瓜还是很少见。这是什么原因呢?

无子西瓜很少见的原因有两点:一是制种困难。无子西瓜是三倍体西瓜,每年都要发展和保留四倍体的母本和二倍体的父本。每年都要杂交制种,并且从制种到生产的过程比较复杂,一定要两年作为一个周期。第一年制种,第二年生产,第二年同时再制种,第三年生产。另外四倍体西瓜又是一种少子西瓜,二倍体西瓜单瓜常有种子300~500粒,而四倍体西瓜单瓜一般只有30~50粒。二是三倍体种子的胚通常发育不好,发芽率和成苗率低,幼苗生长慢、管理困难,结出的无子西瓜往往个头小且产量低,并且有时会出现皮厚、空心、棱形等缺点。因此愿意种无子西瓜的人不太多,所以无子西瓜在市场上很少见。

庄稼一枝花,全靠肥当家

“庄稼一枝花,全靠肥当家”,“种地不上粪,等于瞎胡混”,这些农谚都是千百年来人们通过农业生产的实践总结出来的肥料在农作物生长中的重要作用。也就是说,在其他条件都具备的情况下,没有足够的肥料,庄稼也不会生长得好、获得好收成。这是为什么呢?这主要是因为肥料中含有农作物生长发育所需的各种无机盐(如氮、磷、钾等)。氮能促进细胞的生长和分裂,使枝叶长得茂盛;磷能促进幼苗的生长发育和花的开放,使果实和种子提早成熟;钾能促进淀粉的形成和运输,使植物茎秆粗壮。

许多研究证明,施肥可增大光合作用面积,提高光合性能,延长光合作用时间,有利于光合作用产物的分配和利用等等。肥料使作物增产的实质在于增强和改善光合作用的性能,通过光合作用制造和形成更多的有机物,从而获得增产。相反,如肥料不足会使作物体内有机营养状况恶化,生长发育不良,所以才有"庄稼一枝花,全靠肥当家"的说法。

肥料对植物的生命活动起着重要作用,施肥可以提高产量。但是施肥是一门学问,施肥要做到适时适量,合理施肥。如果一次施肥过多过浓,就会引起"烧苗",轻者伤害部分根、茎、叶,重者造成植物死亡。

在一般情况下,肥料都要溶解在水中,再由植物根部吸收。通常植物根部细胞内的细胞液的浓度大于土壤溶液的浓度,根细胞就可以从土壤溶液中吸收水分和养分。根细胞液的浓度越大,吸收水分和养分的力量越强。相反,如果给植物施肥过量,溶解在水中的肥料含量过高,就会使土壤溶液的浓度大大提高,大于根部细胞液的浓度。这时,根部不仅吸收不到水分和养分,反而会使根部细胞内的水分渗出来,流向土壤。此时,植物地上部分的(茎、叶等)蒸腾作用仍然进行,造成水分收支不平衡,就会导致植物萎蔫、干枯甚至死亡。这就是施肥过多造成"烧苗"的原因。

给庄稼施肥还要合理。不同的作物对各类肥料的需要量是不同的。例如,白菜、芹菜等以生产叶为主的作物,要多施氮肥;小麦、番茄等以生产果实和种子为主的作物,要多施磷肥以利种子饱满;马铃薯、甘薯等以生产地下块根和块茎为主的作物,要多施钾肥以促进淀粉的积累。同一种作物在不同的生长发育时期,对各类肥料的需要量也不相同。苗期需要氮肥较多,中后期需要磷、钾肥较多。所以,农业生产中要根据作物种类的不同和不同的生长发育时期,来施用不同种类和不同数量的肥料。做到合理施肥,才能达到高产的目的。

试管植物

在科学技术高速发展的今天,世界上不仅成功地培养出了“试管婴儿”,同时也培养出了“试管植物”。

“试管植物”就是用离体的植物细胞、组织或器官在玻璃试管里培养出的植物。“试管植物”依据的理论是植物细胞的全能性,即植物体的每个细胞在一定的条件下都能发育成一个完整的植物体。“试管植物”依靠的技术是组织培养,就是利用从植物体上取下来的组织、器官或单个细胞,在无菌条件下,培养在人工配制的营养物质(培养基)上,使它发育成一个新的植株。这种技术除了具有一般营养繁殖的优点外,还可以避免细菌、病毒的危害,能够进行工厂化生产,在短时间内能繁殖出大量的植物或培养出植物新品种。20 世纪 60 年代,科学家们利用胡萝卜根的细胞在玻璃试管里培育出了胡萝卜植株,接着成功地用兰花茎尖细胞在试管里也培育出植株。70 年代以来,我国的组织培养研究工作取得了很大成就,不仅首先培育出了小麦、玉米和杨树的花粉植株,而且培育出了“花培一号”小麦、“单育一号”烟草等优良品种。90 年代中期,我国广西壮族自治区用甘蔗嫩叶细胞成功地获得了大批“试管甘蔗”幼苗。除此之外,还从马铃薯茎尖培育出无病毒植株,得到了无病毒种薯。

“试管植物”的诞生,为人们获得优良品种和植物商品苗的工厂化生产奠定了基础。例如,新加坡有一家专门培养兰花的公司,用组织培养技术已经培育出 150 多个兰花新品种,每年纯利润达数百万美元。目前,我国已经建成了葡萄、苹果、香蕉、柑橘、草莓和唐菖蒲等试管苗生产线数十条,其中香蕉试管苗生产线已形成500万株以上的生产能力。河北省的一些科研单位培育出了大量的试管树苗，为营造我国13个省区的“三北”防护林带做出了贡献。

植物工厂

随着农业的不断发展、科学技术的不断进步、城市的不断扩大、可耕地面积的不断缩小，发展现代化的植物工厂已成为进一步发展农业的必经之路。

传统的农业在很大程度上受着自然条件的制约，有时不得不靠自然的恩赐。可有的自然条件如光照、温度、湿度等，根本就不能进行人为的控制。而在植物工厂中情况就不一样了。植物工厂可以给植物提供生长发育所必需的条件，使植物不受季节和环境的限制，一年四季都可以生长，而且可以进行立体栽培，充分利用空间，自上而下地生产蔬菜、水果、花卉等等。

植物工厂改变了传统的耕作方法，不用土壤，而是进行无土栽培——用溶液培养植物，可最大限度地满足植物对养分、水分的要求；同时采用现代化装置，对光照、温度、湿度等进行自动控制，满足植物生长发育的需要。植物在工厂里靠吸收营养液生长，这种方法也叫水培法，可以克服中耕、除草、病虫害防治等土壤栽培的限制因素，省时省力又卫生，其产品真正是洁净无污染的绿色食品。

实践证明，植物工厂里生产的水稻、小麦、大豆、甜菜、辣椒、番茄、黄瓜、水果和花卉等，其产量都比土壤栽培的产量高，而且产量稳定、品质好。

第二十一章　神秘莫测的植物谜团

人形何首乌之谜

何首乌外形奇特,在中草药家族中应该算是最像人形的了。

1985年5月,在湖南省新化县,有人挖到两株外形酷似一对童男童女的人

何首乌

形何首乌块根,这对“金童玉女”身高均为20厘米,体重都是400克。当地人传说这是千年难得一见的“何首乌精”,吃了可以成仙的。就像《八仙过海》中的传说,张果老就是吃了一种类似人形的药成仙的,这种药应该就是何首乌了。

1993 年 8 月,在福建省寿宁县,也有人挖出来一对外形极似人类“夫妻”的何首乌块根,它们的五官、四肢及性别都很清晰分明,“男性”何首乌高为 18 厘米,“女性”何首乌高为 17 厘米。人们见了这对何首乌都觉得非常奇怪,因为它们“身上”都长着不少像小绒毛的细根,有点类似人类的汗毛。

2009 年 10 月,在四川省南充阆中市江南镇大坝村,一个 63 岁的种田老农也挖出了一株酷似男婴的人形何首乌,这个“婴儿”高约 62 厘米,重 5.8 千克。更加令人惊奇的是,这个“婴儿”突出的颧骨和高鼻深目与我国广汉出土的“三星堆人”极为相似。

何首乌因其与人类相似的外形而在民间产生了诸多的传说,不过这些传说基本上都没什么科学依据。但是,为什么很多何首乌的外形会长得那么像人,并且多是“男女”一对呢?这是科学家们所面临的一个实实在在的、严肃的问题。

这个“千古之谜”如果简单地用“巧合”的说法来解释,实在难以令人信服,还有待科学家们从更深的层次加以研究、探索。

“人参精”之谜

在我国民间流传着很多关于“人参精”的故事。

相传,在古时候,有一位非常忠厚善良的老者。他向来乐善好施,并且常年吃斋、从不杀生。一天,一个颇具仙风道骨、鹤发童颜的道人从他门前经过,老者连忙将其请进家中,与其交谈,发现道人谈吐不凡,话语多有玄妙之处,便更为尊敬他了。以后每当道人路过,老者都会将他请到家中,像贵宾一样礼遇对待。

一天,道人邀请老者去山中他的家做客,老者去了之后发现还有三位宾客,并且都和道人一样鹤发童颜。席间,道人端出一个托盘,上面放着一个白白胖胖的娃娃,邀请大家品尝。老者吓坏了,心想:这些人居然吃小孩,绝不是什么善良之辈,我得赶快逃回家。

饭后,道人发现了老者的不对劲,问罢缘由,不禁哈哈大笑,对老者说:“其实刚才那娃娃是千年人参精,吃了可以成仙的。”老者听完,后悔万分,不过为时已晚。

虽然说神话传说中的很多东西都能吸收日月精华,并且具有灵气,人吃了可以成仙、长生不老等,但传说终归是传说。不过人参确实也有些像人的模样,例如,人参的皮为淡黄色,与人类皮肤的颜色类似;人参主根有许多分叉,叫作侧根,这些侧根就有点类似于人类的“手”“脚”。如此看来,“人参精”的说法也不是没有根据的。

“相思草”起源之谜

“相思草”的名字听起来有着非常优美的意境,那么,它的起源究竟如何呢?

公元1492年,哥伦布发现了美洲大陆。在那里的一些小岛上,他发现一个奇特的现象:当地的印第安人嘴里随时都叼着一种叶子,似乎一刻都离不开。他觉得十分奇怪,经过了解才知道那是一种一旦吸食就再也离不开且还能引起人兴奋的植物,当地人称之为“灵草”。由于一时吸不到它都会难受,故称作“相思草”。

这种相思草其实也就是我们今天的烟草。现在人们都知道吸烟之所以上瘾是因为烟草中含有一种特殊的植物碱,即尼古丁。吸烟有害身体健康,其凶手便是尼古丁,它能引起吸食者一定时间的精神兴奋,如果经常吸食就会很容易上瘾。一旦上瘾,吸食者就再也离不开烟草了,就像人如果不吃饭就会感到饥饿一样,因此,也有人将吸烟上瘾称为“尼古丁饥饿”。

虽然也有人对尼古丁起源于美洲的说法有异议,但现在越来越多的事实证明这种说法的正确性。考古学家在墨西哥的奇阿帕斯州发现一座建于公元432年的庙宇。庙宇内有一座玛雅人举行宗教仪式的浮雕,浮雕上的人正在吸食烟草。之后,一个古代印第安人居住的洞穴在美国的亚利桑那州北部被人们发现。该洞穴大约是公元650年前后挖掘的,洞里遗留有烟斗、烟叶和吸剩下的烟灰。人们还在墨西哥的马德雷山中发现了一个位于海拔1200米处的山洞,考古学家在那里找到了一个塞有烟叶的土制烟斗。放射性同位素测量表明,烟斗的年龄超过了700岁!

"奇怪的侵略者"松茸

很少有人会对松茸感兴趣,它在植物王国中一直默默地自生自灭,十分不起眼。然而就是这样一个毫不起眼的成员,有一次却摇身一变成了一个蛮横的侵略者,强行侵占了别人的住宅,相当令人费解。

松茸

在1964年圣诞节前夕,英国的瑞依一家正在兴高采烈地准备出门旅行度过圣诞假期，为了避免旅行归来过于劳累，瑞依太太决定在出门前就将房间打扫干净。

当充满乐趣的假期结束后，瑞依一家高高兴兴地返回家中。一推开门走近屋里，他们发现了一个十分奇怪的情形，满屋都长满了松茸。地板、墙壁、天花板，到处都是它们的身影。不过幸好这些松茸长得还并不十分牢固，只要用手指轻轻一碰，松茸便会从它依附的地方掉下来。于是一家人不得不带着疲惫的身体，开始清除这些松茸。

瑞依太太用肥皂水将屋子里里外外又重新打扫了一遍，直到屋子像出门前一样干净。一直过了好几天也没有再见到松茸的影子，瑞依一家便将这件事渐渐淡忘了。一周后，一件更奇怪的事情发生了。

这天，瑞依太太抱着从菜市场买的蔬菜回到家中，刚打开房门，她就被屋子里的情形惊呆了，手里的蔬菜掉了一地。只见屋里又满满地被松茸覆盖了。不只家具、地板、墙壁被盖得严严实实，就连小孩的玩具、墙上的镜子都布满了它的足迹。这些松茸比上一次出现的更多，而且长得也更加牢固。

如此看来，这些松茸的出现并不是偶然的事件了。瑞依一家决定调查清楚这些怪松茸为什么会侵占房屋。于是他们请来了著名的植物学专家来进行调查，但令人费解的是，科学家们对松茸进行了彻底的研究之后发现，这些松茸和普通的松茸一样都是无毒的菌类植物，并没有任何区别。科学家们只好在清除了这些松茸之后，又在屋子的各个角落喷上了药剂，以防止它们再生。为了达到彻底消灭这些侵略者的目的，还用高温装置将屋子从头到尾彻底进行了一次消毒。

瑞依一家在科学家们的一再保证下又住进了自己的房间，刚开始，松茸也确实没有再出现过，似乎这一次松茸真的绝迹了。正在大家都松了一口气的时候，这些松茸却又卷土重来了。

两个星期后的一天，当瑞依一家外出归来时，又亲眼看见了松茸在极短的时间内侵占了所有的地方，包括书本、纸张、衣服和吃饭用的餐具，其蔓延的速度之快令人咋舌。无奈,瑞依一家只好沮丧地搬离了这座怪宅,这次他们真是彻底败给了这些奇怪的侵略者了。当然,也再没有其他的住户敢搬进来。

为了研究这些奇怪的松茸,科学家们把这里当成研究室搬了进去。可直到连科学家们身上所穿的衣服也成了松茸的殖民地时,也没能找出原因,他们更是用尽了所有的办法都无法彻底消除这些侵略者,只好落荒而逃。

令人不解的是,这些奇怪的松茸只在这间房屋中生长,决不蔓延到邻近的房间。直到现在,松茸为什么会侵占人们的房间仍然是一个未解之谜,有待于进一步研究和探索。

奇特的年轮

人们所熟知的年轮,是树木的年龄。一般在气候呈显著季节性变化的地区,多年生木本植物茎内的次生木质部内,每年都要形成一个界限分明的轮纹,叫年轮,也叫生长轮或生长层。从树墩上可以清楚地看到这些同心轮纹。年轮是如何形成的呢?在树皮和树干之间,有一层能不停地由内向外分裂出新细胞的木质部分,通常在春季及夏初生长期形成的细胞,比夏末秋初形成的细胞大得多,所以木质部色浅而宽厚。而夏末秋初生的细胞较小或根本不生长,所以木质部的颜色深而窄。这样就形成了深深浅浅的年轮。年轮一般一年一轮,如果想知道一棵树的年龄,查查有多少圈年轮就知道了。

年轮的用途

年轮有许多用途,人们不仅可以通过年轮了解到树木的年龄,甚至还能通过检查树木年轮的类型而知道当地过去的气象情况。年轮可以记录如气候状况、地震或火山喷发等大自然的变化状况。1899 年 9 月,美国阿拉斯加的冰角地区曾发生过两次大地震。科学家通过对附近树木年轮的分析研究,发现这一年树木的年轮较宽，说明树木这一年的生长速度较快。科学家们认为这其中的内在联系是地震改善了树木的生长环境。

一些科学家的研究成果表明，年轮还可以提供该地区过去年代火山爆发的记录。经观察，科学家们发现，在树木的生长期，如果连续有两个夜晚的气温降到-5℃，那么树干年轮上就会有一圈细胞被冻坏。而这种寒冷气候常常与火山爆发有关，因为火山爆发把尘埃和其他一些物质喷入大气层，遮住阳光，并在那里停留2~3年之久，使地球的温度降低。

专家们还发现，针叶松上古老年轮记录的时间与历史上一些著名火山爆发的日期十分吻合。公元前44年，意大利埃得纳火山爆发，烟云经过两年左右才能到达美洲大陆，这与古树在公元前42年形成的年轮十分吻合。历史学家还曾为桑托林火山爆发的时间争论不休，但古松树的年轮证明，这次火山爆发在公元前1628至前1626年之间。

现在，人们只需利用一种专用的钻具，从树皮直钻入树心，然后取出一块薄片，上面就有全部年轮，科学家们由此便可以计算出树木的年龄，了解到气候的变化，以及是否发生过地震或是否有过火山爆发等信息。

阿司匹林树

在非洲卢旺达的原始森林里，有一种常绿的神奇柳树，之所以说它神奇，是因为当地的土著居民如果感冒发烧了，只要从这种树上摘下几片叶子，放在嘴里咀嚼，就能退烧。头痛时，用捣烂的树皮敷在前额，就能解除痛苦。正因为它有如此好的疗效，所以印第安人称它为“神奇之树”。在一些印第安人的部落中，这种取树叶医病的习惯一直延续至今，可是这种树为什么能治病？在很长的一段时间里，人们都无法解释。

1975年，在一次偶然的机会中，美国哈佛大学植物生理学家克莱兰发现了神奇树木治病的秘密。这种树的树皮中含有阿司匹林。因此,人们称这种柳树为"阿司匹林树"。柳树是一种普通的植物,它不像人类一样会头痛发热,为什么体内会含有这种物质呢?

根据阿司匹林有止痛消炎的作用,克莱兰首次提出阿司匹林是柳树的天然防护剂,当然它不是用来防治头痛发热的,而是用来防止病毒侵害的。这一观点引起了学者们的极大兴趣,他们纷纷对其进行研究。三年后,美国哈福德郡植物实验站的一名学者证实了克莱兰的观点是正确的。他做了一个实验,给患有花叶病的烟草注射阿司匹林,注射以后发现,小虫相继死亡,病症得到了控制。

不过后来,医学工作者们发现,阿司匹林对人体的镇痛解热功能是间接的,其实它是人体内一种非常重要的激素,真正的作用是促使人体分泌更多的前列腺素,从而调节人体的生理功能。也有一些学者认为,阿司匹林是柳树的一种有刺激性的化学武器。它可以迫使柳树旁边的其他植物根系把已经吸收的根部养料和水分渗到土壤里,然后柳树就像"恶霸"一样独吞这些养料和水分。这些学者认为这也是柳树生命力顽强的原因之一。

无论阿司匹林是作为植物的天然防护剂、生长激素,还是化学武器,目前都不能完全解释柳树产阿司匹林的原因,有待科学家对其做进一步研究。

神奇的地下兰花

绝大多数兰花长在地面上,但是,你相信吗?世界上还有长在地面下的兰花。

1928年,一个风和日丽的日子,年轻的澳洲农民特洛特在干活时发现地下有一道奇怪的裂缝,于是他蹲下来仔细查看,竟闻到一阵淡淡的清香,他小心翼翼地刮去薄薄的表土,赫然发现地下长着一朵直径1厘米多的小花——兰花。

就这样，这位农民发现了兰花的又一个新品种——伽德纳根兰花。

根兰花长年累月在黑暗的地下生长，习性非常奇特。根兰花的名字源于两个希腊字，意思就是“根”和“花”。根兰花也确实貌如其名，长有一条长约7厘米的蜡质白根，根上长着白色的花瓣，里面包着一小束呈螺旋状排列的紫红色小花。

这种貌不惊人的小花如何能够安然无恙地在地下这种极端的环境中生长呢？我们知道，植物要生存下去，就必须吸收阳光进行光合作用以产生维持生存所必需的养料。根兰花与这些传统的地面植物不同的是，它可以不必进行光合作用，而是通过一种真菌从腐烂的蜜桃金娘里吸取它所需要的养料，根兰花维持整个生存所必需的养料就全部靠这种金雀花属灌木——蜜桃金娘植株的残株提供。植物学家们相信，没有这种真菌，根兰花是无法生存的。

根兰花每年5、6月间开花，人们很难发现它的踪迹，因为它从来不探头到地面，唯一可寻的线索便是花朵上的泥土微微拱起，露出一道道细小的裂缝，散发出淡淡的幽香。

固定不变的开花时间

相信很多人都听过这样一首根据植物不同花期而编成的歌谣：

一月蜡梅凌寒开，二月红梅香雪海。

三月迎春报春来，四月牡丹又吐艳。

五月芍药大又圆，六月栀子香又白。

七月荷花满池开，八月凤仙染指盖。

九月桂花吐芬芳，十月芙蓉千百态。

十一月菊花放异彩，十二月品红顶寒来。

大自然的花草植物都有自己固定的花期。如果我们要欣赏某种花卉，就必须在其开放的时节去看，否则就只能看到花的飘零。这是由于在一年中，植物进入花期的月份是大致不变的。但为什么各种植物都有自己特定的开花时间，而且固定不变呢？

科学家们经过对植物细胞、分子水平的研究发现，这种现象是由植物的遗传基因控制的，植物在长期的自然选择作用下，为了自身的生存，会主动选择最适合自己的生长时间。而且这种习性可以代代相传，并最终形成固定的开花时间。

如在海滨的沙滩上，生活着一种黄棕色硅藻，每当潮水到来之前，它就悄悄地钻进沙底，以免被猛烈的海潮卷走；当潮水退去时，它又立刻钻了出来，沐浴在阳光下，进行光合作用。如果把硅藻装入玻璃缸里拿回家观察，就会发现：即使已没有潮汐的涨落，可它仍然像生活在海滩上一样，每天周期性地上升和下潜，其时间与海水的涨落时间完全一致。

“短命”的鲜花

所谓“如花美眷，似水流年”，古人常常借花开短暂来感叹人生和青春的短暂。在自然界里，有千年的古树，却没有百日的鲜花，这是为什么呢？花儿都比较娇嫩、受不了烈日的曝晒，也经不起风吹雨打，因此，花的寿命都是比较短暂的。例如，玉兰、唐菖蒲等能开上几天；蒲公英从上午 7 时开到下午 5 时左右；牵牛花从上午 4 时开到 10 时；昙花晚上 8～9 点钟开花，只开 3～4 个小时就凋谢了。

如果认为昙花是寿命最短的花，那你就错了。有一种产于南美洲亚马逊河的王莲花，只在清晨的时候开 30 分钟就凋谢了。小麦的花寿命更为短暂，只开 5～30 分钟就凋谢了。

一般来说，短命的植物大多生长在寒冷的高原上或干旱的沙漠中，为了适应严酷、恶劣的自然环境，经过长期的自然选择，“锻炼”出了能够迅速生长和迅速开花结果的本领，这是其对生长环境的巧妙适应。

在严寒的帕米尔高原上，生长着一种叫罗合带的植物。帕米尔高原的夏季十分短暂，每年6月份，大地刚刚回暖，植物就开始生长发芽，为了赶在寒冷季节到来之前完成开花结实的任务，不得不在很短的时间内匆忙地完成整个生命过程，长此以往，便形成了固定的习性。

沙漠里生长着一种典型的短命植物——黄草，它从发芽、生长到死亡，走完整个生命旅程仅需一个月左右的时间。还有一种生长在沙漠里的“短命菊”，完成生长、开花直至死亡的整个生命历程也仅仅需要一个月左右的时间，生命周期真是太短促了。

雪莲能在冰雪中开放的原因

大多数植物都喜欢温暖湿润的生长环境，但在海拔4500米以上白雪皑皑

雪莲

的青藏高原上，气候条件十分恶劣，寒风呼啸，异常寒冷，由于海拔较高，光照强烈，岩石风化得快，土壤质地十分粗糙。在如此恶劣的自然环境下，一般植物是很难成活的。却有这样一种植物，不论冰雪如何肆虐，寒风多么凛冽，土壤多么贫瘠，都能生长繁衍，并绽放出鲜艳的花朵，它就是雪莲。

雪莲有着自身特殊的结构，这也是它能生长在寒冷贫瘠的雪山上的原因。

雪莲是多年生草本植物，根状茎较粗，呈黑褐色，基部残存多数棕褐色枯叶柄纤维，叶片密集。整个植株犹如一个莲座紧贴在地面上。这种形态非常适合时常发生狂风暴雪的雪山环境，任凭风吹雪打，身体毫不动摇。

雪莲的全身覆盖着一层丝一般的白色绒毛。这使雪莲看上去像是穿了一件能挡风御寒的“皮大衣”，“皮大衣”将茎叶和花序包得严严实实的，这给雪莲以很大的保护，使雪莲能在气温常在零下几十度的雪山免遭冻死。不仅如此，这些密绒毛还有防止雪莲体内水分散失的功能。如果没有这层绒毛，雪莲花体内的水分很快就会被雪山上无止无息的狂风吹干。由于绒毛的存在，再加上叶片又厚又硬，就使得水分散失得很少，能够进行正常的生理活动；绒毛还能够反射掉一部分强烈的辐射光，从而保护雪莲花不受伤害。

雪莲花的根也十分特别，长得粗壮坚韧，穿行于石缝和粗质的土壤之中，既能吸收足够的水分和养分，又不会被滑动的石块砸伤。

青藏高原上的人们特别喜欢雪莲，把它看作战胜困难的象征。雪莲花不怕严寒，不畏强光，不嫌贫瘠，世世代代生活在人迹罕至的雪山上的坚韧品质，是雪山的骄傲。

不仅如此，雪莲还是珍奇名贵的中草药，特别是天山雪莲，古往今来一直是人们极喜爱的滋补佳品。雪莲整个植株都可入药，外用内服均可，具有活血通络、散寒除湿等功效，可治一切寒症。还能治疗肺寒咳嗽、麻疹不透、外伤出血、强筋舒络、腰膝酸软等病症，是延年益寿之佳品。

菊花不凋的原因

菊花是中国人极喜爱的花卉之一，在我国古代神话传说中，菊花被赋予了吉祥、长寿的含义。中国历代诗人、画家都对菊花情有独钟，给人们留下了许多关于菊花的名谱佳作。

如果你仔细观察就会发现，菊花似乎永远不会凋落。它不像古人所说的“花开自有花落时”，菊花是“宁可抱香枝上老，不随黄叶舞秋风”。但是为什么菊花枯萎后，花瓣不会凋落呢?

菊花是多年生菊科草本植物，其实通常我们所看到的菊花并不只是一朵花，而是由许许多多形状和大小各异的花序组成的一个“小花篮”，称为“头状花序”。

花序中心的管状花具备完全的雄雌蕊。菊花花瓣之所以能保留较长时间不飘落，最后仅是萎蔫或呈干枯状态留在枝头，就是由于具有舌状花花瓣，这种花是单性的雌性花，不会受精发育，因而它不会发生细胞分裂而形成离层区，从而使菊花能长时间保持原状。

绿衣红裳

绿衣红裳花瓣的最前端为黄绿色，中间为白色，尾端为红色，这三种花色堪称菊花中最为经典的组合，故名“绿衣红裳”。绿衣红裳为中型花，花朵的直径为13~15厘米。

绿衣红裳花瓣上有深浅不一的条沟，花瓣的前端稍尖，属平瓣芍药型。瓣面的红色呈晕染色状，根部的红色较深，向梢部过渡逐渐变淡。花瓣的前端边缘呈白色玉边状，背尖为黄绿色。外围花瓣多数呈钩曲状，叶不大，长形，边缘有尖圆形的锯齿。花朵盛开时多数不露花心。

慈禧的“菊癖”

史料记载，慈禧太后对菊花十分喜爱，甚至到了视菊如命的地步，当时人们皆称她有“菊癖”。她能够在菊花尚是小苗的时候就能识别出花形、花色。绿菊是她尤其喜欢的一个菊种。1894年，慈禧为准备六十诞辰在万寿寺拜佛祈祷时，见紫竹院南岸岗阜景色荒秃，便下令依山势栽植各色秋菊，由于旧时将菊花称为九华,后来这座山便改称“九华山”。

生命力顽强的蔓草

要说生命力最为顽强的草,非蔓草莫属了。蔓草是一种十分奇异的植物,即使用上千度的高温加以灼烧,它也能“面不改色”。

1966年,在古巴的甘得纳山地区,这里种植了许多杉木,由看守森林的罗斯负责管理这些树木,罗斯看着这些茁壮成长的树木,心里十分自豪。

让罗斯倍感意外的是,没过多久,林中的杉树开始接连枯萎,病情呈扩大趋势,怎么也查不出原因。罗斯马上请来森林学塞坎豪斯教授对这些杉树生病的原因进行研究。

罗斯带领坎豪斯教授来到枯死的杉木旁,对杉树立进行了仔细的现场勘察,结果并没有发现这些杉木有受害虫侵害或人为破坏的痕迹。

坎豪斯教授只好采下杉木和一些土壤的标本,将其带回实验室进行研究。经研究之后,他发现这些杉木是在短时间内缺乏水分干枯而死的。但是奇怪的是,甘得纳林区还算是比较湿润的,植物应该不至于在短时间内就枯死啊?带着这个疑问,教授决定再去林中调查一番。

再次返回杉木林中,坎豪斯教授这才发现林中又有相当一部分树木枯死了,在对所有枯死的树木进行仔细地观察之后,教授发现这些枯死的树干上都缠满了一种长着三角形叶片的蔓草,这些蔓草的叶片表面光滑、油亮。

教授觉得不可思议,难道是这些蔓草致使杉树枯死的?为了查明究竟,他将蔓草摘下来同其他标本一起放入袋子里带回实验室。经过实验,教授发现这种蔓草非常耐热,甚至可以经受上千度的高温却依然完好无损,十分奇特。而且蔓草本身似乎能释放出很高的温度,如果把水滴在蔓草上,水分在极短的时间内便会蒸发掉。

杉木枯死的原因终于找到了，但是却并不能改变杉木林灭绝的命运。因为这种蔓草的生命力十分顽强，不论是使用拔除还是放火烧等各种方法均不能将其彻底根除。最后只好眼睁睁地看着整片杉木林毁于蔓草之手，变成一片枯林。

植物“出汗”之谜

夏天酷热难耐的时候，人的身上会出汗，那是因为人体在进行正常的新陈代谢。但是如果说植物也会出汗，是不是很神奇呢？很多植物也会在夏天“出汗”。夏天的清晨，如果到野外去走走，就会发现水稻、黄瓜等很多植物叶子的尖端或边缘，会有一滴滴的水珠掉下来，好像植物在“出汗”一样。可能很多人会说，这是露水吧！

露水是怎样形成的呢？空气中的水蒸气遇冷凝结在悬浮的固体颗粒上，随着凝结水分的增加，固体颗粒被小水珠包围，降落到花草上面，从而形成晶莹的露珠。仔细观察就会发现，这些植物叶子尖端冒出来的亮晶晶的水珠掉落下来后，叶尖又会慢慢冒出小水珠，渐渐变大，最后掉落下来。如此反复，一滴一滴地接连不断，显然这并不是露水，因为露水应该布满叶面，而不是从叶尖冒出来。这些水滴是从植物体内流出来的“汗水”。

植物在夏天怎么也会“出汗”呢？原来，在植物叶片的尖端或边缘有一种叫作“水孔”的小孔，和植物体内运输水分和无机盐的导管相通，植物体内的水分可以不断地通过导管从水孔排出体外。当外界温度高、气候比较干燥时，从水孔排出的水就会很快蒸发散失掉，因此我们看不到叶尖上有冒水珠的现象；如果外界温度很高、湿度又大时，就会抑制水分从气孔蒸发出去，这时，水分只好从水孔中流出来，于是便出现了植物的“出汗”现象。在植物生理学上，这种“出汗”现象叫作“吐水现象”。稻、麦、玉米等禾谷类植物中经常会发生这种现象。

吐水不仅能将植物体内多余的水分排出体外,有利于保持其体内水分的供求平衡,对植物的生长十分有利,并且吐水也是植物在夜间取得营养的重要途径。

特殊的“证人”

在人们的印象中,植物只能供人观赏和满足人们各种各样的需求。但近年来,植物学家们通过现代科技研究发现植物也有血型、自卫能力等,由此植物产生了一个新的功能:作证。他们发现一个十分奇特的现象:每当有凶杀案件发生在植物附近,植物就会产生一种反应,记录下凶杀的全部过程,成为一个不为人们所注意的现场“目击者”。这是美国纽约一位精通植物“语言”的植物学家柏克斯德博士多年研究的结果。

为了得出更加科学的结论,柏克斯德博士曾利用仙人掌进行过多次试验。他组织了几个人在一盆仙人掌前进行搏斗,结果接在仙人掌上的电流将仙人掌在整个搏斗过程中的反应给记录了下来,转化成电波曲线图,柏克斯德博士通过对电波曲线的分析,就可以了解整个打斗的过程。

在开花季节,植物花朵会释放出大量花粉,花粉外壳由孢粉素构成,花粉粒的外壁十分坚固,不仅能抗酸、抗碱,还能耐高温、高压,抵抗微生物的分解,并且能在自然界长期保存。成熟后,这些花粉借助于风的吹送,或借助于昆虫的携带而四处飘零,如果有人在此时进行犯罪活动,会在不知不觉中将花粉黏附在自己的身体或衣服上。对这些花粉进行鉴定,结果会显示出其活动的空间地域,为缩小和圈定侦查范围提供了依据。

在侦破移尸灭迹的犯罪案件中,第一现场非常重要。在维也纳曾经发生过这样一个案件:一个人在沿多瑙河旅行时失踪了,当地警方用尽了各种方法都没有找到尸体。只是抓捕到了一名嫌疑犯,但此人无论如何都不承认自己与此事有关。警方无法从他口中得到任何线索,此时恰逢花朵开放、花粉成熟四处传播的季节,有人想到会不会在这上面留下线索。于是请来了当地著名的花粉研究专家,他通过对嫌疑犯鞋上的泥土进行分析,发现了一种产于维也纳南部的松树花粉。最终,警方通过这个线索,击溃了他的心理防线,迫使他供出了尸体藏于多瑙河附近一片荒僻的沼泽地区。

长翅膀的植物

一般来说,植物是靠种子繁衍后代的。如果注意观察,你就会发现有些植物在很多地方都有分布,甚至在全国各地均可觅其芳踪。为什么同一种植物的后代能如此繁荣昌盛,遍布各个地域呢?

原来,许多植物的果实也长有翅膀,这些翅膀或翅膜有的是针芒,有的是羽毛或绒毛。这些飞行装备可以将植物的果实、种子随风运送到很远的地方,使植物在任何地方都可以安家落户。如榆树和枫杨树一般是在初夏开花、秋天结实。枫树、杨树的果实上一左一右长着两只"翅膀",只要一刮风,它们就可以像小鸟一样飞上天空。由于这些种子一般都较轻,所以飞起来相当轻松。

这些种子有的能飞到很远的地方。科学家经过专门的观察、研究发现,有很多果实或种子上都长有翅膀,种子重量越轻就能飞得越远。桦树的翅果能飞到1千米以外的地方,而云杉的种子由于其长着酷似帆船的翅膀,能飘到10千米以外。这些果实或种子翅膀的形态各异,如白蜡树和椤树的种子好似长翼的歼击机一样,翅状突起;百合和郁金香的种子由于其本身呈薄片状,在风里能像滑翔机一样滑翔;蒲公英的种子则像一顶降落伞,风把它头上的一圈冠毛托得高高的,瘦果垂在下面;而生长在草原上的一种植物跟蒲公英类似,果实上长着羽毛,能被风吹到很远的地方,风一停,就像降落伞一样竖直落地。有些种子的分量甚至轻到根本就感觉不出来，如每粒只有十万分之三克的梅花草种子；每粒只有五十万分之一克的天鹅绒种子，微风一吹，它们就能飞到很远很远的地方。

“物竞天择，适者生存”，达尔文的进化论观点在这些植物的身上也体现得淋漓尽致。许多植物为了繁衍后代，生生不息，经过长期的自然选择，果实或种子都长有翅膀，成为名副其实的“飞将军”，从而获得了更多的生存机会。

植物的“眼睛”

眼睛是心灵的窗户，正是因为有了眼睛，我们才能看到这个丰富多彩的世界。人类和动物都有眼睛，如果说植物也有眼睛，似乎很难让人相信，但越来越多的事实证明，植物也有眼睛，并能看见东西。

如果大家细心观察就不难发现：藤本植物的卷须总是朝离自己最近的支撑物伸展，一旦接触到支撑物，它们就会紧紧地缠住不放，如果这个支撑物被移走了，它们就会改变方向，寻找另一个离自己最近的支撑物。试想，如果植物没有眼睛，怎么会主动朝离它们最近的支撑物伸展呢？而且又怎么会知道这个支撑物被移走，从而主动改变前进方向呢？是不是它们的身体里也藏着一双眼睛？

最近，科学家通过对植物叶子的研究证实，植物确实有自己独特的“眼睛”。他们发现，在植物叶子内有一个与视网膜相类似的物质——感光器，事实上，这就是植物的“眼睛”。它能吸收阳光中决定叶子移动方向的蓝色光线，植物会随着这种蓝色光线的转移而改变自己前进的方向。因此，植物的“眼睛”不是看向大地，而是总望着太阳。

不久前，科学家对阿拉伯芥进行反复研究后发现，这种植物有三种感光器：光敏素、向光素和隐花色素。通过光敏素，植物能感觉到邻近植物的存在及其颜色；向光素能控制植物对蓝光的反应，以此来控制叶子表面微小气孔的开合；隐花色素则有调节控制茎的生长、开花、结实的重要作用。绝大多数植物都有这三种感光器，说明植物不但有眼，而且有三只“眼睛”，用来观看多彩的世界，以促进自己更好地生长。

植物通过“眼睛”来调整茎叶的生长方向，这种与动物生存类似的本领，实在令人惊叹不已。

植物指示矿藏之谜

1934 年，捷克斯洛伐克的两位科学家在研究一种种植玉米的化学成分时发现，玉米被烧成灰后，每吨灰中居然含有 10 克黄金，根据这个发现，他们推测这片玉米地很可能埋藏有黄金。后来，他们果然在那里找到了金矿。

在一般人看来，植物和矿藏是没有什么联系的，但细心的科学家们发现，植物和矿藏之间确实存在着一种特殊的联系，并且不同的植物能指示不同的矿藏。例如，寸草不生的地方可能有硼矿；出现蔚蓝色野玫瑰花瓣的地方很可能有铜矿；忍冬藤生长的地方可能有银矿；三色堇生长的地方可能有锌矿；紫云英生长的地方可能有硒矿；七瓣莲生长的地方可能有锡矿；针茅生长的地方可能有镍矿；灰毛紫德槐生长的地方可能有铅矿；喇叭花生长的地方可能有铀矿等等。

目前，世界上已报道的指示植物约有 70 余种，其中 1/3 以上属豆科、石竹科和唇形科，这些指示植物都是草本植物。如今，这些植物都成了找矿的重要标志。

为什么这些植物能够指示矿藏呢？原因很简单，植物扎根于土壤，通过根部吸收土壤中的养分，其中包括土壤中的微量元素。如海带，长期吸收海水中的成分，因此富集了大量海水中的碘。另外，植物对矿物质特别敏感，如海州香蒿类铜草花在土壤含铜量过高时，就会生长得十分茂盛；而有的植物“吃”了自己喜欢的矿物，就会表现出奇形怪状，如蒿子在一般土壤中长得比较高大，但如果“吃”了土壤中的硼，就会变成矮老头。这是由于植物根部细胞在吸收水分时，也吸收溶解在水中的金属离子，从而富集到体内，结果使自己发生了奇特的变化。这样，人们就可以根据这些变化来判断矿藏的位置。

植物不但能指示矿藏，还能帮助人们“开采”矿藏。在北美洲，有个山谷的地层和土壤中含有大量的硒，人和动物如果大量摄入这种硒元素，就会中毒甚至死亡，因此这个地方得名“有去无回”。为了开采这些硒矿，人们在“有去无回”山谷里种植了大量紫云英，紫云英在这样的环境里生长得很快，一年可以收割好几次。

植物在春季生长的原因

每当寒冷的冬天过去，春回天地时，地球上的植物就开始复苏，呈现出一片生机勃勃的景象，这已成为司空见惯的自然现象，但是，植物为什么会选择在春季生长呢？看似简单的问题，到现在，就连专门从事植物生理学研究的科学家都没有找到确切的答案。

气温对植物的生长起着重要作用。一般情况下，人们会认为植物之所以在春天生长，是由外界环境决定的。每当气候变冷，植物就进入了休眠阶段；春季回暖之后它们就自然而然地开始新的生长。20 世纪 70 年代，美国植物学家利奥波德和澳大利亚植物生理学家克里德曼经过多年的研究指出，长日照和低温是导致植物在春天生长的关键因素。在秋末，温带多年生植物由于日照时间缩短，体内就产生了高浓度的脱落酸，它能抵制脱氧核糖核合成核糖核酸，从而形成休眠芽。春天来临，日照时间增加，休眠芽中的叶原基受到刺激，使植物体内的脱落酸水平下降，赤霉素含量增加，一些能够打破休眠以及萌芽所必需的酶开始合成,抑制合成核糖核酸的作用也逐渐消除,从而促进了蛋白质的合成。另外,春季的低温作用会使植物的休眠芽或种子细胞原生质的水合度增大,使其胶体状态发生改变,水解酶和氧化还原酶进入活动状态,促使有机物的转化和呼吸作用增强,当环境的温度、水分、光照都达到植物生长的条件,植物就开始萌发。而植物打破休眠所需的日照和温度等条件与春季的自然条件一致,这可能是植物在进化过程中,对季节变化形成的一种主动适应。

目前,这是大多数植物学家们都赞同的观点,但随着现代植物生理学研究的不断深入,科学家们发现,温度并不是导致植物在春天生长的唯一因素。他们认为,植物本身的遗传特性也许是更为主要的因素。进入80年代后,英国谢菲尔德大学的格兰姆和莫法斯两位博士,通过对植物细胞遗传物质的研究发现,各种植物的细胞遗传物质都有着巨大的差异,而这些差异往往又与它们生长的季节有关。为此,他们对162种植物细胞中的脱氧核糖酸的数量进行了仔细测量,并与这些植物的生长时间做了对照,结果发现,春季发芽越早的植物,含有遗传物质的种类也越多。也就是说,DNA含量越大,植物发芽越早,反之越晚。

以上两种是关于植物为何在春季生长较有代表性的观点,至于哪一种更为准确,还有待科学家们进一步探索。

植物的免疫功能

不只人类和动物,植物大多也具有免疫功能。植物在与病菌的长期斗争中,形成了一套对付病菌的免疫功能,这种天然的免疫功能使它们能有效地抵抗真菌、细菌和病毒引起的病害。这就是为什么植物在受到病菌的侵染后并未灭绝的原因。

人可以通过接种牛痘获得后天的免疫力，那么，植物是不是也可以像人一样通过打预防针，从而获得后天的免疫力呢？通过植物学家的努力，这个设想得以实现。科学家们对此进行了长期的实验，终于获得成功，他们用各种诱导因子给幼小植物接种，使植物获得整体免疫，以抵抗各种病害的发生。

德国人为使植株获得免疫功能，曾用灰葡萄孢浇灌菜豆的根。美国人用瓜类刺盘孢和烟草坏死病毒诱导黄瓜免疫，结果使黄瓜对黑茎病、茎腐病、黄瓜花叶病和角斑病等10多种病害产生了抗性。单一诱导可使植株得到4~6周的免疫，若再次强化诱导，免疫效应一直可延续到开花至果期。目前，人们使用免疫诱导已经在很多作物中都获得成功，如烟草、黄瓜、西瓜、甜瓜、菜豆、马铃薯、小麦、苹果等。

为什么植物得到免疫后会减少病害的损伤面积呢？经过研究人们发现，通过免疫，植株的木质化作用增强了，细胞壁的机械抗性加强，使植株形成了一种结构屏障，病原菌的穿入能力明显降低。此外，产生的酚木质素有剧毒，这种游离基的毒性又使植株形成了化学屏障，因此抑制了真菌的发育和细菌、病毒的侵入和增殖。

人们还发现，这些免疫植株中的植物抗毒素含量比一般植株明显提高，而且多在病原菌侵染部位，植物抗毒素可以直按抑制病菌生长。研究证实，到目前为止，至少有17个科的植物中积累有植物抗毒素，而且同一科的植物所具有的植物抗毒素有明显的相似陛。

现在，人们普遍认为，免疫植株中木质化程度的加强和植物抗毒素的合成都与免疫植物体内一种次生代谢一苯丙烷类代谢的加强有关，二者可能是这种代谢的最终产物。

但是，目前植物免疫大多还只停留在实验室阶段，极少投入田间应用。它的稳定性和遗传性还有待进一步研究，植物免疫不污染环境的优点，使科学家们在继续努力着，以早日揭开这些未解之谜。

植物种子的寿命

植物种子的寿命因植物种类的不同而不同。要说地球上最长寿的植物,可能非狗尾草莫属了。它是恐龙的“邻居”,最早出现于地球的白垩纪时代,至今还在大自然中茂盛地生长着。那些古代的狗尾草种子还能发芽、开花并且结籽,相当令人惊奇。

1951 年,科学家在辽宁省普兰店泡子屯村的泥炭里发现了一种古莲子,并推断这些莲子至少已沉睡 830~1250 年。1953 年北京植物园栽种了这种古莲子,1955 年夏天竟然开出了粉红色的荷花。

有些植物种子的寿命却又十分短暂。这些短命的植物种子大多数分布在热带和亚热带地区,如可可种子,只在脱离母体 35 个小时内有发芽能力;而甘蔗、金鸡纳树和一些野生谷物的种子,最多也只能活上几天或几个星期。一些温带植物如橡树、胡桃、栗子、白杨等的种子寿命也非常短暂。

为什么有的植物种子寿命只有几个星期,有的却长达几十年甚至更长呢?科学家们在很早以前就对这个问题产生了兴趣,但面对这个复杂的问题,学者们至今还没有取得一致的意见。

研究人员发现,植物种子的萌发既有内因又有外因,首先它自身必须是完整的活的胚胎,其次还必须要有水分,空气和适宜的温度等外界条件。只有满足了这两个条件,种子才能萌芽。如古莲子外面有坚硬的外壳且深埋于较为干燥的泥炭层中,缺少种子萌发所必要的外界条件如水分、空气等,所以它们能存活上千年。而有些植物的种子虽然符合以上条件,却仍不能立即萌芽,而必须经过一段时间才能萌芽。这是为什么呢?原来,有些植物的种子存在一种休眠现象,这种休眠现象是植物经过长期演化而形成的一种对外界自然环境包括季节性变化适应的结果。例如,温带植物的种子一般在秋天成熟,如果落在地上很快就萌发的话，则很有可能在即将到来的寒冬里被冻死，但如果种子通过适当的休眠则可避免上述情况的发生。这就是为什么很多植物种子经过很长时间而仍能生根发芽的原因。

对于那些短命的植物种子，科学家们也有着不同的意见。有些科学家认为，脱水干燥是植物种子容易死亡的一个重要原因。经过实验，某些柳树种子如果暴露在空气中，只需一个星期就会完全失去生命力。但放在相对湿度只有13%的冰箱里，它们至少能活360年。也有学者认为，热带地区或亚热带地区的植物种子由于气候的原因，新陈代谢旺盛，种子营养消耗过快，也是其寿命较短的原因之一。

植物种子在离开母体以后，就具有了独立生存的能力。种子寿命的长短，除了与这种植物的遗传特性有关，还与种子本身的结构和贮存的条件有着密切的关系。甚至还有科学家认为，由于新陈代谢的关系，脂肪在转化过程中可能产生一种能将种子的胚杀死的有毒物质，而使种子变质。正是因为这个原因，那些久放的花生、核桃，都会有一股霉味。

近年来，越来越多的科学家认为，种子胚部细胞核的生理机能逐渐衰退也是造成种子寿命变短的重要因素，但尚不清楚具体原因。目前，植物学家们正在想方设法延长种子的寿命以便更好地为农业生产服务，相信随着生物科学的不断进步，种子寿命的秘密一定会被揭开。

植物的变性现象

人类和动物都有性别之分，但这个特点在植物身上却不十分明显。绝大部分植物都是雌雄一体的，即在同一植株上，既有雄性器官，又有雌性器官。如显花植物的繁殖器官就是它的雄蕊和雌蕊。根据花蕊的着生部位可将显花植物分为三大类：一是雌雄同花，如小麦、水稻、油菜等；二是雌雄同株异花，如玉米、黄瓜等；三是雌雄异株，如银杏、杨柳、开心果树等。

经过观察和研究，植物学家发现了一种典型的变性植物——印度天南星。这种植物多分布于温带、亚热带地区，是一种喜湿的多年生草本植物，常见于潮湿的树阴下或小溪旁。它不但会变性，甚至一生还能变好几次。天南星的雄株在变为雌株之前，体型高大健壮，营养物质丰富，但在转变为雌株之后体型就变得很小。印度天南星的变性同其植株体型的大小密切相关，高度在 100 ~ 700 毫米间的植株，都可以发生变性；雄株变为雌株的最佳高度是 380 毫米。一般超过 398 毫米这个高度的植株，多为雄株，低于 398 毫米高度的植株，多为雌株。天南星为什么会存在这种奇特的变性现象呢？

美国一些植物学家经研究后发现，这是因为天南星生存的需要。在其小的时候是没有花的，呈中性。开花结果时，雌性植物因为要繁殖后代，所以需要的营养要比雄性植物多，只有转变为高大的雄株植物。而在经过一年的养精蓄锐之后，恢复了元气，便又转变为雌性，以开花结果。印度天南星就是依靠这种变性的方法，增加传宗接代的生存机会，繁衍不息。

美国波士顿大学的两位植物学家发现了一种生长于北美洲最普通的树木——枫树，也存在异乎寻常的变异现象。根据常识，红枫树有时呈雌性，有时呈雄性，有时雌雄同株。这两位学者花了七年时间考察了麻省的 79 棵红枫树，并记录了每年每棵树的性别与开花的数量。考察结果表明，大多数红枫树的性别一直为雄性，但有四棵雄性红枫树会开出一些雌性的花，还有六棵雌性红枫树会开出少量雄性的花。甚至还有两棵红枫树雌雄难辨，因为它们每年在雌性与雄性之间发生戏剧性的转变。红枫树性变的机制与天南星不一样，其雌雄同株的个体并不是很大，一般情况下反而小于其他植物。那植物的这种性转变意味着什么呢？目前，科学家们还在进行进一步探索。

奇特的植物血型

人类和动物的血液都有不同的类型，叫血型。但是，你知道植物也有血型吗？这个特点是国外研究人员在侦破一宗谋杀案的过程中意外发现的。

1983年，一名日本妇女夜间突然在卧室死去，赶到现场的警察决定化验血迹以确定其是自杀还是他杀。结果显示，死者是O型血，而枕头上的血迹却是AB型。由此看来，这个妇女似乎是他杀。但是，自此以后警方一直没有找到凶手作案的其他证据，更别提抓到凶手了。正在警方一筹莫展之际，有人提出：枕头上的AB型血迹是否同枕芯中的荞麦皮有关系？

法医山本打开枕套，取出里面的荞麦皮进行化验，得出了一个惊人的结论，荞麦皮的“血型”果然是AB型的。这个令人震惊的实验引起了人们的极大兴趣。

为了得到更确切的结论，山本扩大了实验范围，对500多种植物的果实和种子进行了研究，结果除了A型血的植物没有找到，其他各种血型的植物都有。例如，草莓、萝卜、苹果、山茶、南瓜、辛夷、山槭等60种植物的血型是O型；罗汉松、山珊瑚树等24种植物的血型是B型；李子、香蒲、金银花、单叶枫等是AB型。

植物为什么会有血型之分呢？经研究，山本发现了植物血型的秘密。原来和人类一样，植物也有体液循环，它担负着运输养料、排出废物的任务。液体细胞膜表面也有不同分子结构的型别。当植物的糖链合成达到一定的强度时，它的尖端就会形成血型物质。这种血型物质由于本身黏性大，除了贮藏植物的能量，似乎还担负着保护植物体的任务。

但至今，山本也没有弄清楚植物体内的血型物质是如何形成的。目前，植物血型对植物生理、生殖及遗传方面有何影响，也有待于植物专家们进一步研究探索。

如何检验植物血型

用抗体鉴定人体内是否存在有某种特殊的糖,是鉴定人体血型的方法。植物的血型如何鉴定呢?原来,科学家利用从人体或动物的血液分离出来的抗体,使植物体内汁液与这些抗体相融合,并观察汁液的反应情况,由此便可得知植物的血液类型。

多种多样的动物血型

医学上将人类的血型分为A型、B型、O型、AB型等四种,但是动物的血型可就复杂多了。不同的动物,血型也各有不同。例如,狗有5种血型,猫有6种血型,羊有9种血型,马的血型为9~10种,猪的血型有15种,牛的血型多达40种以上。

会自我调节体温的植物

任何物体都是有温度的,植物当然也一样,不过植物没有固定的体温,它们是随着外界温度的变化而变化的,能进行恰当的自我调节,这就是为什么在严寒时期植物并没有随气温的下降而冻死;夏天高温时期也没有因天气炎热而成了"柴火"。

为什么植物的体温会存在家种变化呢?原来,植物体温的变化同外界的条件息息相关。植物的生长离不开阳光、空气、土壤等养分。白天,植物主要靠蒸腾作用来调节叶温。叶温降低时,则表明蒸腾作用强,土壤里含水量充足;叶温升高时,则表明蒸腾作用减弱,土壤里含水量不足。因此,在农业生产中,人们可以根据植物叶温的变化来判断农作物是否缺水。

令人惊奇的是,树木生病居然也会和人一样发烧。只是人生病时一般在夜间发烧最为厉害,清晨退烧容易,而树木生病一般在早上发烧严重。树木生病后为什么也会发烧呢?原来,树木生病后,由于蒸腾作用减弱,树根吸收水分的能力就会下降,整个树木摄入的水分减少,树温就会相应地升高。根据这个现象,人们就可以根据树木的温度来判断哪片森林有病,从而及时采取有效的治疗措施。

植物也有"分身术"

在《西游记》中,孙悟空从自己身上拔下一根猴毛,就能变出另外一个自己,十分神奇。当然,神话终归是神话。然而,很多植物也具有这种神奇的"分身术"本领。

很多植物都能无性繁殖。方法多种多样,扦插是最主要的一种。"无心插柳柳成荫"说的就是只要将柳树的一条枝桠插到地里,它就会自己生根发芽,长成像母株一样的大树;仙人掌的生命力十分顽强,掰一块下来,插在土里又能成活了;如果将秋海棠的叶子埋在土里,它也会向下长出根须,向上生出新叶来;葱蒜、洋葱的鳞茎和芦苇的根也能生芽,长成新的个体;马铃薯块茎上的每一个芽眼都可以长出新的植物。另外,用曼陀罗的花粉也能培养出一棵幼苗,用玉米、水稻、小麦、大麦和烟草等的一个植物细胞也能培养出一株植物,这些都是没有母亲的植株。

科学家揭示了植物细胞的秘密以后,利用这个特性,从植物体上取下根、茎、叶、花的任何一小部分或一粒花粉,放到试管内的无菌培养茎上,进行特殊的培育,结果竟长出了完整的植株。

如今,这种方法在生产生活中得到广泛的运用:在工厂里可以快速地繁殖甘蔗幼苗;把人参细胞放在试管中培养,同样可以获得人参的有效成分;还可以利用这种方法在短时间内生产出成千上万株苗木。现在，只要用一个邮包就能将培育一个大森林所需的树苗从一个国家寄到另一个国家了。

植物也有爱、恨、情、仇

如果你到现在还认为只有人类才有爱、恨、情、仇这样的高级情感，那你就错了。20世纪80年代以来，俄、美、日等国的科学家经过大量研究发现，植物也有爱、恨、情、仇。它们也能忍受饥饿、痛苦，并具有同情心。

苏联莫斯科农科院的专家们做过这样一个实验，他们将感应仪器与植物的根部连接起来，然后往植物根部倒入热水，这时仪器里立即传出植物绝望的呼叫声。这表明植物正在经历极端的痛苦。

植物也有喜好，科学家通过实验发现以下现象：洋葱和胡萝卜发出的气味可以互相给对方驱逐害虫；大豆喜欢与蓖麻相处，因为蓖麻散发的气味使危害大豆的金龟子望而生畏；玉米和豌豆间种，使二者生长得健壮，互相得益；紫罗兰和葡萄间种，结出的葡萄香味会更浓。有趣的是，英国科学家用根、茎、叶都散发特殊化学物质的连线草与萝卜混种，在半个月内萝卜就长得很大。

但是，有些植物间则好像有“血海深仇”。卷心菜和芥菜就是一对仇敌，相处后“两败俱伤”。水仙和铃兰长在一起会“同归于尽”；白花草木樨不能与小麦、玉米、向日葵共同生活；甘蓝和芹菜、黄瓜和番茄、荞麦和玉米、高粱和芝麻等都不能和平相处。

植物还有强烈的同情心。美国某一研究中心曾经用植物做了一个有名的情感实验。在有两株植物的房间走进了六个人，其中一个人掐断了一株植物，然后六个人离开，研究者把测试仪和没有“被害”的植物叶片连接起来。过了一会儿，六个人分别在不同时间进入房间，其他五个没有掐断植物的人进入房间的时候，没有“被害”的植物表现很平静。当掐断植物的“罪犯”进入房间的时候，没有“被害”的植物的“情感曲线”则出现大的波动，就像人们在发怒一样。

研究植物的爱、恨、情、仇等情感有着极其重要的科学意义。首先，这些发现揭示了所有生物之间的亲缘关系。其次，任何生命都有自己的生存权利和情感，告诫人类要尊重所有生命。人类要尽力保护好现有的生态环境，因为如果过分掠夺植物资源，植物最终可能以自己独特的方式来报复人类。

植物辨别“敌友”的方法

植物的生长环境中存在大量微生物，这些微生物有的是植物健康成长必不可少的，有利于植物的生长；有的却对植物的生长有害，甚至致命。那么，植物是如何接收有益的微生物，而将有害的微生物拒之门外的呢？它们是如何辨别“敌友”的呢？

豆科植物与根瘤菌之间存在一种共生关系，根瘤菌对豆科植物的感染可使豆科植物形成根瘤，从而产生固氮能力。但根瘤菌与豆科植物的关系存在着近乎苛刻的选择性，能感染一种豆科植物并形成根瘤的根瘤菌通常不感染其他的豆科植物，这令人十分困惑。为什么会有这么强的专一性呢？经过研究，人们发现，豆科植物所产生的凝集素是决定其是否与根瘤菌建立共生关系的关键所在，这种凝集素能识别根瘤菌细胞中的糖蛋白，如果豆科植物的识别蛋白能与根瘤菌细胞壁中的糖蛋白结合，则表明这种根瘤菌是“朋友”，可以与之共生，反之则不然。

对于植物能排除“异己”、接纳“朋友”这一现象，有人这样认为：植物的辨别能力取决于有没有辨别受体，即植物表面携带着起鉴别作用的分子。如果病菌来袭，植物就能辨别出是“敌人”来犯，会及时调整防御系统，使自己处于“戒备状态”。如果没有这种起鉴别作用的分子，就无法识别病原菌，防御系统也就起不到应有的作用,植物就会被感染患病。还有另外一种观点,病原菌致病或不致病在于病原菌表面糖蛋白分子的糖基部分,不同的糖基具有不同的选择性。但是当病原菌发生突变,体内糖基转移酶的专一性发生变化,产生新的表面多糖时,植物就会因无法识别而被感染。

目前,对于植物识别系统的研究还不是很成熟,以上的解释还多处于假说阶段。植物的识别分子到底是什么?它如何辨别敌友?科学家们仍在进行探索。如果能找到植物识别抵御病原菌的机制,就可能减少农药对农作物和大自然的危害,对于人类将具有重大意义。